THE FINANCING OF
MODERN MARINE INDUSTRY
Theory, Experience and Strategy

现代海洋产业融资

理论、经验与策略

周昌仕 等著

中国财经出版传媒集团

经济科学出版社
Economic Science Press

图书在版编目（CIP）数据

现代海洋产业融资：理论、经验与策略／周昌仕
等著 . -- 北京：经济科学出版社，2023.6
ISBN 978 - 7 - 5218 - 4579 - 2

Ⅰ. ①现… Ⅱ. ①周… Ⅲ. ①海洋开发 - 新兴产业 -
融资 - 研究 - 中国 Ⅳ. ①P74②F832.48

中国国家版本馆 CIP 数据核字（2023）第 037600 号

责任编辑：张 燕
责任校对：杨 海
责任印制：张佳裕

现代海洋产业融资：理论、经验与策略
周昌仕 等著
经济科学出版社出版、发行 新华书店经销
社址：北京市海淀区阜成路甲 28 号 邮编：100142
总编部电话：010 - 88191217 发行部电话：010 - 88191522
网址：www. esp. com. cn
电子邮箱：esp@ esp. com. cn
天猫网店：经济科学出版社旗舰店
网址：http：//jjkxcbs. tmall. com
固安华明印业有限公司印装
710×1000 16 开 20 印张 340000 字
2023 年 7 月第 1 版 2023 年 7 月第 1 次印刷
ISBN 978 - 7 - 5218 - 4579 - 2 定价：99.00 元
（图书出现印装问题，本社负责调换。电话：010 - 88191545）
（版权所有 侵权必究 打击盗版 举报热线：010 - 88191661
QQ：2242791300 营销中心电话：010 - 88191537
电子邮箱：dbts@ esp. com. cn）

本书是以下项目的研究成果:

教育部人文社会科学基金项目"我国现代海洋产业融资问题研究"（12YJA790211）

本书出版得到以下项目（单位）的资助:

广东省社科规划项目（GD17XYJ34）

广东海洋大学第七轮校级工商管理重点学科（80201092202）

广东海洋大学面向21世纪海上丝绸之路的海洋经济与管理优教团队项目（300203/002027004）

序言

产业发展是大国方略之根，海洋产业发展是海洋强国之本。老子曰"治大国若烹小鲜"，强调"以道立天下，其鬼不神"，[①]但物有所不足，智有所不明，道亦有所不察。道者，万物之注也，夫莫之命而常自然，也就是客观存在的自然规律。明代政治家张居正曾说"察者智，不察者迷"，主张"谋国者，先忧天下；为上计，不以小惠，而以长策"。[②]察明海洋产业之道，谋划海洋产业发展之长策，则海洋产业有望兴盛，海洋强国之梦有望实现。

何为海洋产业之道？海洋产业是海洋强国战略的基石，这是首先之道。人类对资源的占有欲望或许是无穷尽的，自原始采捕、传统农耕、工业制造到深耕海洋，陆地资源拓垦由来已久，向海发展成为缓解陆地资源约束的重要举措，海洋的战略地位日趋突出。"经济基础决定上层建筑"，海洋经济强则国强，当今世界强国无不是海洋强国，而海洋经济的重要抓手则是海洋产业，需要通过发展海洋产业来引领海洋经济的发展，可以说，海洋产业是海洋强国战略的基石。中国深入推动"海洋强国"建设，实施科技兴海战略，探索海洋保护开发新途径和海洋综合管理新模式，科学开发海洋资源，优化海洋产业结构和布局，目的就在于推动海洋产业高端化、智能化、绿色化、集约化发展，提升海洋资源开发和海洋资源要素全球配置能力以及在全球价值链中的地位，增强海洋经济综合竞争力，使海洋装备制造达到世界先进水平，海洋新兴产业不断壮大，形成以高端技术、高端产品、高端产业

---

① 李耳著，梁海明，译注. 老子 [M]. 太原：山西古籍出版社，1999.

② 张居正. 权谋残卷 [M]. 长春：吉林摄影出版社，2005.

为引领的现代海洋产业体系。特别是，在中国经济由高速增长阶段转向高质量发展阶段后，中国海洋经济的发展同样进入新常态，面临的重大问题是海洋产业结构优化调整和产业素质提升。在新形势下，需要坚持创新、协调、绿色、开放、共享的新发展理念，深入推进供给侧结构性改革，优化海洋产业，拓展蓝色经济空间，实现海洋经济高质量发展。

融资问题是现代海洋产业面临的关键问题，这是其次之道。改革开放以来，虽然海洋产业取得了长足进步，但中国仍然还只是海洋大国而非海洋强国，海洋经济发展总体滞后，存在对海洋资源综合开发利用率低、产业结构不合理、区域发展不平衡、发展后劲不足、海洋产业总体竞争力不强等问题。究其根源，一个关键因素就是资金供给无法满足发展需求。融资难，融资贵，作为实体经济重要组成部分的海洋产业同样面临着渠道较窄、额度较少、效率较低、成本较高等融资困境。风险与收益应该是均衡的，资本供给者追求的是同等风险下最大化利益或同等收益下最小化风险，这是资本市场永恒的竞争法则。海洋资源开发投入高、难度大、风险大、回收周期长的特性与市场化金融支持体系运作的要求不相匹配，资本市场上资本供给的意愿不足。虽然科技发挥的力量举足轻重，但正如书中所言，"经济要发展，金融须先行"，经济可持续发展的基础和前提是技术创新和金融资本的有效结合，海洋产业的发展也是如此，需要大力提高金融资本和技术创新的结合效率，融资问题则是现代海洋产业面临的关键问题。

健全多层次资本市场，多元并举满足现代海洋产业特别是战略性海洋新兴产业发展所需资金，引领海洋经济高质量发展，这是再次之道。加快海洋产业的高质量发展，是主动适应、引领经济发展新常态的客观需要，也是实现海洋强国战略目标的需要，需要不断为海洋产业营造更好的发展环境，帮助海洋产业解决融资难、融资贵问题。随着现代产权制度乃至企业制度的建立完善，中国资本市场已发展成为多种融资方式并存的格局，为海洋产业合理运用各种融资工具，选择最优融资政策，进而提高融资效率提供了基础条件。在完备的市场条件下企业融资与企业的价值乃至社会资源配置无关（MM 理论），但现实市场不可能是完备的，涉及税收、代理问题和信息不对称等因素，不同的融资方式及其组合（资本结构）往往也意味着不同的融资额度、难易程度和成本高低，需要利用多层次资本市场，建立多元融资模式，多元并举满足现代海洋产业特别是战略性海洋新兴产业发展所需资金，引领海洋经济高质量发展，力争早日实现海洋强国目标。

立足于资金保障角度，本书旨在谋划海洋产业发展之"长策"。以中国现代海洋产业融资问题为研究对象，经广泛调查，采用理论分析、统计分析、多元回归计量和典型案例等研究方法，探索海洋产业的发展历程和融资实践，分析资本配置效率的高低及其影响因素，构建现代海洋产业融资机制、融资体系和融资模式，系统地提出政策建议，从而为解决现代海洋产业的融资困境提供理论指导。

值得肯定的是，本书不仅考虑到现代海洋产业具有范围上的广泛性，其既包括新兴和未来海洋产业，也包括不断优化升级的传统海洋产业，还考虑到现代海洋产业融资问题的复杂性。与一般企业不同，很多涉海企业从事的产业关乎国家安全和国家经济命脉，因此其发展无法单一依靠市场的力量，需要政府作用的发挥；更考虑到现代海洋产业融资渠道的多元性，既包括资本市场，也包括银行等金融体系，更离不开政府的相关政策和财政支持。

"看似寻常最奇崛，成如容易却艰辛"，过去实属不易，或许未来更值得期待。

周昌仕
2023 年 7 月

目录
CONTENTS

第 1 章

绪　　论

1.1　研究背景与意义

1.1.1　研究背景

20 世纪 60 年代以来，随着全球人口膨胀和社会经济快速发展，传统的陆地资源因被过度开发利用而日益枯竭，人类生存所依赖的平原、山川和湖泊环境恶化，有些地方天不再蓝水不再绿，资源问题和环境问题逐渐成为可持续发展的重要制约因素，世界各国也都在积极寻觅突破陆地资源限制的良策以满足社会经济发展与人类日益增长的物质文化需求。随着时间的斗转星移，人们逐步认识到，海洋是个巨大的蕴含着丰富的生物资源、矿产资源、能源资源的聚宝盆，向海发展成为缓解陆地资源匮乏约束的有效举措，并逐渐将精力转向海洋这个新领域，向海洋要资源，合理有效地开发利用海洋，大力发展海洋经济。特别是进入 21 世纪后，随着科技进步及其在海洋开发领域运用的日新月异，各沿海国家开发利用海洋资源和发展壮大海洋产业的势头迅猛，经济发展重心越来越向海洋靠近，海洋经济已经成为世界经济新的增长点，海洋在全球中的战略地位日趋突出。当然，随之而来的是，世界各国不断加强海洋综合管理，围绕海洋权益的斗争日趋尖锐，甚至针对海洋的军事控制力度也显著增强。

作为世界海洋大国，中国海域辽阔，拥有渤海、黄海、东海和南海四大相通海域，海域跨越热带、亚热带和温带，大陆海岸线长达 18000 多公里，海岛众多，海洋资源丰富，种类繁多，开发潜力巨大，海洋经济具有雄厚的资源基础和发展潜力。发展海洋经济是解决陆地资源匮乏、环境恶化与经济增长动力不足等问题必要的战略选择，当前也是中国海洋经济发展的重要战略机遇期。中国高度重视海洋开发，党的十六大将"实施海洋开发"作为重要的战略规划。《中华人民共和国国民经济和社会发展第十一个五年规划纲要》和《中华人民共和国国民经济和社会发展第十二个五年规划纲要》中都分别开设海洋专门篇章进行规划部署。党的十八大首先提出建设海洋强国的战略目标，强调"提高海洋资源开发能力，发展海洋经济，保护海洋生态环境，坚决维护国家海洋权益，建设海洋强国"。2013 年中国提出建设"21 世纪海上丝绸之路"倡议，2015 年发布《推动共建丝绸之路经济带和 21 世纪海上丝绸之路的愿景与行动》，为"一带一路"建设提供系统、完整的框架指导，推进沿线国家发展战略的相互对接。党的十九大报告进一步明确要求"坚持陆海统筹，加快建设海洋强国"。党的二十大报告提出"要发展海洋经济，保护海洋生态环境，加快建设海洋强国"。这标志着海洋战略已经上升到国家战略的高度，海洋经济迎来了高质量发展的战略机遇。

海洋产业是发展海洋经济和实施海洋强国战略的基石，丰富的海洋资源也为海洋产业提供了发展基础。改革开放以来，中国高度重视海洋产业的发展，海洋产业发展迅速，全国海洋产业总产值从 1980 年的 80 亿元猛增至 1990 年的 480 亿元，2001~2010 年年均增长 15.3%，远高于同期国内生产总值增速。2021 年中国海洋经济总量首次突破 9 万亿元，达 90385 亿元，比上年增长 8.3%，对国民经济增长的贡献率为 8.0%，占沿海地区生产总值的比重为 15.0%。主要海洋产业增加值 34050 亿元，比上年增长达 10.0%。其中，海洋第一产业增加值为 4562 亿元，第二产业增加值为 30188 亿元，第三产业增加值为 55634 亿元，分别占海洋生产总值的 5.0%、33.4% 和 61.6%。[①] 海洋产业逐渐成为肩负"一带一路"建设、国民经济可持续发展和中华民族伟大复兴重任的重要产业。当然，在中国经济由高速增长阶段转向中高速增长阶段后，中国海洋经济的发展同样进入新常态，

---

① 资料来源于自然资源部海洋战略规划与经济司 2022 年发布的《2021 年中国海洋经济统计公报》。

面临的重大问题是海洋产业结构优化调整和产业素质提升。在新形势下，需要坚持创新、协调、绿色、开放、共享的新发展理念，深入推进供给侧结构性改革，优化海洋产业，拓展蓝色经济空间，实现海洋经济高质量发展。2018 年国家发展改革委、自然资源部联合发文支持深圳、宁波、厦门、威海、连云港、北海等 14 个海洋经济发展示范区建设，着力打造具有较强国际竞争力的现代海洋产业集聚区。各沿海省份均积极采取措施大力发展现代海洋产业，目的就在于推动海洋产业高质量发展。如广东发布《广东省沿海经济带综合发展规划（2017～2030 年)》，积极建设沿海经济带，强调发挥临海资源和产业基础优势，打造具有国际竞争力的沿海高端产业带，积极发展沿海先进制造业、现代服务业和现代能源业等产业，将现代海洋产业列入《广东省现代产业鼓励发展指导目录》，并出台《关于充分发挥海洋资源优势努力建设海洋经济强省的决定》及实施方案，以海洋生物医药、海洋工程装备制造、海水综合利用和海洋可再生能源为重点，培育壮大海洋新兴产业。党的二十大报告提出要建设现代化产业体系，坚持把发展经济的着力点放在实体经济上，支持专精特新企业发展，推动战略性新兴产业融合集群发展。

虽然海洋产业取得了长足进步，但中国仍然还只是海洋大国而非海洋强国，海洋产业总体上竞争力还不强，存在对国民经济的贡献率较低、产业结构不合理、区域发展不平衡以及发展后劲不足等问题。究其根源，一个关键因素就是资金供给无法满足发展需求。融资难、融资贵，作为实体经济重要组成部分的海洋产业同样面临着渠道较窄、额度较少、效率较低、成本较高等融资困境。海洋资源开发投入高、难度大、风险大、回收周期长的特性与市场化金融支持体系运作的要求不相匹配，资本市场上资本供给的意愿不足。虽然科技发挥的力量举足轻重，但"经济要发展，金融须先行"，经济可持续发展的基础和前提是技术创新和金融资本的有效结合，海洋产业的发展也是如此，需要大力提高金融资本和技术创新的结合效率，因此融资问题是现代海洋产业面临的关键问题。尽管山东、广东、浙江和福建等海洋大省正积极采取措施支持海洋产业的发展，包括加大财政投入和税收优惠，设立海洋产业基金等，但还是很难根本改变资金缺乏的状况，海洋高新技术深度研发投入不足，导致海洋战略性新兴产业发展不力，传统海洋产业的转型升级进程缓慢。

以中国现代海洋产业融资问题为研究对象，本书在广泛查阅相关资料的基础上，理论联系实际，运用产业发展理论和融资理论分析现代海洋产业发展的历程与融资实践，通过建立理论框架、统计分析模型和多元回归计量模型系统分析现代海洋产业资本配置效率及其影响因素以及信贷配给的经济后果，结合典型企业研究现代海洋产业融资现状与问题，借鉴国内外海洋产业融资的先进经验，构建中国现代海洋融资机制、融资体系和融资模式，从政府、金融主体、涉海企业等方面提出系列政策建议。目的在于为解决中国现代海洋产业融资困境从而促进其高质量发展提供经济解释和政策参考，有助于丰富产业融资研究的理论，具有一定参考价值。

1.1.2　研究意义

海洋经济是国民经济新的增长点。现代海洋产业无论是在推动国家经济的稳定增长上，还是在提高国家综合竞争力上，抑或是在促进经济发展模式的转型中都发挥着不可或缺的作用。如何采取有效措施解决阻碍海洋产业高质量发展的资金约束问题，不仅关乎海洋经济自身的发展，而且关系到新时期中国国民经济转型升级发展能否成功实现的大局。本书主要探讨促进现代海洋产业的融资现状、模式、效率和政策，对于探索中国现代海洋产业融资机制、促进现代海洋产业发展、增强海洋综合竞争力、促进国民经济发展方式转变以及"一带一路"倡议的实现，具有重要的理论意义和实践意义。

现代海洋产业融资问题研究是海洋产业研究的一个重要方面。国内外对于海洋产业的研究日益增多，但系统研究其融资问题的文献较少。本书的理论意义在于，首先，较早开始系统地研究现代海洋产业融资问题，对海洋产业与资金支持关系进行详细诠释，对中国海洋产业发展中存在的融资问题、配置效率及其影响因素、典型案例、国内外海洋产业融资成功的经验进行了系统的理论剖析，而且通过实证分析提供较为翔实的经验数据，丰富融资问题的研究视角和研究内容，为此类问题的深入研究提供窗口、线索和素材；其次，运用产业发展理论和金融发展理论对海洋产业的发展进行详细分析，从资金保障角度找出海洋产业发展面临的主要问题，并提出具体的改进措施，丰富海洋经济学和产业经济学的理论体系；最后，有利于从资金需求角度深化对海洋产业发展的认识，把握海洋产业发展的状况、存在的问题，进而提出有效的措施，丰富海洋产业的研究内容。

受陆地资源的限制，现代海洋产业不仅具备经济、社会和科技价值，还将承载国家的安全利益，因此，构建融资网络平台，创建现代海洋产业金融生态，保障现代海洋产业发展的资金需求，对于增强海洋产业竞争力、实现海洋强国战略具有重要的实践意义。本书立足于海洋产业结构优化和高质量发展，结合当前中国金融市场发育状况，分析现代海洋产业的发展状况和融资需求的特征，剖析现代海洋产业融资的现状和问题，借鉴国外产业基金设立、互助性渔业保险、"计划造船"等成功经验，为海洋产业发展探索设计出一些行之有效的融资模式与政策，力求在解决海洋产业融资问题上提供决策参考，目的在于充分利用多层次资本市场体系和各种资本要素的作用，更好地发挥股票、债券和产业基金等融资工具在现代海洋产业发展中的作用，创建相互支持、互为补充、合作共赢的现代海洋产业金融生态，促进涉海企业、现代海洋产业和海洋经济的高质量发展，努力实现海洋强国战略目标。

1.2 研究思路、内容与方法

1.2.1 研究思路

以中国现代海洋产业融资问题为研究对象，本书遵循"问题提出—产业基础—金融支持—融资选择—融资实践—资本配置效率及其影响因素—典型融资方式及其经济后果（信贷配给、政府补贴）—典型企业融资分析—融资结构及其经济后果—经验借鉴—机制构建—政策建议（财政资金支持、资本市场支持和融资保障）—研究结论"的研究思路（见图 1-1），运用产业发展理论、金融支持理论、公共政策理论等经济学理论，探索现代海洋产业发展的历程与融资实践，运用统计数据与面板数据模型分析中国现代海洋产业资本配置效率及其影响因素，实证分析典型融资方式及其经济后果，结合典型企业研究现代海洋产业融资现状与问题，分析海洋产业企业融资结构及其对公司绩效的影响，借鉴国外海洋产业融资的先进经验，构建中国现代海洋融资机制框架，探索如何构建和完善融资体系与融资模式，在公共财政资金支持、资本市场融资和融资保障等方面提出具体的融资政策。

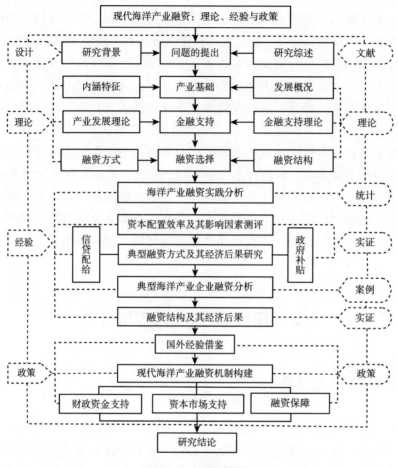

图1-1 研究框架

1.2.2 研究内容

本书主要研究中国现代海洋产业融资问题，全书分为研究设计、理论分析、经验总结和政策措施四大模块（见图1-1），共18章，各章具体内容如下所述。

第1章是绪论。从世界经济发展趋势、中国海洋产业发展优势及在国民经济中的地位和发展过程中存在的融资问题等研究背景出发，确立研究目的、思路、内容和方法，总结创新之处。

第 2 章是研究综述。对于国外研究从产业融资和海洋产业融资两个方面，对于国内研究则从融资发展方面的一般研究、产业融资方面的共性研究、海洋产业融资方面的特性研究三个方面，层层深入地梳理研究成果，对研究现状进行归纳与评述。

第 3 章是海洋产业的内涵与特征。概述海洋产业内涵、海洋产业分类、海洋产业结构和现代海洋产业的特征。

第 4 章是中国海洋产业的发展概况。从海洋产业总量、海洋产业结构、涉海就业人数、区域发展特征等方面介绍海洋产业总体发展状况和存在的主要问题，并进一步分析滨海旅游业等 12 种主要海洋产业发展状况。

第 5 章是金融支持海洋产业发展的理论研究。在梳理产业发展理论的基础上，分析产业资本的形成与海洋产业发展的关系，分析产业资本形成的来源及产业发展的资本缺乏与融资支持的必然性，从金融总量规模、金融产品创新、金融支持效率三个方面分析金融支持促进海洋产业发展的作用机制。

第 6 章是海洋产业融资方式和结构基本分析。从债权融资、股权融资、上市融资、内部融资、政策融资、项目融资、专业化协作融资、贸易融资等方面阐述海洋产业融资方式，并在资本结构理论基础上分析海洋产业的融资结构选择。

第 7 章是中国海洋产业融资的实践分析。从政府投入、银行信贷、产业基金、创投基金、股权融资、债券融资、并购融资等主要方面系统分析中国现代海洋产业融资实践，为认清中国海洋产业融资取得的成绩和存在的问题奠定基础。

第 8 章是海洋产业资本配置效率及影响因素测评研究。运用 Wurgler 测评海洋产业资本配置效率的高低，结合海洋产业自身特点实证检验技术效率与融资约束对海洋产业资本配置效率的影响，以便于清晰和系统地认识海洋产业融资的效率及其影响因素。

第 9 章是海洋产业信贷配给及其经济后果实证研究。以 2012～2020 年 72 家海洋产业上市公司为样本，对海洋产业信贷配给情况进行统计分析，并运用面板数据模型对信贷配给的经济后果进行实证检验，目的在于考察海洋产业运用银行借款方式等的融资情况。

第 10 章是海洋产业政府补贴及其经济后果研究。以水产品加工企业为例，在介绍政府补贴的类型、范围和资金来源的基础上，统计分析政府补贴的效果、问题与改进措施。

第 11 章是典型海洋产业企业融资分析。以××水产开发股份有限公司为例，分析公司股票发行及股权交易融资、债务融资和政府补助等方式的融资情况，总结经验和启示。

第 12 章是海洋产业企业融资结构及其经济后果的实证分析。以融资结构理论为基础，选取 2007 ~ 2020 年 86 家海洋产业上市公司为样本，分析海洋产业企业融资结构及其对公司绩效的影响。

第 13 章是国外海洋产业融资经验借鉴。在产业融资体系框架下，分析海洋产业融资的成功做法，包括日本的"计划造船"、德国的 KG 融资体系、美国海洋信托基金、新加坡海事信托基金、欧美资产证券化和英国的港口融资等，总结国外海洋产业融资的启示。

第 14 章是现代海洋产业融资机制构建。包括融资体系、融资渠道和融资模式，建立以政府引导、金融机构为主体、企业为基础、社会为补充的多元融资体系，在政企合作、行业互助、上市融资等融资模式的基础上优化和拓展海洋产业融资渠道。

第 15 章是公共财政资金支持，分析公共财政资金支持动因的理论依据、公共财政资金支持海洋产业政策的功能定位，以及海洋产业中公共财政资金支持的政策设计。

第 16 章是资本市场融资支持。在介绍资本市场的构成、特点与功能的基础上，分析资本市场支持海洋产业发展的主要形式以及改善资本市场支持海洋产业发展的措施。

第 17 章是融资保障。包括发展服务海洋产业的信用担保业、建立以政策为导向的海洋保险体系，以及创新海洋金融服务平台。

第 18 章是结论与展望。

1.2.3 研究方法

在系统掌握海洋产业及其融资基本情况的基础上，将理论分析与实证分析、定性分析与定量分析相结合，运用经济学理论进行深入的科学研究和比较分析，力求更全面、系统地认识海洋产业融资问题。主要采用以下研究方法。

（1）经济学分析法。

运用产业发展模式理论、产业生命周期理论和产业布局理论等产业发展理论分析海洋产业总体发展状况、产业结构特征以及存在的问题；金融发展理论、信贷配给理论和金融功能理论等则有助于分析现代海洋融资实践中存在的问题及未来改进的方向，为融资机制的设计提供理论支持。

（2）统计分析法。

在分析中国海洋产业的发展概况、海洋产业融资实践、政府补贴的经济后果以及企业案例分析时，统计整理了大量数据；运用 Wurgler 统计方法对海洋产业的资本配置效率进行了统计测算和对比。

（3）实证研究法。

理论分析的结果能否得到经验证据的支持，实证分析是解决这一问题的有效手段。建立模型多元回归分析影响现代海洋产业资本配置效率的因素，目的在于帮助掌握海洋产业资本配置效率状况，研究影响资本配置效率的因素，进而提出提高海洋产业资本配置效率的具体措施；建立面板数据模型多元回归分析信贷配给的经济后果，提供海洋产业信贷配给的经验数据；建立多元回归模型分析海洋产业企业融资结构对公司绩效的影响，目的在于分析海洋产业企业融资结构状况及其经济后果。

（4）案例分析法。

通过对案例的全面剖析，可以更好地将理论与实践相结合，深入理解所要分析的问题。以××水产开发股份有限公司为例，进行现代海洋产业融资的典型企业分析，详细阐述公司融资状况、政府补贴情况、公司的其他融资渠道以及融资对公司发展的影响。

（5）对比分析法。

在分析国外海洋产业融资类型、产业融资经验与国内海洋经济示范区建设的基础上，将现代海洋产业置于市场化、国际化的宏观环境中，进行产业发展状况、产业融资模式、产业融资政策等多方位的比较，总结在构建海洋产业融资机制过程中可借鉴的经验，促进海洋产业持续健康发展。

1.3　创新之处

现有文献大多从某个海洋产业或临海区域、以某种融资方式零散分析海洋产业的融资或金融支持问题，本书运用产业发展理论与金融发展理论对中国现代海洋产业发展状况及融资实践进行理论分析，运用 Wurgler 模型与面板数据模型对中国现代海洋产业资本配置效率及其影响因素、信贷配给的经济后果进行实证检验，运用系统方法对中国现代海洋产业的融资机制和政策进行系统设计，期望能够对海洋产业融资问题进行系统思考，期望对解决海洋产业融资问题提供智力支持。主要创新点如下所述。

1.3.1 开辟海洋产业融资的研究视角

现有文献对海洋产业、海洋经济的发展研究较多，但大多是关于产业发展状况、存在的问题等方面的理论分析，对支持其持续发展的融资问题研究相对较少，更鲜有从实证角度分析其融资问题的文章，本书在理论分析的基础上，对中国现代海洋产业融资效率及其影响因素进行实证研究，为深刻认识海洋产业融资问题打下基础，对于丰富产业融资研究的理论和视角具有一定的创新价值。

1.3.2 拓展海洋产业融资的研究方法

运用产业发展理论分析海洋产业总体发展状况、产业结构特征以及存在的问题，运用金融理论分析现代海洋融资实践中存在的问题及未来改进的方向，为融资机制的设计提供理论支持；在研究现代海洋产业资本配置效率及影响因素时，将 Wurgler 法与回归分析方法有效地结合起来，帮助我们深刻认识目前海洋产业资本配置的效率状况，研究影响资本配置效率的因素，进而提出改进海洋产业资本配置效率的具体措施；为更好地理解和把握具体理论分析的内涵，对海洋产业融资的典型企业进行分析，详细阐述案例公司的融资状况、政府支持情况、公司的其他融资渠道以及融资对公司发展的影响；在分析国外海洋产业融资类型和产业融资经验的基础上，将中国海洋产业置于市场化、国际化的宏观环境中，进行产业发展状况、产业融资模式、产业融资政策等多方位的比较，找出中国在构建海洋产业融资机制过程中可借鉴的国外先进经验，以促进海洋产业高质量发展。

1.3.3 丰富海洋产业融资的研究内容

明确产业发展理论、金融支持理论与海洋产业融资理论，结合典型企业，分析海洋产业融资实践中的具体表现，借鉴国外海洋产业融资成功的经验，构建符合中国海洋产业发展的融资机制，创建现代海洋产业金融生态，有助于提供海洋产业融资的理论指导，从产业层面上系统解决中国现代海洋产业的融资困境，力求为海洋产业的高质量发展提供智力支持。本书正是基于产业发展角度系统研究海洋产业的融资问题，以丰富新常态下海洋产业的研究内容。

第 2 章

研究综述

　　资本是稀缺的经济资源，是维系产业发展活动的血液，是产业价值链的起点，也是产业价值链的终点。产业的发展壮大以资本的有效筹集为前提，以资本的合理配置为条件，产业对于资本这项稀缺资源利用的效果取决于产业资本运营的行为。因而，对于包括海洋产业融资在内的产业融资问题进行研究是至关重要的课题。从不同视角出发，本章对海洋产业融资的国内外研究动态进行归纳与评述，为研究中国现代海洋产业融资问题提供借鉴。

2.1　国外研究

2.1.1　产业融资方面的研究

　　关于产业金融，国外主要从金融发展、金融功能、信贷配给、融资约束等视角，研究金融对产业发展的影响并提出相应改进措施。

　　（1）金融发展。

　　金融学家明确了融资在经济与产业发展中的作用，认为金融发展与经济之间存在着明显的正向关系。一方面，经济发展为金融发展创造前提和基础，并引领金融向着更深层次发展。另一方面，金融发展又对经济发展起着推动作用，是经济发展的动力，促进全要素生产力的提高，刺激长期经济增长。1912 年，被誉为"创新理论"鼻祖的熊彼特（Joseph Alois Schumpete）在《经济发展理论》中指出，银行通过为创新型企业提供资金来促进技术进步，他通过将金融因素引入经济发展，首次提出融合金融因素和产业资本的经济增长理论。后来的学者们认识到，真正引发工业革命的也是金融系统的创新（Hicks，1969），金融结构对经济发展有巨大的促进作用（Goldsmith，1969），这为金融发展影响产业发展机制和资本配置效率的实证研究所证实。金融发展降低了企业实施外源融资的成本（Rajan and Zingales，1998），是制造业发展的原因（Neusser and Kugler，1998），也是决定产业的规模构成和产业集中度的重要因素（Fisman and Love，2003），金融市场的发展提高了资本配置效率。关于金融深化与经济增长的关系，现代市场经济的发展表明，金融和货币的发展在国民经济的发展中起着不可或缺的作用。金融创新理论揭示论证的融资与产业发展的内在关联机制是研究海洋产业融资问题的理论基础。海洋产业的经济特点决定了进一步发展和调整对资金的巨大需求，涉海企业的融资结构与绩效之间显著相关（姜旭朝和张晓燕，2006）。因此，需要在政府投入的带动下，有序发展和创新金融组织、产品和服务，更好地发挥证券、票证、创业投资和风险投资等各类金融服务的资产配置和融资服务功能，更好地支持实体经济的发展。

金融支持可促进产业结构调整优化。休（Hugh，1966）提出了供给主导理论和需求遵从理论。供给主导理论认为，金融可以为结构调整提供更多的融资渠道，从而为经济结构调整与产业发展提供适合的金融条件和环境；需求遵从理论提出，随着经济的扩张，金融业需要提供与之相匹配的金融服务。随着产业结构的优化和发展以及随后的市场规模的复杂化、扩大和变化，金融业又需要提供合适的金融服务。金融发展、经济增长和产业结构调整将相互促进，随着金融发展和金融体系的不断完善，金融机构和金融服务的选择越来越多，人们更频繁地参与金融活动，社会资金的积累也在加速，在资金总额确定的情况下，会推动资金倾向于风险较小、收益水平高、投资回收期短的产业领域，这导致资本使用率的提高和产业结构的改善，促进了经济的快速增长（Goldsmith，1969）。津加菲斯和拉詹（Zingafes and Rajan，1998）研究了金融发展水平与产业增长之间的因果关系，认为金融发展可以有效降低外部融资成本，促进产业发展，金融发展水平是决定产业规模、集中度和结构的重要因素。

（2）金融功能。

金融功能理论已逐渐成为当今金融界一个颇具影响力的理论。所谓金融功能，就是金融体系在经济发展过程中所表现出来的功能或作用。金融功能理论研究的内容是金融体系在现代市场经济中通过什么方式发挥何种功能或作用。传统的金融理论认为，现存的金融市场活动主体及金融组织是既定的，并有与之相配套的相关规章制度和法律规范来保证其有效运行，现有的金融机构和监管部门也都力图维持原有组织机构的稳定性。不过在过分强调稳定的情况下，往往会忽视效率的存在。金融组织的运行在这种稳定不变的环境下可能会表现出较高的有效性，但当市场经营环境发生变化以及这些金融组织机构赖以生存的基础技术以较快的速度更新时，银行、保险及证券类金融机构也在迅速变化，但这时相关配套的法律和规章制度的制定往往是滞后的，所以这种情况下的金融组织运行往往是无效的。

为了弥补传统金融理论的这一缺陷，美国金融学家默顿和兹维（Merton and Zvi，2005）共同提出了"金融体系的功能观点"。此观点主要基于两个假定：一是金融体系发挥的功能与金融机构相比较为稳定；二是金融功能优于金融机构的组织机构。不过金融功能与金融机构之间不仅存在着差异也存在着一定的交叉，虽然金融机构的作用会随着经济发展水平、市场化程度以及制度和技术条件的变化而变化，但与金融功能之间也有着极大的互补性，因为一种金融机构可以同时执行几项金融功能，一项金融功能通过分解也可以由不同的金融机构来完成。传统金融理论认为，金融系统的功能主要集中在集中储蓄、交易媒介、清算中心、资金转移、价格发现五个方面，基本属于金融机构的微观业务范围，不够全面。相比之下，现代金融系统的功能更加完善，主要有资源的聚集和分配功能，便利的支付和清算功能，风险的监控、分散和管理功能，信息的提供功能，信息不对称问题的解决等。一个国家或地区金融体系功能是否完善决定其能否建立与之配套的金融机构和组织，也决定其能否创造出丰富多样的金融工具，来充分调动全社会储蓄并将聚集的资金进行高效配置，提高资本的利用效率，同时在此过程中进行有效的风险管控是衡量其金融体系稳定性和高效性的重要准则。在现有的融资体系中，主要包括以金融机构为核心的融资模式和以金融市场为核心的融资模式，两种模式相互竞争、相互交叉、相互补充。

运用金融功能理论分析，海洋产业融资是属于金融功能范畴的活动，其融资功能发挥既可以依赖金融机构融资也可以依赖金融市场融资。但具体哪一种模式是最有效的却无法给出确切的答案。不过对于海洋产业的融资是有多种方式可供选择的，最有效的选择要建立在一国或地区基础设施、公共政策的完善与金融制度的创新上。当然，一个国家或地区也可以主动完善自身基础设施、公共政策，促进金融创新，使金融机构和金融市场有效地结合起来以促进海洋产业发展，进一步确保整个金融系统的稳定性和高效性，更有效地促进海洋产业和国民经济的发展。

（3）信贷配给。

信贷配给是金融市场中与现代海洋产业融资有关的另一种典型现象。信贷配给理论认为，贷款人通过配给的方式来实现信贷交易的达成（Stiglitz and Weiss，1981），信贷配给是某些制度上的约束所导致的长期非均衡现象（Robert，1976），非利率条件能与利率一道被平等地看作决定贷款价格的因素（Baltensperger，1978），存在一个提供信贷供给额的最大上限，甚至存在金融抑制和金融崩溃（Mankiw，1986）。由于银行的预期损失是信贷额的函数，贷款人基于风险与利润的考查不是完全依靠利率机制而往往附加各种贷款条件，加之通货膨胀、预算软约束、国际金融危机、美国量化宽松货币政策带来的金融风险不容忽视。银行对信贷分配的控制较为严格，当银行面对市场对信贷的需求且自身又无法清晰地辨别出市场上借款人的风险时，银行会采取措施避免被动的逆向选择，而且这时银行的信贷决策不会是提高利率，而是采取在一个低于竞争性均衡利率但会保证银行的收益最大化的利率水平上对贷款人实施配给（马秋君，2013）。而这时的配给是无法满足所有贷款人的资金需求的，造成一些未获得贷款或贷款额满足不了自身需求的贷款主体，提出愿意支付更高层次的利率水平向银行申请贷款，而银行往往不会为之所动，因为银行会认为贷款人可能会选择风险较高的项目进行投资，以弥补自身付出的高利率损失，从而增加了银行的经营风险。所以有时候即使银行有充足的资金，也不会选择以高利率放贷承担潜在的风险，进一步加剧金融抑制，不利于产业和经济的健康发展。所以，要打破金融抑制所造成的恶性循环，必须进行金融深化，甚至由政府出面制定并实施一种特定的、有差别的金融政策和制度安排（Hellmann，Murdock and Stiglitz，1997），以支持产业发展。麦金农（Mckinnon，1973）和肖（Shaw，1973）分别提出"金融抑制"和"金融深化"系统，并提出金融深化的理论，为金融结构相关理论的发展做出了重要贡献。

（4）融资约束。

从产业内部来看，融资约束和内部资本市场是不可回避的因素。特别是自 20 世纪初起，随着资本主义经济的兴起，西方国家产业规模不断扩大，涌现了大量的股份公司，普遍存在如何筹措到公司和产业发展所需资金的问题。公司理财的主要任务是为公司的组建和发展筹集所需的资金。当时，资金市场很不成熟，会计信息规范性差，股票买卖中"内部交易"现象严重，投资者的投资行为十分谨慎，此时公司理财较早研究的重点是融资问题，如格林的《公司财务》就对公司资本的筹集问题作了详细的阐述。经济学家普遍认为，资本市场的不完美性会使企业资本支出受到企业内部资金流量的限制，外部融资成本往往要高于内部资金成本，企业投资常常会面临融资约束，优序融资理论认为企业更偏好内部融资。金融发展有助于缓解融资约束，内部资本市场也具有融资约束缓解效应（Gertner，Scharfstein and Stein，1994），行业互助、抱团增信和企业内部融资也是现代海洋产业融资的有效工具。

与外部资本市场通过价格机制配置资源不同，在企业的内部资本市场中，企业或企业集团的最高决策层根据内部各分部的资金需求，凭借其经营控制权进行内部的资本调配。西方关于内部资本市场的研究是随着企业多元化的兴起及企业并购重组的日益频繁而逐渐活跃起来的。内部资本市场具有融资渠道替代、产业整合催化和公司治理改进等功能，从现有研究看，大部分学者对内部资本市场的效率持有肯定态度。一方面，内部资本市场的效率优势源泉在于内部资本市场在资源配置上具有信息优势，可以提高资本供给的可靠性。阿尔钦（Alchian，1969）较早对企业内部资本配置行为进行了研究，认为通用电气公司内部的借贷双方都比外部资本市场更容易获得信息，通用电气公司的财富增长更多来自资源交易与配置的内部市场的优势。内部资本市场可看作为企业提供了让投资决策更具灵活性的实物期权（Triantis，2004），内部资本市场能更好地保证资本及时地投向较优质的投资项目。另一方面，在于内部资本市场中的决策者拥有剩余控制权，可以更好地发挥治理和控制功能。根据科斯的交易费用经济学理论，市场和企业是两类不同的资源配置方式。与外部资本市场依靠资金价格调节资本配置方式不同，内部资本市场存在于企业或企业集团内部，依靠内部科层式组织设计的行政权威来配置资源，归根结底是高层决策者利用剩余控制权配置资源，剩余控制权的存在使得高层决策者可以更便捷、更迅速地将一些经营不善的项目资源重新进行配置，决策者可以通过"挑选优胜者"（winner-picking）行为提升企业内部资源的配置效率（Gernter，Scharfstein and Stein，1994；Stein，1997）。正如外部资本市场在优化资本配置的同时间接地起到公司治理的作用一样，内部资本市场也具有优化企业治理及内部控制的功能，而且在一定环境下是对外部资本市场治理功能的有效替代（Williamson，1975）。

当然，美国在 20 世纪 80 年代开始出现"归核化"（refocusing）浪潮，而且自 90 年代开始学术界一致认为多元化战略通常有损公司价值。学者们反思并研究内部资本市场失效的原因，发现内部资本市场运行时容易出现配置规则的"刚性"问题，即决策者总是按照资产规模或销售量的一定比例进行资本配置而无视具体投资项目的收益（Shin and Stulz，1998），多元化企业内部资源配置规则所具有的内在偏见和黏性将导致资源的错误配置（Bhide，1990），部门经理寻租行为的存在可能导致内部资本市场的"集体主义"，即弱部门从强部门处获得资助，而无视效率高低（Scharfstein and Stein，2000），自由现金流量代理成本的存在会使内部资本市场失效（Lundstrum，2003）。

2.1.2　海洋产业融资方面的研究

海洋产业发展非常重要，当今世界强国无不是海洋产业强国，这为国外研究所证实。当然，产业金融在海洋经济发展过程中扮演着极为重要的角色，西方主要发达国家政府和业界也推动着海洋金融的发展。

海洋产业对国民经济或区域经济的发展具有诱发效应和关联效应。若豪姆（Rorholm，1967）基于投入产出方法对新英格兰 13 个海洋部门进行研究，发现海洋产业的发展对区域经济发展产生重要影响。肯尼思（Kenneth，2001）通过对加拿大传统与新兴海洋产业进行对比，研究海洋产业对国民经济的具体影响。夸克（Kwak，2005）基于 1975～1998 年的产业关联与就业供给方面的数据，分析了韩国海洋经济对国民经济的影响程度。莫里西、奥诺霍和海因斯（Morrzssey，ODonoghue and Hynes，2011）对海洋产业在爱尔兰国民经济中的重要性与具体价值作了进一步的说明。基乌和于（Chiu and Yu，2012）使用投入产出法来证明海洋产业与中国台湾地区经济之间的关系，结论是具有较强的生产诱发效应和后向关联效应。

虽然海洋产业是产业的构成部分，产业融资当然包括海洋产业融资，但是海洋产业有其显著的特殊性，需要对海洋产业融资进行专门的研究。海洋产业融资，是指从事海洋产业的企业根据自身情况，通过不同融资渠道募集发展所需资金的经济活动。国外对海洋产业融资问题的研究并不系统，海洋金融的概念很早就出现，但直到今天，学术界尚未对海洋金融做出明确而令人信服的界定，现有研究大多是从金融供给角度对融资方式、融资渠道、融资政策等方面的研究。拉蒂默（Latimer，1995）指出，由于信贷机构基于风险厌恶的出发点，偏好于把资金投入大型的成熟的海洋企业，而对于中小型的海洋科技企业在金融支持方面却不足且容易避开处于发展初期规模较小的中小型海洋科技企业。罗纳德和伯纳德（Ronald and Bernard，1998）在对海洋科技产业融资方式的研究中指出，对包括海洋科技企业在内的高新技术企业的融资对美国风险资本市场的发展水平影响较大，海洋产业的主要融资来自风险投资、政府和产业基金。塞里奥保罗斯（Syriopoulos，2007）以希腊船舶的融资为案例，对船舶融资领域的私募股权融资、高收益债和船舶租赁等创新金融工具进行了研究。总体上，与海洋金融支持相关的研究成果分散，尚未形成系统框架，缺乏对海洋产业融资问题的系统思考。

实际上，自美国学者拉尔德·J. 曼贡在其 1970 年出版的名著《美国海洋政策》中首先提出海洋经济名词并系统研究美国海洋政策后，不少学者开始对海洋产业融资政策在内的海洋经济政策进行研究。通过梳理国外学者的研究文献，可以提炼出西方代表性海洋大国海洋产业典型的融资方式和融资渠道。

第一，政府直接补贴。巴克利（Buckley，1982）专门从事休闲渔业改善工程实施方面的研究，经过调查分析，他发现政府通过互联网给予休闲渔业发展的配套资金占 1/2，剩下的援助来自州政府。当然，这些拨款并不是一次性的补偿，而是由合理的预算中逐次分配而来。海洋渔业作为海洋产业的一个重要部分，美国政府对此项目安排了正常的预算，由财政直接补贴。这种预算并不是简单由某一个部门单独承担的，而是来自多方政府部门的配合，并且有着明确的时间安排，是一种效果直接且稳定的方式。实际上，美国在为海洋渔业提供补贴方面，成立了联邦海洋渔业局以及鱼类和野生动物管理局，与私营合作部门开始合作开发鱼类速冻工艺，并运用各种方式来资助新型鱼品和鱼类加工技术的研制和开发，如采用减免税收、加强银行信贷的方式对鱼类加工等新技术提供减免税收的优惠措施等。

科菲和鲍多克（Coffey and Baldock，2000）分析了欧盟对于渔业发展的补贴，其资金来源于多个机构，包括各成员国的相互支持、渔业基金等。欧盟委员会还通过提高对渔民的直接资金补贴来促进渔业的发展，比如面临渔业重组时，允许成员国给予最长 3 个月不出海的渔民资助。另外，对海外捕捞的船队和船只等都进行直接补贴，2014 年欧盟委员会又推出"蓝色经济"创新计划，在以后几年里陆续投资 1.45 亿欧元加大资源开发的资助力度以促进经济持续增长和扩大就业。当然，欧盟投入的补贴数额巨大，引起了社会各界的质疑，认为这样会导致对海洋生物的过度捕捞，从而引起全球生态失衡。

第二，海事金融优惠。为成为全球枢纽港和海洋经济中心，新加坡海事及港务管理局于 2006 年中期引入海事金融优惠计划（MFI），针对航运信托公司、航运基金公司和船舶租赁公司等制定了一系列优惠鼓励措施，主要包括：航运信托公司、航运基金公司和船舶租赁公司买下的船只，在 10 年优惠期内所赚取的租赁收入豁免缴税，直到相关船只被售出为止；负责管理航运基金的投资管理人，其获得的管理收入享有 10% 的优惠税率，为期 10 年。新加坡海事金融优惠计划（MFI）吸引大量的社会公众投资者，以刺激海运信托基金等创新融资模式的形成。例如，太平航务有限公司（PIL）对自身 8 条集装箱船舶进行打包，作为太平海运信托基金（PST）的最初资产，后者在股票市场公开上市发售，招募社会公众资金 1 亿美元。太平海运信托基金（PST）交由海运信托经理进行管理，将拥有的船只反租给太平航运公司（PIL）进行经营活动，并拟进一步从第三方收购船舶扩大经营。新加坡海事金融优惠计划（MFI）减少了海运企业的融资成本，降低了海运企业的融资风险。

第三，海洋产业基金。由于产业投资基金的资金募集是一种社会集资行为，政府监管部门对此一直采取审慎推进的态度。而诸如《产业投资基金管理暂行办法》的文件尚未出台，产业投资基金仍然处于无法可依的试点审批阶段。因此，需要在加强立法的基础上尽快成立海洋产业投资基金，以引领社会资本流向海洋产业。

德国 KG 基金就是通过 KG 公司这种模式募集的基金，根据德国法律，KG 基金是为特定的单一目的拥有船舶而成立，不能从事除此以外的其他任何商业活动，当船舶出售后，该 KG 基金即宣告结束。KG 基金是一种封闭式基金，一旦有限责任股东部分的股份认购完毕，基金即不再有新的投资者加入。普通合伙人通常会先投入少量的自有资金，然后通过募集方式吸引有限合伙人的资金，发起设立一家专门拥有新船的 KG 公司，再加上银行贷款，用来购买新船。使用人从 KG 基金处租赁新船，新船投入运营后获得的收益，在支付营运成本和偿付贷款本息后，可以向基金持有人发放红利。

第四，相关费用征收。海洋产业的发展仅依靠政府的直接补贴是远远不够的，依靠政府的行政权力向民间征收合理的费用，也是国外发达国家对海洋产业的一种投入方式。斯伯格和莫伊（Spergel and Moye, 2004）对于政府的收费进行了分析，包括罚款（非法捕鱼）、渔业许可证和准入费用、特许税等。对于航标和灯塔这一物品如何合理地征收费用，引起了各个国家的激烈探讨。英国对使用本国港口的一些船只征收灯标费以此为海洋产业的融资提供支持。但法国、荷兰和其他国家认为这是公共物品，并不收取费用。阿斯特尔（Asteris, 2009）从实际情况出发分析灯标费对于各个不同国家的港口影响，认为使用者支付这项收费制度还有待改进，提出可以从效率和公平的视角作为切入点，将收费制度进行扁平化处理以及针对某些特种船只给予免费等。即建立统一的收费方案，完善相关法规，促进海洋经济的和谐发展。

第五，特许权和许可证拍卖。拉金等（Larkin et al, 2004）认为，私人投资以及其他形式的组合可以帮助海洋渔船的回购，而德沃里茨和施温特（DeVoretz and Schwindt）于 1985 年对许可证拍卖以及特许权两种不同投资方式所产生的结果进行研究，发现此方案在加拿大太平洋渔业融资中不仅回收了资金，还产生了政府收益。这充分说明了私人投资的有效性，也进一步表明市场这只"看不见的手"所起的作用。因此，建议政府有时需要适度地放权，将主动权交还给市场，而政府只需要起到"掌舵者"的作用。

第六，信贷与非信贷融资机制。卡马克（Karmakar, 2009）专门对印度国家农业和农村发展银行（NABARD）关于海洋食品产业的支持机制进行了分析，包括各种信贷以及非信贷机制，而这些机制中既包括对商业银行、区域性农村银行和合作银行的再融资支持，也包括向政府和政府支持的农村基础设施发展基金基建工程公司的直接资金支持，其中渔业研发项目也得到了资金支持。

综上所述，理论来源于实践并指导实践，没有理论指导的实践或许是盲目的实践。国外学者基于金融发展、金融功能、信贷配给、融资约束等理论，较为系统地研究了产业融资并开展实证检验，研究金融对产业发展的影响并提出相应改进措施，这不仅可以指导产业融资实践并促进产业的发展，而且为我们开展海洋产业融资问题研究提供了很好的研究视角和理论基础，值得我们学习借鉴。但受国外对海洋经济和海洋产业专门研究不多的影响，国外对海洋产业融资问题研究的文献不多，与海洋金融支持相关的研究成果分散，尚未形成系统框架，缺乏对海洋产业融资问题的系统思考。现有的海洋金融研究值得借鉴的是从金融供给角度对融资方式、融资渠道、融资政策等方面开展的研究，尤其是在政府直接补贴、海事金融优惠、海洋产业基金、相关费用征收、特许权和许可证拍卖及信贷与非信贷融资机制等方面，国外提出了很多很有价值的政策措施并得以实施，有学者对此进行了专门研究，也值得我们学习借鉴。

2.2　国内研究

2.2.1　融资发展方面的一般研究

简言之，融资就是资金的融通，是资金在其持有者与需求者之间的流动，是资金的双向互动过程，主要涉及两个方面的内容：资金的融入和融出。从狭义上讲，融资主要是资金的融入，是企业资金筹集的行为与过程，是企业根据自身的生产经营状况、资金拥有状况以及公司未来经营发展的需要，通过科学的预测和决策，采用一定的方式，从一定的渠道向公司的投资者和债权人去筹集资金，组织资金的供应，以保证公司的正常生产需要。从广义上讲，融资既包括资金的融入又包括资金的融出，资金的提供者融出资金，而资金需求者融入资金，是资金的双向互动过程。本书主要研究现代海洋产业的融资问题，因此融资的概念主要涉及企业的资金融入这一概念，虽然作为从事生产经营活动并以获利为目的的一般企业也存在着资金的融出，如企业在生产经营过程中将结余的资金进行对外投资，但资金的融入基本占据了企业经营活动的中心。

投资决定着企业的生存和发展，而筹资则是投资的必要前提和资金运动的起点，当然也是企业理财的重要内容。西方企业理财的萌芽最早可以追溯到 15 ~ 16 世纪。当时，地中海沿岸一带的城市商业得到了迅速发展，并在某些城市中出现邀请公众入股的城市商业组织，股东有商人、王公、廷臣乃至一般市民。这种股份经济组织往往由官方设立并监督其业务，股份不能转让，但投资者可以收回，国外有些学者视其为原始的股份制企业。虽然这些股份公司还不是现代意义上的，但已向公众筹集资金并按股分红，实际上企业理财已经萌芽（周昌仕，2017）。不过，当时的理财还没有从商业经营中分离出来而成为一项独立的职能。西方企业理财的产生、发展是与股份公司的产生、发展相伴随的。17～18世纪，随着资本的积累、金融业的兴起、生产规模的扩大，股份公司逐渐发展成为一种典型的企业组织形态。19世纪50年代以后，欧美产业革命进入完成阶段，制造业迅速崛起，新机器、新技术不断涌现，企业规模不断扩大，企业需要更大量的资金，股份公司得到迅速发展。此时财务理论研究的重点也是筹资问题，如1897年美国著名的财务学家格林（Thomas L. Green）所著的《公司财务》就对公司资本的筹集问题作了详细的阐述。随着股份公司这种典型的企业组织的迅速发展，专业化的理财活动应运而生。20世纪初至30年代初，西方国家股份公司迅速发展，企业规模不断扩大，普遍存在如何筹措到足够资金的问题。企业理财的主要任务是为公司的组建和发展筹集所需的资金。当时，资金市场很不成熟，会计信息规范性差，股票买卖中内部交易现象严重，投资者的投资行为十分谨慎。

国内最早开始融资问题的研究始于20世纪80年代，并且研究内容大多集中在金融租赁这一问题上。金融租赁作为一种融资方式最早出现在20世纪50年代的美国，由于工业水平的不断提高，生产设备更新速度的加快，资本货物的需求大幅增加，一般性的融资方式往往不能满足这种需求（杜朝华，1982），因此催生了金融租赁业务。所谓金融租赁是指先由银行信托部门购进企业所需的设备，然后再以出租的方式向企业提供使用，最后由企业向银行交付租金（周浩文，1984）。这在很大程度上保证了企业的稳定发展，因为企业不需要事先筹措资金，只需向银行支付租金就可以使用所需设备，对于那些难以获得银行贷款的企业来讲，这种融资方式极大地缓解了企业发展的资金压力。随着经济的不断发展，金融租赁不仅作为一种专门的资金融通方式，而且逐渐成为一种新的国际贸易方式，不管是在发达国家还是发展中国家，金融租赁涉及的范围不断扩大，在各个国家的经济活动中发挥着举足轻重的作用（徐振辉，1982）。金融租赁业务的产生虽然主要是为了满足企业发展对生产设备的需求，但也是早期的一种融资雏形，为以后不同产业企业融资开创了道路。随着对融资问题关注度的提高，融资方式和融资工具等微观方面的创新研究逐渐出现。20 世纪 80 年代中后期以后，相关学者不断丰富了融资方式所包含的内容，邱志钢（1985）在分析中国香港银行业的融资方式时指出，融资方式不仅包括金融租赁，还包括以银行为主的各类贷款、私人贷款等 16 种方式，基本属于前面提到的融资方式的范畴。

2.2.2　产业融资方面的共性研究

（1）金融促进产业发展研究。

根据在中国知网查询可得到国内学者关于金融与产业发展以及产业结构调整的研究，自 20 世纪 80 年代以来，共有 7246 项结果。以下选取比较有代表性的学者观点。赵双军（1985）认为，产业结构调整与金融工作密切相关。丁一兵和傅缨捷（2014）认为，融资约束放松能促进技术创新活动并推动产业结构的优化发展，特定领域金融改革所带来的融资约束放松具有积极的作用。白钦先和高霞（2015）认为，有必要采取相应的金融结构调整，即根据产业发展的不同阶段制定合理的金融产业政策，来促进产业结构的成功调整。李潇颖（2018）认为，中国产业转型发展过程中的重要促进因素是金融发展和技术进步，通过运用向量自回归（VAR）模型分析 1995~2014 年的相关数据，研究中国金融发展、技术进步与产业结构发展之间的关系，结果表明，产业结构的发展促进了金融发展和技术进步。邓沛能（2018）结合湖北产业结构发展现状和金融支持产业转型发展现状，借助金融和产业经济学的相关理论，证明了金融发展深度、效率和产业结构发展之间的关系，强调政府应该完善间接融资支持体系和直接融资体系，从而促进湖北省经济可持续发展。

（2）产业发展融资支持方式研究。

在产业根据自身的情况与未来的发展需要确定所需的资金后，接下来就要考虑以一种什么样的形式获取所需的资金这一问题，也就是产业发展融资支持方式的选择。融资方式就是产业获取资金所采取的形式、手段、途径与渠道。企业融资方式是多种多样的，不同类型的企业应根据其所处产业的性质、特点与资金需求状况，决定采取何种融资方式。

现今业界大多根据融资过程中资金的来源方向，也就是储蓄与投资的联系方式，将融资方式划分为两大类型：内源融资与外源融资。内源融资就是企业投资所需的资金来源于企业内部，具体包括留存收益、沉淀资金、内部集资等。在这种融资方式下，储蓄和投资的完成是由同一主体主导，即企业利用自身的储蓄所进行的投资活动。内源融资不需要对外支付融资所需的相关成本和费用，因此不会出现支付危机，可以有效降低企业运营的风险，并且企业对自身的自有资金具有较大的自主性，容易排除外界的制约和影响，有利于提高企业运营的效率（王玉荣，2005）。当然，内源融资存在着一定的机会成本，不同企业的投资行为所造成的机会成本差异较大，可能一个企业利用内部资金进行投资，会给企业带来致命的打击。另外，企业自身积累能力也是有限的，特别是一些中小企业更容易受到自身积累能力的制约，进而限制企业的融资规模，当这种方式无法满足企业持续发展的要求时，企业就会选择另一种融资方式——外源融资进行必要的补充。

外源融资就是资金来源于企业外部，主要包括借款、发行债券、发行股票等。此时投资活动中所需的资金主要来自他人的储蓄，储蓄与投资由不同的主体完成。按照是否通过金融中介机构，外源融资又可细分为直接融资与间接融资。直接融资是企业直接通过资本市场，向金融投资者出售股票或债券等融入资金的一种融资方式，其主要特点有：一是直接性，企业可以从资金供给者手中直接获取资金，不需要借助银行等金融机构的中介功能；二是不可逆性，这一点主要是针对企业的股票发行，通过发行股票进行融资不需要偿还本金，资金供给方欲收回本金只能借助证券市场，与企业无直接关系；三是流通性，股票和债券作为企业直接融资的主要工具，可以在证券市场上进行流通，因此直接融资常常表现出较高的流通性。间接融资是指企业借助银行等金融机构的中介服务功能获取资金，而不是直接向金融投资者进行融资（杨兴全，2005）。与直接融资相比，间接融资的特点主要表现为：一是间接性，存在资金盈余的单位或个人通常将自身的闲置资金通过购买有价证券或存入银行等方式提供给金融中介机构，然后资金需求者从金融机构中获得贷款，或是由金融机构购买企业债券，把资金间接地提供给资金需求者；二是可逆性，银行贷款、企业债券这些融资方式都有明确的期限限制，到期需偿还本息，资金需求方不能无限制地使用这类资金；三是非流通性，银行手中的企业债权无法像股票那样随意在证券市场上流通，只能作为抵押向中央银行借款。

根据外部资金来源的属性不同可以把融资方式划分为股权融资和债权

融资。股权融资也称所有权融资，是指企业的股东愿意让出部分企业所有权，通过企业增资的方式引进新的股东，同时使总股本增加的融资方式。股权融资所获得的资金，企业无须还本付息，但新股东将与老股东同样分享企业的盈利与增长。一般企业通过发行股票向资金供给方募集资金，取得的资金成为企业的股本，也就拥有了对企业的所有权，这主要出现在企业的创办初期或中途增资扩股时采取的融资。股权融资筹措的资金具有永久性，无到期日，无须归还。企业采用股权融资无须还本，投资人欲收回本金，须借助于流通市场。股权融资没有固定的股利负担，股利的支付与否和支付多少视公司的经营需要而定。股权融资主要通过以下两种方式来募集资金：第一，公开市场发售。所谓公开市场发售就是通过股票市场向公众投资者发行企业的股票来募集资金，人们常说的企业上市、上市企业增发和配股都是利用公开市场进行股权融资的具体形式。第二，私募发售。所谓私募发售，是指企业自行寻找特定的投资人，吸引其通过增资入股企业的融资方式。因为绝大多数股票市场对于申请发行股票的企业都有一定的条件要求，例如《首次公开发行股票并上市管理办法》要求公司上市前股本总额不少于人民币 3000 万元，对大多数中小企业而言，较难达到上市发行股票的门槛，私募成为民营中小企业进行股权融资的主要方式。

债权融资是企业通过银行借款和发行债券等方式获取资金，这种方式募集的资金需要支付使用利息，并且在规定的期限内需要偿还本金。也就是说，债权融资获得的只是资金的使用权而不是所有权，负债资金的使用是有成本的，企业必须支付利息，并且债务到期时须归还本金。对于不同的经济体、不同的时期、不同产业的企业，其融资结构会存在较大差异。特别是对于以追求利润最大化为根本目的的企业来讲，其融资结构往往是根据成本收益原则做出的最优或次优选择（田秀娟，2013）。债权融资能够提高企业所有权资金的资金回报率，具有财务杠杆作用。与股权融资相比，债权融资除在一些特定的情况下可能带来债权人对企业的控制和干预问题，一般不会产生对企业的控制权问题。

2.2.3　海洋产业融资方面的特性研究

海洋产业是海洋强国战略实现的基础，战略性新兴海洋产业还涉及国家安全和国民经济的命脉，但海洋产业投入高、风险大，需要政府投入并引导大量社会资金支持。当然，不同行业的涉海企业对资金的需求是不同的，依靠单一的融资方式已无法满足快速、多样化发展的海洋产业融资要求，企业发展所需的资金也应由相应的渠道来供应。有必要根据企业个性化的特点，选择适应各类海洋产业企业要求的融资方式，有效结合各种方式，最大限度地满足海洋产业发展所需的资金。近年来国内对于海洋产业融资问题的研究成果颇丰，主要集中在海洋产业融资存在的问题、基于政府政策角度的问题解决措施、改进海洋金融服务和区域海洋产业发展的融资支持等方面，为进一步研究提供有益借鉴。

（1）海洋产业融资过程中存在问题的研究。

中国海洋产业发展迅速，需要大量资金支持，但资金支持与产业发展是不相匹配的。马洪芹（2007）认为，金融约束基于对中国海洋产业发展的资金支持和相关研究，制约了中国海洋产业结构的合理化和加速进程，并通过实证分析得出银行导向的金融模型适合中国海洋产业的融资状况。周昌仕（2012）认为，金融支持是海洋产业快速发展的重要保障，银行贷款是目前的主要保障，但单一模式不能满足发展的需要。李萍（2018）分析了中国海洋战略性新兴产业金融支持系统的现状和资金支持问题。总结起来，海洋产业融资过程中主要存在以下问题。

第一，涉海企业融资渠道较为单一。涉及国民经济命脉和国家安全的重要海洋产业往往具有投入大、回收周期长、风险高的特性，其企业权益资本构成中，国有资本占据大部分份额，民营资本投入不够。这些企业发展所需要的营运资金主要来源于信贷市场，但涉海类产业投入高、风险高的缺陷又导致以银行为代表的金融机构在放贷资金时采取过于谨慎态度甚至时常惜贷，这样就压缩了涉海企业的融资规模，因此仅仅依靠银行贷款已满足不了企业发展的需要。资本市场虽能为企业提供较为长期的资金支持，但过去较长时间内中国资本市场一直处于发展之中，准入门槛较高，大多数涉海企业特别是中小型涉海企业很难有效利用资本市场进行融资。其他社会闲散资金投入对涉海企业持续发展的资金诉求而言更是杯水车薪。涉海高科技产业具有研发周期长、风险高的特点，银行、风险资本和资本市场资金大多不愿进入，制约了其发展的步伐。

第二，民营涉海企业融资难度较大。国有涉海企业具有深厚的政府背景，更容易获得政府财政支持、银行贷款和社会资本的青睐，即使是陷入危机或濒临破产的企业，也有可能得到政府财政资金的救助，为企业的稳定发展提供坚实的支撑。民营涉海企业由于自身实力欠缺、风险抵御能力较弱、信誉度相对较差,其资金来源主要依赖原始资本的积累。民营涉海龙头企业可能有机会获得较多的政策性贷款、税收优惠和政府补贴。绝大多数民营中小企业主要还是靠私人投资或家族资本的投入,银行对其设置相对较高的贷款门槛和较为苛刻的条件,贷款利率较高。特别是对企业的抵押贷款,要求以抵押物市场价的五折放贷,况且很多涉海企业的资产在做抵押时很难获得公平合理的估值,因而民营中小企业很难获得足额的商业性贷款,也难以通过担保公司等非银行金融机构募集资金。由于大多数民营涉海企业自身实力较弱,无法满足资本市场融资的条件要求,上市融资难度较大。

第三,政府财政支持机制有待完善。党的十九大提出,发展海洋经济,建设海洋强国。沿海各级政府已经逐步认识到财政支持对海洋经济发展的重要性,纷纷采取措施为海洋产业发展提供有力支持,包括政府财政拨款、税收优惠、银行优惠贷款以及政府主导设立的海洋产业投资基金,这彰显了政府支持的决心。然而,海洋产业发展的财政支持机制还不完善,包括政府各部门缺乏联动,陆海统筹不够,政府投入的撬动效应不足等。比较而言,西方发达国家大多建立了相对完善的财政拨款机制,海洋产业发展的融资支持政策畅通,并有健全的法律保障。

第四,海洋产业融资支持政策缺乏。有关海洋产业融资支持方面的法律和政策比较缺乏,无论是中央政府还是地方政府抑或是金融管理部门等都缺乏针对性的、系统的政策和措施。如海洋产业基金特别是大型的海洋产业基金的设立需经过国家发改委的严格审批与监管,不是通过市场机构进行筛选,而是需要政府进行前置审查以过滤投资者的道德风险,管理模式较为单一,由政府部门负责基金的审批容易产生偏袒国有资本的倾向,引发政府的寻租行为,阻碍民间资本作用的发挥。

（2）海洋产业融资政策的研究。

针对海洋产业融资支持中存在的问题,不少学者提出了解决之道。李靖宇和任浚燕（2010）结合中国陆域经济金融支持实践经验,提出金融支持措施,目的在于使中国海洋经济发展具有强大而持续的金融保障,推进海洋经济快速持久地发展。周昌仕（2012）认为,需要充分发挥市场资本自由流动的特点,消除金融约束,促进中国现代海洋经济的优化发展。何帆（2016）认为,由于海洋产业的独有特征和发展阶段等原因,现代海洋经济的发展离不开海洋金融的支持,海洋金融也为 21 世纪海上丝绸之路的建设提供了资金支持。李萍（2018）在分析中国海洋战略性新兴产业金融支持系统的现状和资金支持问题的基础上，提出海洋战略性新兴产业资金支持的政策建议。具体而言，主要有以下海洋产业融资政策建议。

第一，财政直接投入。国家既是宏观政策制定者和产业扶持者，也可作为战略性产业的投资者，海洋产业的发展需要政府投入。政府必要的投入对社会资金具有明显的导向作用，有利于改善投资和营商环境，吸引外来资金的进入。政府可以利用各级财政性建设资金、中央国债、预算资金、税收政策等手段，积极支持海洋经济的发展，这也是政府在融资政策方面发挥作用非常重要的最基本的一个手段（宋瑞敏、杨化青，2010）。不过在提供财政投入时，政府也要坚持以下前提：海洋产业结构的调整，只有裁掉滞后的生产力，才能最大限度地发挥好财政资金的导向作用；财政资金投入方向上的调整，海洋产业的基础设施以及公共服务方面更需要资金的支持，因此有必要将财政重心从一般生产性领域引至前者；财税政策的有效执行，必须从体制、机制各个方面有效支持海洋类资源节约、海洋环境友好产业、海洋循环经济等产业的发展（李莉等，2009）。

第二，产业基金扶持。产业投资基金能够帮助投资者解决交易上的限制，还能帮助其解决投资技巧缺乏的难题，从而达到风险低、收益高的愿望。产业基金能够解决蓝色经济投资市场资本金不稳定以及投资者不集中的缺点，因此蓝色经济各方面的产业发展可以依赖投资基金进行最大化的有效融资，让蓝色经济产业更加健康、稳定地发展（王芋萱，2012）。不过政府在其运作过程中所发挥的作用应该得到合理的控制，政府可以持有股份，但应该将控股权交给民间资本，只需起到监督者的作用，最终结果是通过股权交易获得高收益（潘洁和燕小青，2012）。

第三，海洋金融工具创新。中央及地方政府应结合各地海洋经济的发展水平，因地制宜地为海洋经济进行具体规划，提高金融支持、金融创新的水平，从全局的角度来制定战略规划。做好海洋特色产业的研究、风险控制的优化、环境保护等问题，只有这样才能做到有效的金融创新（王鹏飞，2012）。在金融创新的过程中，要充分发挥好金融的融资媒介、资源配置、风险管理和利益激励作用，围绕海陆统筹发展和对外开放，创新风险定价和控制的金融服务模式，提供综合性金融服务和汇率避险工具，同时加强金融监管，防止金融虚拟化，切实做到优化金融环境，增强服务实体经济的能力（郑子凯，2012）。

第四，多层次融资渠道构建。海洋经济发展过程中最大的保障是资金支持，但是单一渠道的融资模式已经无法适应海洋经济发展的需要，因而要利用现代金融工具，构建以政府投入为引导，以行业互助、抱团增信和内部融资为基础，以金融信贷、上市融资和票证融资为主体，以创业投资和风险投资为补充的多元融资模式，以形成相互支持、互为补充、合作共赢的海洋产业生态金融（周昌仕和宁凌，2012），支持现代海洋产业发展。

第五，担保制度建立。杨子强（2009）考虑到海洋产业的外向性，建议政府加大对出口区域信用风险保障专项基金的运用，结合银行信贷和政策性保险的双重力量，确保外向型海洋企业的资金链不断裂，政府应该多渠道筹集担保资金，充分利用会员单位、社会各界的捐赠以及政府的财政投入等。杨涛（2012）认为，可以通过开发海洋保险、海洋担保和衍生金融等工具，使得产业风险被分散和承担，降低产业发展的风险成本，加强风险控制性金融支持。潘洁和燕小青（2012）从保险市场建立角度分析，认为海洋产业特有的自然灾害特点要求必须尽快健全保险市场，尽可能降低损失，并且在原来保险产品发展的基础上增加新险种，比如海洋开发类的新险种，以此来完善海洋开发类的资金保障体系。在制定保险产品方面，保险公司可以根据海洋产业发展的不同特征制订不同的方案，可以尝试结合其他金融工具共同开发保险产品以提高金融系统整体的补偿能力。

第六，政策法规制定。海洋产业具有较强的公共性和外部性，为海洋产业发展创造一个良好的法制环境，是解决海洋产业融资问题的一个重要前提，只有在海洋政策和开发战略已经完善的基础上海洋经济才能得到真正的发展。中国在海域权属管理制度及使用管理方法方面还需要进一步完善，海洋功能区域的划分也需要明确。中国的海洋管理体制相对混乱，各相关部门并未能做到分工明确、各司其职，因此明确涉海部门的工作职责以及行政监督显得非常有必要。金融支持手段的缺少和政策的不到位，也是制约中国海洋产业发展的重要因素。中国现行立法对海洋经济发展的金融支持涉及较少，因此必须从法律层面确立促进现代海洋产业发展的财政拨款机制，建立政策性资金库用于海洋科技成果的研发和嘉奖，不断促使科技成果向海洋产业有效延伸转化（唐正康，2011）。

（3）区域海洋产业的融资支持研究。

不少学者从区域海洋产业发展的融资支持角度开展研究，如对广东海洋产业发展的融资支持研究。张帆（2009）分析了区域海洋产业融资的现状，认为海洋产业发展需要健全的融资机制支持，借鉴海洋产业发达国家和地区的成功经验，提出促进海洋产业结构调整和布局优化、推动沿海地区区域经济增长和海陆产业发展一体化的建议。杜军和鄢波（2011）通过分析影响广东海洋高科技产业现状和金融创新的因素，借鉴国内外经验，提出金融创新措施，以促进广东海洋高科技产业的发展。杨坚（2012）依靠区域经济和可持续发展等理论，分析山东海洋产业结构的现状和经济发展，构建山东海洋产业转型发展的指标体系，建立多元化的海洋金融支持体系，促进山东海洋产业的转型发展。杨黎静（2013）分析广东海洋经济发展现状和海洋财政政策，结合广东海洋经济发展中存在的问题以及财政政策支持的现状和不足，建议用财政政策支持广东的海洋经济发展。周昌仕和杨钊（2014）运用信贷配给等金融发展理论，剖析湛江海洋产业资金支持问题，为湛江海洋产业发展的金融支持提出建议。曹俊勇（2015）认为，海洋经济的发展离不开财政的支持和引导，其通过分析广东江门海洋经济的融资问题，结合江门发展的具体特点，从传统的正规金融、私人金融与小额信贷的角度，总结江门海洋经济发展中不同需求主体的具体路径和资金支持模式，提出相关政策建议。朱健齐和胡少东（2016）认为，为提升广东"蓝色背景"下的竞争力，应从"三圈一带"构想和海洋金融体系建设方面大力发展广东海洋经济，通过产、官、学、研合作，促使广东从"海洋大省"升级为"海洋强省"。王婷婷（2017）认为，海洋产业具有独特的融资特征，应在分析海洋产业的金融需求、融资环境和资金支持状况的基础上，借鉴成功经验，初步设计多元化金融支持计划，以促进浙江海洋产业发展。

（4）海洋金融服务优化的研究。

为贯彻落实"创新、协调、绿色、开放、共享"的新发展理念，以有效解决海洋经济不平衡不充分的发展问题为主攻方向，以深化供给侧结构性改革为主线，强化创新驱动，增强海洋经济创新力和竞争力，增强海洋经济服务于国民经济发展和国家安全的能力。王东亚（2018）从资本形成机制、资本导向机制、信用催化机制、风险管理机制及产业与金融的结合等方面分析金融发展促进海洋产业发展的机制，通过分析现状和特征，发现金融发展对海洋产业发展具有积极作用。具体而言，学者们提出要构建海洋经济发展金融服务体系的重大举措。

第一，引导金融加大对海洋经济重点领域的支持力度。加大对规模化、标准化深远海养殖及远洋渔业龙头企业、水产品精深加工和流通企业的信贷支持，重点支持列入"白名单"并有核心竞争力的船舶和海洋工程装备制造企业，加快推动海洋生物医药等新兴产业培育发展，开发适合滨海旅游、海洋交通运输业、港口物流园区等特点的金融产品和服务模式。

第二，完善海洋经济发展金融服务体系。建立完善海洋经济发展金融服务部际协商机制，创建以金融支持蓝色经济发展为主题的金融改革创新试验区，搭建海洋产业投融资公共服务平台。

第三，创新海洋经济发展金融服务方式。鼓励金融机构开展海域、无居民海岛使用权抵押贷款业务，鼓励采取银团贷款、组合贷款、联合授信等模式探索将海水养殖等纳入渔业互保范畴，加快发展各类海洋经济领域特色保险，加快在海洋经济示范区基础设施建设等领域推广 PPP 模式，鼓励运用投贷联动模式支持涉海科技型中小企业。

第四，拓展海洋经济发展金融服务合作。出台实施《开发性、农业政策性金融促进海洋经济发展的实施意见》，推进与中国银行、中国进出口银行的战略合作，会同深圳证券交易所联合组织开展海洋产业投融资路演活动专场，增强引导各类金融资本支持海洋领域实体经济发展的能力。

综上所述，国内对于海洋产业融资问题的研究成果主要集中在海洋产业融资过程中存在的问题、海洋产业融资政策、区域海洋产业的融资支持以及改进海洋金融服务等方面，大多数对于海洋产业发展的金融支持所做的研究都采用较为严谨的理论分析方法，探讨海洋产业发展中的金融支持问题，提出代表性结论，极大地丰富了产业发展中金融支持问题的研究内容，为海洋产业发展提供重要的理论指导，这对于后续海洋产业融资问题研究具有一定的借鉴意义，特别是在理论分析视角、与产业发展和金融发展的实践紧密结合、定性的逻辑推理等方面值得借鉴。

当然，真正系统研究海洋产业融资问题的文献不多，现有研究主要集中在产业自身发展、产业发展政策等方面，对海洋产业发展的金融支持研究主要是简单的定性描述，大多不是基于新时期中国海洋产业整体发展而是对某个区域的海洋产业金融支持进行研究或者是针对海洋产业里面的某一个小类别进行研究，缺乏数据支持，未进行深入剖析，鲜有其产业资本配置效率及影响因素的评价研究。总体上存在对海洋产业融资认识不足、研究不够深入和缺乏系统思考等问题。本书旨在结合金融和海洋产业发展，从资金需求角度系统思考中国现代海洋产业融资问题。

第 3 章

海洋产业的内涵与特征

固本强基，实业兴邦，产业是国民经济的基础，海洋产业则是海洋经济高质量发展和海洋强国战略实现的载体。产业发展有其自身规律，不同的产业随着时空的变换而此起彼伏，优胜劣汰，一些产业盛极而衰或由强变弱甚至被淘汰出局，而另一些产业则茁壮成长、由弱变强，成为现代主要发展产业。海洋产业的发展也一样，随着社会经济的发展和进步，传统海洋产业如果不进行现代化改造，或许还保留有海洋经济一定的基础地位，但有可能不再具有竞争优势而脱离国民经济发展的主攻方向，而现代海洋产业则迎势而上，因其相对突出的核心竞争力而成为海洋经济发展的重要方向。

3.1　海洋产业概念

产业的含义具有多层性，在中国的传统文献中最早是指田地、房屋、作坊等私人财产，如《韩非子·解老》内记载的"上内不用刑罚，而外不事利其产业，则民蕃息"，或者是生产事业，如《史记·苏秦列传》记载的"周人之俗，治产业、力工商，逐什二以为务"。现代人们常说的产业有狭义和广义之分。就狭义的产业概念而言，最初特指工业生产部门，后来一般是指生产物质产品的集合体，包括农业、工业、交通运输业等部门，一般不包括商业。现今人们普遍认可的是广义的产业概念，泛指一切生产物质产品和提供劳务活动的集合体，包括农业、工业、交通运输业、邮电通信业、商业、饮食服务业、文教卫生业等部门。本书所针对的是广义概念的产业。

具体而言，产业是具有某种同类属性的企业经济活动的集合，是由利益相互联系的、具有不同分工的、由各个相关行业所组成的业态总称，尽管它们的经营方式、经营形态、企业模式和流通环节有所不同，但它们的经营对象和经营范围是围绕着共同产品而展开的，并且可以在构成业态的各个行业内部完成各自的循环。产业是社会分工的产物和社会生产力不断发展的必然结果，也是介于宏观经济与微观经济之间的中观经济。它包含国民经济的各行各业，既包括物质资料生产部门，也包括流通部门、服务和文化教育等部门。随着社会生产力水平不断提高，产业的内涵不断充实，外延不断扩展。

海洋产业是产业的重要组成部分，是人类在海洋资源开发利用过程中发展起来的产业，与陆地产业相对应，都是将产业按发生产业活动的主要区域所界定的分类，均属于产业系统中的一个子类。根据中华人民共和国海洋行业标准《海洋经济统计分类与代码》（HY/T052 - 1999），海洋产业是指人类利用海洋资源和空间所进行的各类生产和服务活动。也就是说，海洋产业是人类开发利用海洋资源，发展海洋经济而形成的生产事业，是指开发、利用和保护海洋、海岸带资源和空间所进行的生产和服务活动。海洋产业的内涵比较丰富，可从以下两个方面来看。首先，从其范畴上来看，海洋产业就是海洋开发产业的总和，是人类涉海性的经济活动，主要在于其涉海性这一基本特征，这个基本特征也正是海洋产业区别于其他产业的主要特征。涉海性表现为以下五个方面：一是直接从海洋中获取产品的生产和服务；二是直接从海洋中获取的产品的一次加工生产和服务；三是直接应用于海洋和海洋开发活动的产品生产和服务；四是利用海水和海洋空间作为生产过程的基本要素所进行的生产和服务；五是与海洋密切相关的科学研究、教育、社会服务和管理，这也正是海洋产业区别于其他产业的主要特征。海洋产业发展以广大的海洋空间为载体，活动范围是立体化、全方位的。在纵向上海洋产业活动可以从海面延伸至水体、海底，在水平方向上海洋产业活动可以外延到海岸、海岛、近海远海区，海洋产业还包括以各种投入产出为联系纽带，与海洋产业构成技术经济联系的海洋相关产业。其次，从生产与需求角度，它是指人类利用类似生产技术或生产工艺在海洋中及以海洋资源为对象所进行的社会生产、交换、分配和消费等各种涉海生产和服务活动的集合。

3.2　海洋产业分类

海洋产业是国民经济产业的重要组成部分，对其分类可以借用一般产业的分类方法，也会因研究方向和目的的不同，产生不同的分类标准和原则，常用的分类方法有国民经济行业标准分类法、产品基本经济用途分类法、发展时序和技术标准分类法等，每种分类方法分类情况如下所述。

3.2.1　一般分类

（1）依据中华人民共和国国家标准《国民经济行业分类》（GB/T4754 – 2002），海洋产业可以划分为海洋第一、第二和第三产业（见表 3 – 1）。统计上通常依据克拉克的产业分化次序原理，制定国民经济行业标准产业分类法，将国民经济产业划分为一、二、三次产业，又称三次产业分类法。

表 3 – 1　　　　　　　　　　　海洋三次产业

海洋第一产业	海洋捕捞业、海水养殖业
海洋第二产业	海洋工程建筑业、海洋化工业、海洋盐业、海洋水产品加工业、海洋油气业、海洋医药业、船舶制造业、海洋能源与海水利用业等
海洋第三产业	滨海旅游业、海洋交通运输业、海洋公共服务业等

①海洋第一产业是指生产活动以直接利用海洋生物资源为特征的产业，主要是鱼、虾、蟹、贝、藻等动植物的捕捞和养殖，包括海洋捕捞业、海水养殖业。

②海洋第二产业是指生产活动以对海洋资源的加工和再加工为特征的产业，主要包括海洋工业和海洋建筑业，即海水盐化工业及淡化业、海洋化工业（提取化学物质）、海洋药物和食品工业、海洋油气业、滨海矿砂业、船舶与海洋机械制造、海洋电业（利用潮汐能、波浪能和热能发电）、海洋建筑业（港口、海底住宅及隧道等建筑）等工业部门。

③海洋第三产业是指生产活动以提供非物质财富为特征的产业，包括

海洋运输业（港口及运输）、海底仓储业、海洋旅游业（海滨海岛观光等）、海洋工艺品装饰业、海洋信息业（海洋环境信息预测预报咨询）、海洋服务业（海洋环境要素监测、保护、防灾减灾、技术服务）等。

　　这种划分体系既反映了海洋产业的演化规律，又反映了市场需求，为制定和实施海洋产业政策，促进海洋经济健康发展提供了理论依据。因此，这一方法多在进行海洋经济分析时采用。

　　（2）依据对海洋产业开发的先后时序以及技术进步的程度，即根据海洋产业的发展历史和趋势，综合技术、资源和时间三个标准，可以把海洋产业划分为传统海洋产业、新兴海洋产业和未来海洋产业（见表 3 - 2）。

表 3 - 2　　　　　　　　　　　　海洋三类产业

传统海洋产业	海洋捕捞业、海洋交通运输业、海洋盐业和海洋船舶工业等
新兴海洋产业	海洋油气、海水增养殖业、滨海旅游业、海水利用业、海洋生物医药业等
未来海洋产业	深海采矿业、海洋能利用业、海洋空间利用业等

　　20 世纪 60 年代以前形成并已进行过大规模开发，不完全依赖现代高新技术的产业为传统海洋产业，主要有海洋捕捞业、海洋交通运输业、海洋盐业和海洋船舶工业，并且在中国海洋产业中一直占有较大的比重。

　　20 世纪 60 年代至 20 世纪末，人类"发现新资源、开发新领域"的经济探索活动进一步扩大，不断丰富和提升传统海洋产业的内涵，在这个过程中又发现了新的海洋资源，从而形成或者拓展了海洋资源的纵深利用范围而成长起来的产业，如海洋石油天然气业、海水增养殖业、海水淡化工程、海洋生物制药和滨海旅游业等，这些主要或部分依赖于高新技术而发展起来的产业都统称为新兴海洋产业。

　　21 世纪有可能开发并依赖于高新技术的产业，都将成为未来海洋产业，它是海洋产业发展的技术储备和尝试阶段，一旦技术成熟，就可以转化为新兴海洋产业。如海洋能利用、海洋空间利用等。

　　因此，中国第一份关于海洋经济的年度报告《中国海洋经济发展报告2015》中，把海洋渔业、海洋船舶工业和海洋油气业等列为中国的海洋传统产业，把海洋工程装备制造业、海水利用业、海洋制药与生物制品业和海上风电等列为中国的海洋新兴产业，把海洋交通运输业、海洋旅游和文化产业等列为中国的海洋服务业。

　　（3）依据马克思的产品基本经济用途分类，将海洋产业划分为基础产业、加工制造业和服务业。海洋基础产业主要包括海洋水产业、海洋油气业及采矿业、能源工业、交通运输业等；海洋加工制造业包括海洋食品加工业、海水淡化和盐化业及化工业；海洋服务业包括海洋旅游、信息咨询及服务业等。

（4）依据生产要素的投入比重或对各要素的依存程度划分为劳动密集型、资本密集型、知识密集型海洋产业，这种方法虽然有利于把握整个海洋产业的发展趋势、产业结构的演变，但精确性较低，因为有些海洋产业具备多种要素聚集特征。

（5）依据国民经济物资生产部门分类标准，海洋产业可划分为海洋农业、海洋工业、海洋建筑业、海洋交通运输业和海洋商业服务业。

3.2.2 专门分类

中国海洋行业标准《海洋经济统计分类与代码》（HY/T052 - 1999）以涉海性为原则，从整个国民经济体系中划分出与海洋有关的产业分类和产业活动的统计范围，按第一、第二、第三产业的顺序将海洋经济统计的内容划分为大、中、小三类。其中，大类分为 15 类，包括海洋农林渔业、海洋采掘业、海洋制造业、海洋电力和海水利用业、海洋工程建筑业、海洋地质勘查业、海洋交通运输业、海事保险业、海洋社会服务业、滨海旅游业、海洋信息咨询服务业、海上体育事业、海洋教育和文化艺术业、海洋科学研究和综合技术服务业、国家海洋管理机构。该标准的发布和实施，统一了海洋行业分类口径，规范了海洋行业分类，是海洋经济统计工作走向标准化的一个重要起点。

2006 年首次发布的国家标准《海洋及相关产业分类》（GB/T20794 - 2006）根据海洋经济活动的性质，将海洋经济划分为两类、三个层次。第一类是海洋产业，包括主要海洋产业和海洋科研教育管理服务业，主要海洋产业包括海洋渔业、海洋油气业、海洋矿业、海洋盐业、海洋船舶工业、海洋化工业、海洋生物医药业、海洋工程建筑业、海洋电力业、海水利用业、海洋交通运输业、滨海旅游业等，是海洋经济核心层。海洋科研教育管理服务业包括海洋信息服务业、海洋环境监测预报服务、海洋保险与社会保障业、海洋科学研究、海洋技术服务业、海洋地质勘查业、海洋环境保护业、海洋教育、海洋管理、海洋社会团体与国际组织等，是海洋经济支持层。第二类是海洋相关产业，包括海洋农林业、海洋设备制造业、涉海产品及材料制造业、涉海建筑与安装业、海洋批发与零售业、涉海服务业等，是海洋经济外围层。

"十二五""十三五"期间，海洋经济始终作为国民经济发展的重要增长点，总量不断迈上新台阶，海洋新产业、新业态不断涌现。2006 年发布的国家标准《海洋及相关产业分类》（GB/T20794 – 2006）已经不能保证与国家数据的有效共享，2021 年 12 月 31 日，国家市场监督管理总局（国家标准化管理委员会）发布公告，由国家海洋信息中心负责起草的国家标准《海洋及相关产业分类》（GB/T20794 – 2021）正式发布。从中华人民共和国自然资源部网站获知，修订后的标准根据海洋经济活动的性质，将海洋经济分为海洋经济核心层、海洋经济支持层、海洋经济外围层。在产业分类层面新标准更加细化，将海洋经济划分为海洋产业、海洋科研教育、海洋公共管理服务、海洋上游产业、海洋下游产业等 5 个产业类别，下分 28 个产业大类、121 个产业中类、362 个产业小类，既全面反映了海洋经济活动分类状况，又重点突出了海洋产业链结构关系。修订后的标准共包括产业大类 28 个，在数量上与现行标准相同（见表 3 – 3）；产业中类 121 个，变化 87 个，变化占比超过 70%；产业小类 362 个，变化 311 个，变化占比超过 80%。

表 3 – 3　　　　　　　　　　中国海洋产业分类

海洋及相关产业	海洋经济核心层	海洋产业	01 海洋渔业
			02 沿海滩涂种植业
			03 海洋水产品加工业
			04 海洋油气业
			05 海洋矿业
			06 海洋盐业
			07 海洋船舶工业
			08 海洋工程装备制造业
			09 海洋化工业
			10 海洋药物和生物制品业
			11 海洋工程建筑业
			12 海洋电力业
			13 海水淡化与综合利用业
			14 海洋交通运输业
			15 海洋旅游业

续表

海洋及相关产业	海洋经济支持层	海洋科研教育	16 海洋科学研究
			17 海洋教育
		海洋公共管理服务	18 海洋管理
			19 海洋社会团体、基金会与国际组织
			20 海洋技术服务
			21 海洋信息服务
			22 海洋生态环境保护修复
			23 海洋地质勘查
	海洋经济外围层	海洋上游相关产业	24 涉海设备制造
			25 涉海材料制造
		海洋下游相关产业	26 涉海产品再加工
			27 海洋产品批发与零售
			28 涉海经营服务

本书所指的现代海洋产业包含的范围较为广泛，不仅仅局限于新兴和未来海洋产业，还包括之前的传统海洋产业，因为即使像海洋捕捞业这些传统海洋产业目前发展的前景依然可观，随着新技术的不断更新和运用，这部分行业不断地得到优化升级，逐渐由粗放式发展向精细化、高质量发展转变，进而表现出较强的发展潜力，这也符合现代海洋产业发展的要求，因此也应属于现代海洋产业的范畴。

3.3 海洋产业结构

3.3.1 海洋产业结构的含义

"结构"是物质及其运动的分布状态，是事物各个组成要素之间相互稳定的排列顺序、组合方式和互相制约、互相联系、互相作用、互相依赖的关系总和。它包括两重含义：一是构成系统或者物质的基本要素或元素；二是这些要素或元素在整体中的作用及其排列组合，即要素之间的连接关系。即使系统的构成要素或物质的组成要素相同，但由于其连接方式不同也会引起系统或物质发生变化。在国民经济学上，产业结构又称国民经济的部门结构或产业体系，是指社会经济体系的主要组成部分，泛指国民经济各产业部门之间以及各产业部门内部的构成。在发展经济学上，产业结构是指产业内部各生产要素之间、产业之间、时间、空间、层次的五维空间关系。对应地，海洋产业结构就是指海洋产业各类、各行业及其内部组成之间的相互联系和比例关系，包括一二三次产业结构，传统、新兴未来海洋产业结构和部门产业结构等。

3.3.2　海洋产业结构演进

产业结构不是固定不变的，而是动态变化的，一切决定和影响经济增长的因素都会不同程度上对产业结构的变动产生直接的或间接的影响。产业结构演进是指产业结构本身所固有的从低级到高级的变化趋势。英国经济学家克拉克（Colin Clark，1905~1989）揭示了以第一次产业为主向以第二次产业为主，继而向以第三次产业为主转变，人均收入变化引起劳动力流动，进而导致产业结构演进的规律。美国经济学家西蒙·库兹涅茨（Simon Kuznets，1901~1985）对产业结构的演进规律作了进一步探讨，阐明了劳动力和国民收入在产业间分布变化的一般规律。产业结构演进一方面为某些行业带来良好的市场机会，另一方面也会对其他行业带来生存的威胁。

任何事物变化的内在逻辑都是从量变到质变，到一定程度就会完成从量变到质变的跳跃，实现产业结构合理化和高度化的有机统一，因此产业结构演进的目标就是产业结构升级。产业结构升级是通过产业内部各生产要素之间、产业之间从时间、空间、层次上相互转化实现生产要素改进、产业结构优化、产业附加值提高的系统工程。经济主体和经济客体的对称关系是最基本的产业结构，是产业结构升级的最根本动力。从发达国家产业结构演进的规划上看，大致经历两次质的飞跃或者说是产业结构升级，第一次是第一产业增加值和劳动力所占比重逐渐下降，第二产业的增加值和就业人数占国民生产总值和全部劳动力的比重上升，实现工业化进程；第二次是第三产业发展更为迅速，所占比重都超过了60%，发达国家逐步向"后工业化"阶段过渡，高技术产业和服务业日益成为国民经济发展的主导部门。

海洋产业演进过程同其他陆上产业一样，先从海洋第一产业发展，之后随着海洋经济的逐步发展，海洋第二产业成为主导，当海洋经济发展到一个新的阶段后，产业转型升级的压力不断加大，海洋第三产业成为主导产业的动态演变过程。19世纪以前，世界海洋生产力水平低，原始积累不足、技术储备不够、资金压力较大，海洋产业发展以第一产业为主，主要发展传统海洋渔业、运输业和盐业。19世纪末，资本主义国家相继完成了产业革命，生产力水平大幅度提高，对海洋资源的开发和海洋产业的形成与发展产生了重大的影响。以蒸汽为动力使海洋运输业步入了一个新的发展时代，逐步成为一个庞大的产业部门，动力化发展则促进了渔业生产的进步，随着资金技术的日益积累，基础设施的逐渐健全，人们逐渐开始利用第一产业部门生产的产品进行再加工，并提高产品附加值，增加其技术含量，当市场呈现出需求时，相关海洋产品加工、包装和运输等产业也得到快速发展。

第二次世界大战后，科学技术的迅猛发展为海洋开发注入了新的活力，资源开发和产业发展不断深化，人们开始追求更高的生活品质，此时滨海旅游业、海洋信息产业、海洋科技服务业等海洋第三产业迅速成长，提供各种服务性非物质产品。通过对中国海洋产业发展的历史考察，中国海洋产业结构的演变过程大致分为四个阶段（见图3-1）（朱坚真、吴壮，2009）。

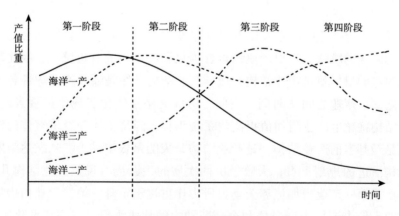

图3-1 中国海洋产业结构演变过程

第一阶段，起步阶段，即传统海洋产业发展阶段。1978年以前，中国海洋经济仅有渔业、盐业和沿海交通运输三大传统产业，主要海洋产业总产值只有几十亿元，资金和技术条件均不成熟，海洋产业的发展以海洋水产、海洋运输、海盐等传统产业作为发展重点，海洋产业结构表现出明显的"一、三、二"顺序。

第二阶段，海洋第三产业与海洋第一产业交替演化阶段。随着海洋经济发展水平的提高以及资金和技术的逐步积累，滨海旅游、海产品加工、包装、储运等产业呈现出快速发展的趋势，并且滨海旅游、海洋交通运输等海洋第三产业在产值上逐渐超过海洋渔业，在国民经济中占据主导地位，海洋产业结构也相应地由"一、三、二"型转变为"三、一、二"型。

第三阶段，海洋第二产业大发展阶段。当资金和技术积累到一定程度后，海洋产业发展的重点将逐步转移到海洋生物工程、海洋石油、海上矿业、海洋船舶工业等第二产业，海洋经济也随之进入高速发展阶段，从而推动这一阶段海洋产业结构进入"二、三、一"型。

第四阶段，海洋产业发展的高级化阶段，又称为海洋经济的"服务化"阶段。在这一阶段，一些传统海洋产业采用新技术成果成功实现了技术升级，产业规模进一步扩大，发展模式更加集约化。同时，海洋第三产业重新进入高速发展阶段，尤其是海洋信息、技术服务等新型海洋服务业开始快速发展，从而推动海洋第三产业重新成为海洋经济的支柱，海洋产业结构演变为"三、二、一"型。

全国海域管理工作会议发布的《2017 年海域综合管理工作要点》，提出中国将构建生态管海生态用海制度体系，深化海域资源有偿使用制度改革，助推海洋产业供给侧结构性改革，提升海域综合管理能力，继续激发海洋经济活力。中国海洋产业发展主要以要素驱动为主，对海洋资源依赖性较强，随着海岸线和近海海域资源约束增强，围绕海洋产业发展的供需结构性问题，必须转变传统海洋发展模式，加快海洋产业供给侧结构性改革，重点加快海洋生态环境的修复工作和海洋服务业发展，加快海洋公共服务功能建设，满足消费需求升级。以"创新、协调、绿色、开放、共享"的新发展理念引领海洋产业发展，厚植海洋产业发展优势，补齐海洋产业发展短板，增强海洋产业发展动力，服务社会大众。

"21 世纪海上丝绸之路"倡议的实施，也为中国和丝绸之路沿线国家的海洋产业发展与合作提供了难得的机遇。中国与周边国家以政策沟通、设施联通、贸易畅通、资金融通、民心相通为主要内容，在基础设施、经贸合作、金融合作、人文交流、公共服务等领域展开务实合作，取得了良好的经济效益和人文效益。

3.4　现代海洋产业的特征

从海洋产业融资视角看，现代海洋产业的研究范畴应更加宽广，既包括新兴和未来海洋产业，还应包括之前的传统海洋产业。当然，科学技术在海洋产业中的广泛使用不仅使传统海洋产业的开发力度不断加大、开发模式不断完善，而且不断催生出像海洋空间利用这样的技术含量高、综合性较强的新型（未来）海洋产业。现代海洋产业具有如下"五高"特征。

3.4.1　高投入性

作为资本密集型产业的现代海洋产业，它的开发与可持续发展离不开雄厚资金的支持。因而，海洋产业能否迅速转化为经济增量，形成现实生产力，关键要依赖于一个重要的物质基础和前提——资本的投入。现代海洋产业的高资本需求主要体现在以下四个方面。

第一，技术资本投入高。海洋产业发展对技术的要求较为严格，从低层次的养殖、捕捞技术到高端的制造、研发和勘探技术均有较高的要求。作为一种无形资产的科学技术往往对一个产业的发展起着决定性作用，因此市场上对于这种无形资产的需求就很高，进而产生较高的市场价值。这个时候，技术的市场价值评判，已经脱离了传统的那种由社会平均劳动消耗决定，转为由市场需求决定。特别是对于高科技而言，市场供给很少，远远不能满足市场的需求，因此技术的投入往往就需要雄厚的资本支持。

第二，基础设施、设备投入较高。海洋产业基础设施建设区别于一般的陆地产业设施建设，前者设施、设备的专用性较高，有些还属于特种作业设备（勘探、采矿等），因此所需投入的资金相对较高。如果企业经营不善，由于受到沉没成本和资产专用性的影响（政府规制的因素除外），想要退出市场时将会造成较之于后者的更大损失，比如渔业产业发展过程中，大多数企业建造的仓库、养殖场、购买的专用运输设备，在企业退出时都很难以期望的价格及时出售，导致大量沉没成本的形成；虽然海洋化工业、船舶工业、工程建筑业无论在技术、资金还是政策方面都具有较大的优势，但一旦企业准备退出，其固定资产特别是一些设备，由于专用性较高，很难出售，将给企业造成巨大的经济损失。

第三，人力资本投入高。海洋资源的开发特别是一些涉及高新技术的产业离不开高素质的科技人才，其人力资本的投入与其他行业相比无疑是昂贵的。

第四，海洋产业开发风险较大。由于开发项目的成功率较低，开发出来的产品可能无法被市场接受，导致先前的投入石沉大海，因此加大了海洋产业对资本的需求。

3.4.2　高科技性

科技创新是现代海洋产业的核心和灵魂，遍布产业的各个环节，贯穿于全过程，是海洋产业的生命线。现代海洋产业的内涵不是固定不变的，当发展到一定程度，如果没有新技术创新和新产品更新，也会落后淘汰。传统海洋产业如果不断注入高新技术进行转型升级也会蜕变成现代海洋产业。由于海洋产业开发的载体主要集中在海上，缺少陆地支撑，因此从产品的开发到运输再到销售等各个环节的难度要远远高于一般的陆域开发活动。相对陆域产业，现代海洋产业因以下原因而需要更高精的科技投入。

第一，海洋资源开发对技术要求苛刻，特别是代表海洋产业开发的海洋第二产业对技术的依赖程度较高，因此发展较为缓慢，进一步增加了其开发难度。

第二，海洋生态环境较为复杂，近海活动主要受到多变的海洋气候和海水运动的影响，如台风、风暴潮等。在深海资源的开发过程中，将受到黑暗、低温等恶劣环境的阻碍，特别是海水的破坏性较大，给一些工程设备材料带来较大的损坏。这不仅给人类的开发活动带来巨大的经济损失和人员伤亡，还会带来一些影响深远的间接损失。

第三，局部地区的海洋资源开发涉及一些政治问题，目前中国在海洋领土主权、海域管理方面与日本和东南亚各国存在着一定的争议，这在一定程度上限制了中国海洋资源开发的力度与广度。

3.4.3　高风险性

现代海洋产业的高风险主要来源于技术风险、投资风险、经营管理风险和自然灾害风险，具体情况如下所述。

第一，现代海洋产业的技术风险主要是由利用高科技技术开发海洋资源过程中存在的不确定性造成的。通常情况下，海洋资源开发的过程不仅是对传统海洋产业进行优化升级的过程，更是一个开发新产品的过程。在对传统海洋产业优化升级的过程中，存在着一定的技术风险，如海洋捕捞业、海水养殖业投入的技术设备、人力、资本等要素可能带来捕捞、养殖技术的更新、产量的增加、生产效益的提高，但有时可能由于其他方面因素的影响，如多变的海洋环境、病害等，上述的投入并不能保证带来期望的结果。在新产品的开发过程中，这种不确定性更为显著，在一个全新的开发、探索领域中，新产品成功的不确定性大大增加，加上技术性产品更新换代的速度很快，特别是对于海洋产业中那些高新技术产业，本身产品的成功率就很低，即使有的产品取得了成功，但由于产品对于技术的依存程度过高，导致产品开发的技术生命周期过短，就会出现一项投入巨大开发出来的新产品、新技术，转瞬间就被后来者取代。

第二，现代海洋产业的投资风险主要表现在：作为资金密集型产业，开发所需资金规模大，开发周期长，资金的流动性较差，导致海洋产业一旦投入，将很难在短期内收回投入资金，加之产业政策的影响，如政府的休渔政策可能直接就会限制捕捞业的收益水平，导致先前投资无法及时收回；在开发过程中同时受到海洋水质、工程地质等多变因素的影响，使得施工成本增加，引发海洋产业的投资风险，特别是海洋基础设施建设容易出现工期拖延或质量风险，加上海洋灾害的频发，容易导致建设过程中的人员意外伤亡、设备故障、已建设施受损等情况，这些对于海洋产业企业的工期进行和设施质量具有较大的威胁。对于开发出来的新产品也有可能短期内无法为消费者所接受，或被其他产品取代，导致投资往往无法收回，进而增加了投资风险。

第三，现代海洋产业的经营管理风险，主要体现于海洋产业由于生产经营变动或市场环境改变导致企业未来的经营性现金流量发生变化并影响企业市场价值的情况，具体又包括：政策风险，海洋产业总体上属于国家支持的重点领域，其中海洋工程装备、海洋生物制造等产业是国家战略性新兴产业，政策支持力度较大，当然，产业支持政策也会因时因势适时调整，这会对产业的发展产生影响；市场竞争风险，随着更多企业进入，产品市场竞争越来越激烈，企业的经营风险增加，海洋产业的情况也不例外；另外，利率、通货膨胀、汇率、疫情等市场环境变化，也会导致企业经营风险。

第四，现代海洋产业的自然灾害风险主要包括台风风暴潮、海浪、海冰、赤潮等。现代海洋产业的高风险很大一部分来源于由海洋自身特点而引发的自然灾害，海洋灾害具有发生频率高、影响范围广、成灾强度大的特点，这给整个海洋产业的发展造成了巨大的损失，既包括直接的经济损失和人员伤亡，又包括一些无法挽回的间接损失和负面影响。由表 3 - 4 可知，2012 ~ 2021 年 10 年间中国海洋灾害带来的直接经济损失有 845.42 亿元，死亡失踪 449 人。虽然 2015 年之后直接经济损失有所回落，但仍不能忽视。海洋灾害的频发，还直接威胁到人们的生命，这使政府部门、金融机构、企业和民间投资者等对其望而生畏，其投资开发海洋的积极性受到严重打击，这种损失是无法估计的，带来的破坏往往高于直接经济利益的损失。

表 3 - 4　　2012 ~ 2021 年中国海洋灾害直接经济损失和死亡（含失踪）人数

项目	2012 年	2013 年	2014 年	2015 年	2016 年	2017 年	2018 年	2019 年	2020 年	2021 年	合计
直接经济损失（亿元）	155.25	163.48	136.14	72.74	50.00	63.98	47.77	117.03	8.32	30.71	845.42
死亡人数（含失踪）	68	121	24	30	60	17	73	22	6	28	449

资料来源：2012 ~ 2021 年《中国海洋灾害公报》。

3.4.4　高收益性

从投资回报的角度分析，海洋产业的总体收益水平较高，这种高收益性也算对其高风险性做了一定补偿。

第一，从理论角度来讲，收益水平的高低往往与投资风险的大小成正比，也就是风险越高，收益越高。如前所述，海洋产业属于高风险的产业，从事这种高风险行业的投资，其期望的收益水平也会很高，这一点也得到了实践的有力证明。

第二，海洋产业中很多都是关系国家安全和国民经济命脉的重要行业，特别是一些油气、矿产资源，基本上都是由国家垄断，因此就会产生由垄断带来的超额利润。一般来说，政府的控制力量在这些领域里会长期存在，因此海洋产业中来源于垄断利润的高收益也会长期存在。

第三，海洋产业的高收益也得益于政府的支持。因为海洋产业的发展不仅能够带动相关产业的发展，同时也关乎国家经济转型能否成功、国家综合国力的提高和国家安全。因此，各国政府乐于通过政府财政投入、税收优惠、信贷担保、法律政策等措施大力支持海洋产业的发展，而这些政策的实施无疑会给从事海洋产业的企业带来丰厚的利润（朱坚真，2016）。

3.4.5 高综合性

海洋作为一种资源，对海洋经济的支持作用表现为一种立体效应，海面、水体、海底均可以作为海洋经济活动的开发对象。海洋资源的开发利用具有相互依存性。海面可用于发展海洋交通运输业，水体可用于发展海洋水产业的捕捞和养殖，而海底可开采石油、天然气和矿产。各部门、各区域和各企业间，以海洋水体为纽带建立了特定的联系，突破了陆地空间的距离限制，使海洋经济具备了很强的整体性。由于海洋水体的连续和贯通，使海洋的海岸带、海区和大陆架连为一体，领海、专属经济区和公海也是联通的。海洋自然资源，尤其是海洋生物资源是流动变化的，不受地域和国界的限制，可以为多个国家和地区带来经济利益，但同时，海洋水体一旦发生污染等灾害，污染将迅速扩散，一个国家或海域的污染，有时也会影响到其他国家或海域。

总之，现代海洋产业不是单一的部门经济或行业经济，是在多学科整合的基础上发展起来的，它涉及经济学、海洋学、地理学、管理学、社会学、技术学、工程学、生物学、数学、政治学、法学和历史学等多学科知识，是人类所有涉海经济活动的总和，其范围应该覆盖国民经济的第一、第二、第三产业。海洋经济既包括开发利用海洋资源和海洋空间的直接生产活动，还包括为上述生产活动提供服务的相关产业；既包括物质生产部门，也包括非物质生产部门。这些海洋产业活动形成的经济集合均被视为现代海洋经济的范畴。

第4章

中国海洋产业的发展概况

中国海洋资源较为丰富，海岸线总长 3.2 万公里，其中大陆海岸线长达 1.8 万多公里，海洋总面积约 300 万平方公里，沿海滩涂面积 2.17 万平方公里，海岛 5000 多个，大于 10 平方公里的海湾 160 多个，大中河口 10 多个，自然深水岸线 400 多公里，海洋生物资源约有 15000 多种（其中鱼类 2566 种），渔场面积 281 万平方公里，为海洋产业发展奠定了良好的资源基础。[①] 改革开放后中国海洋产业快速发展，现今已发展成以海洋渔业、海洋交通运输业为基础，以海洋油气业、海洋化工业、船舶制造业、海洋工程建筑业、海洋生物医药业、海洋能源与海水利用业、滨海旅游业为主要发展方向的海洋产业体系。厘清中国产业发展状况是研究海洋产业融资的前提条件，通过分析中国海洋产业总体发展状况和各主要海洋产业发展态势，可以为进一步研究中国现代海洋产业融资问题奠定基础。

4.1　总体发展状况

4.1.1　海洋产业总量

中国海洋产业发展迅速，海洋经济总量增长较快。改革开放之前，中

---

① 资料来源于国家海洋局发布的《全国海洋功能区划（2011～2020 年）》。

国海洋产业发展曾长期停滞，只有渔业、盐业和沿海交通运输业三大传统海洋产业，主要海洋产业的总产值只有 64 亿元左右。改革开放以后，中国海洋产业发展极为迅速，十年时间翻了近四番，海洋产业总产值在 1989 年约为 240 亿元，1990 年更是高达 438 亿元，纵观 1979～1990 年，中国海洋产业生产总值 11 年间提高了 7 倍，其中，海洋产业总产值在整个国民生产总值的比重上升了 1.77 个百分点。1995 年中国海洋产业总产值已达到 2463 亿元，海洋经济发展速度不断加快。进入 21 世纪，在海洋产业的多元化、国际化趋势和科学技术发展的推动作用下中国海洋产业发展进入了新阶段，海洋经济逐年保持较快的发展速度。2003 年中国海洋产业产值首次突破万亿元，其后保持年增长率为 16% 的增长势头，对 GDP 的贡献比例基本维持在 9% 左右，相比 1990 年 2.47% 的贡献率，可以说中国海洋产业实现了突飞猛进式的发展（见图 4-1）。截至 2021 年全国海洋生产总值达 90385 亿元，首次突破 9 万亿大关，比上年增长 8.3%，对国民经济增长的贡献率为 8.0%，占沿海地区生产总值的比重为 15.0%，主要海洋产业增加值为 34050 亿元，比上年增长达 10.0%。①近十几年来，海洋经济受到各级政府的高度重视，特别是科技兴海、海洋强国等战略的提出，"一带一路"倡议的逐步推进，促使海洋经济成为中国新的经济增长点。

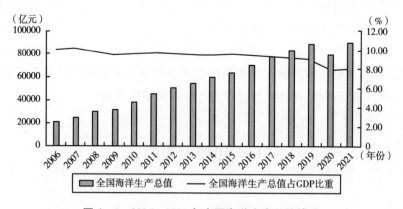

图 4-1 2006～2021 年中国海洋生产总值情况

资料来源：历年《中国海洋经济统计公报》。

---

① 资料来源于《2021 年中国海洋经济统计公报》。除特别标注外，本章以下所有数据皆引自相应年度的《中国海洋经济统计公报》。

　　虽然中国海洋经济发展速度较快，但依然面临一些问题，例如，海洋生产总值占国内 GDP 比重仍较低，均没有超过 10%，远低于发达国家的 15% ~ 20%；海洋产业总体技术含量较低，粗放式发展方式依然大量存在，不仅无法与欧美等发达国家相比，与中国海洋大国的地位也很不相称；海洋产业的健康持续发展受到诸多阻碍，国民的海洋意识有待养成和提高；海洋空间、海洋资源总量较大，但人均水平较低；海洋开发模式较为初级，开发水平有待进一步提高；海洋生态环境问题进一步凸显；海洋灾害日益严重；海洋管理水平较低，综合类海洋人才匮乏等。

4.1.2　海洋产业结构

　　中国主要海洋产业发展态势良好，海洋产业结构趋于合理。海洋渔业经济增加值比重从 2003 年的 28% 下降到 2021 年的 15.6%，第一产业绝对的优势地位逐渐减弱，所占比重大幅下降；滨海旅游业、海洋船舶业、海洋盐业和海洋油气业等第二、第三产业发展稳定，海洋盐业产量连续多年保持世界第一，海洋造船业排名世界第三，商船拥有量排名世界第五，港口数量及货物吞吐能力占据世界前列；第三产业产值上升，消费需求呈现扩张趋势。2021年海洋第一产业增加值为 4562 亿元，第二产业增加值为 30188 亿元，第三产业增加值为 55634 亿元，分别占海洋生产总值的 5.0%、33.4% 和 61.6%，三次产业产值比为 5.0∶33.4∶61.6，海洋产业结构趋于合理（见图 4 - 2）。

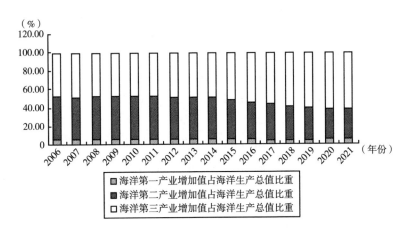

图 4 - 2　中国海洋产业结构演化过程

资料来源：历年《中国海洋经济统计公报》。

在海洋产业结构演变过程中，仍然存在一些问题。一是第一产业仍占据较大的比重，传统海洋产业仍是海洋经济主体，其中海洋渔业的增加值对海洋产业总增加值的贡献度从 2001 年的 31% 下降到 2021 年的 5.0%，地位逐渐减弱，但仍处于粗放型发展阶段。二是第二产业发展不足，第二产业涵盖行业包括水产品的深加工、海洋油气业、船舶工业等产业，其发展态势总体较弱。例如，中国水产品加工率只有 20%，且大多数属于半成品和初加工品，远落后于发达国家 70% 的水产品加工率。海洋药业、海水综合利用等新兴海洋产业产值只占海洋产业总产值的 1/4，而在发达国家其产值已占海洋产业总产值的首位。海洋油气业虽然发展速度较快，但占海洋产业总产值的比重仅为 6.1%，而世界海洋强国的海洋油气产业已成为收益最高的海洋产业。总体来说，第二产业发展速度缓慢，其产业增长效率有待提高。三是除少数服务行业外，第三产业不强，没有形成集聚效应显著的产业集群，整体上存在发展不充分不平衡问题。就滨海旅游业而言，受新冠疫情影响严重，也面临着旅游规划不合理、管理体制混乱、开发力度不足等制约滨海旅游业发展质量的问题；其他包括信息咨询服务业在内的高新技术和新兴产业发展不快，难以适应当今国际海洋经济发展的新形势，与发达国家的差距明显。

4.1.3　涉海就业人数

自 2006 年起中国涉海产业就业人数稳中有增。一方面，2006 ~ 2018 年中国涉海就业人数由 2960.3 万人持续增长到 3684 万人，保持正向增长趋势；另一方面，涉海就业人数年增长率逐年递减，表明涉海产业就业随时间推移达到饱和，值得注意的是，2008 年就业年增长率呈现断崖式下跌，由 6.45% 跌至 2.13%，与 2008 年金融危机关系密切（见图 4 - 3）。

从数据上看，涉海产业就业的发展前景不容乐观。虽然涉海产业就业人数仍呈上升趋势，但上升趋势趋缓，年增长率逐年下降也是不争的事实。随着海洋产业升级，涉海产业就业人员同样面临转型的瓶颈。在新形势下，涉海产业亟须高精尖专业人才，只有综合类海洋人才的缺口得到填补，海洋产业就业市场才能焕发新活力。

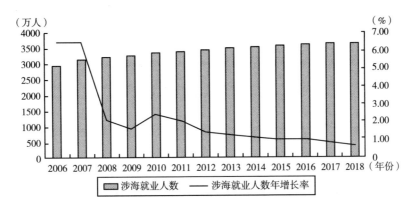

图4-3 2006~2018年中国涉海产业就业人数

资料来源：历年《中国海洋经济统计公报》。

4.1.4 区域发展特征

中国海洋产业发展呈现较强的区域特征，区域间海洋产业发展差异较大。中国海洋产业集聚区分为北部海洋经济圈、东部海洋经济圈和南部海洋经济圈。北部海洋经济圈指由辽东半岛、渤海湾和山东半岛沿岸地区所组成的经济区域，主要包括辽宁省、河北省、天津市和山东省的海域与陆域；东部海洋经济圈指由长江三角洲的沿岸地区所组成的经济区域，主要包括江苏省、上海市和浙江省的海域与陆域；南部海洋经济圈指由福建、珠江口及其两翼、北部湾、海南岛沿岸地区所组成的经济区域，主要包括福建省、广东省、广西壮族自治区和海南省的海域与陆域。

20世纪90年代以来，在海洋高新技术产业发展的引领下，中国海洋产业产值不断增加，并发展成为不断扩大的海洋产业群，在沿海地区经济增长中发挥着越来越重要的作用，成为地区经济发展新的增长点。2018~2021年，三大海洋经济圈生产总值总体呈上升趋势（见表4-1）。2019~2020年受新冠疫情影响，北部、东部和南部经济圈生产总值均有下跌，但2021年均呈回暖态势，其中北部海洋经济圈和东部海洋经济圈先一步走出疫情阴影，生产总值恢复到疫情前水平，但南部经济圈似乎尚未完全消除疫情影响，生产总值仍低于疫情前的2019年，可能的原因是疫情尚未结束，南部地区依然受点状疫情滋扰，正常产业活动受阻。

表 4 - 1　　　　　　　2018～2021 年三大经济圈生产总值　　　　　单位：亿元

区域	2018 年	2019 年	2020 年	2021 年
北部海洋经济圈	26219	26360	23386	25867
东部海洋经济圈	24261	26570	25698	29000
南部海洋经济圈	32934	36486	30925	35518
全 国	83415	89415	80010	90385

资料来源：历年《中国海洋经济统计公报》。

其中，2021 年北部、东部、南部三大经济圈海洋经济总量再创佳绩，海洋生产总值分别为 25867 亿元、29000 亿元和 35518 亿元，占全国海洋生产总值的比重分别为 39.30%、32.10%、28.60%（见图 4 - 4）。

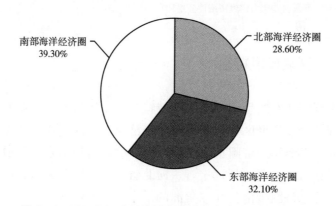

图 4 - 4　2021 年三大经济圈海洋产值占全国总产值的比重

随着供给侧结构性改革措施的实施，全国各地均将经济工作的重点转移到"转方式、调结构、促发展"上来，加快推进经济发展方式的转变和结构调整，推动经济高质量发展，国民经济发展速度有所放缓。受外部经济形势和政策面的影响，海洋经济发展速度也有所调整，高质量发展是近阶段海洋产业的主旋律。受新冠疫情影响，中国海洋产业在 2020 年略显颓势，三大海洋经济圈生产总值均有下降，好在 2021 年有回暖势头（见图 4 - 5）。

当然，由于历史原因，加上受到自然环境条件与海洋资源禀赋差异的影响，中国海洋产业区域内发展不平衡，这在一定程度上造成了沿海经济发展的地区差别悬殊，推进区域海洋经济协调发展已成为中国加强建设海洋强国的重要方面。海洋经济落后地区的主要海洋产业发展往往

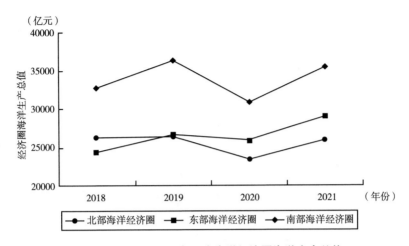

（亿元）

图 4 – 5　2018 ~ 2021 年三大海洋经济圈海洋生产总值

资料来源：历年《中国海洋经济统计公报》。

受限于资金短缺、技术水平落后等问题，这就需要不断完善海洋经济发展相对落后地区的海洋产业融资保障机制，解决由于资金不足而导致的科技水平低下、规模效应不明显等主要海洋经济发展瓶颈，促进海洋经济全面协调发展。

4.2　主要海洋产业

国家海洋局《中国海洋经济统计公报》按照《海洋及相关产业分类》（GB/T 20794 – 2006）的分类，定期发布海洋渔业、海洋油气业、海洋矿业、海洋盐业、海洋化工业、海洋生物医药业、海洋电力业、海水利用业、海洋船舶工业、海洋工程建筑业、海洋交通运输业、滨海旅游业等 12 种海洋产业的发展情况。《中国海洋经济统计公报》显示，2021 年中国各主要海洋产业保持稳定增长趋势，主要海洋产业增加值为 34050 亿元，比上年增长达 10.0%，产业结构进一步优化，发展潜力与韧性彰显。海洋电力业、海水利用业和海洋生物医药业等新兴产业增势持续扩大，滨海旅游业实现恢复性增长。海洋交通运输业和海洋船舶工业等传统产业呈现较快增长态势（见图 4 – 6）。

滨海旅游业等 12 种主要海洋产业近年来的发展情况见表 4 – 2，各主要

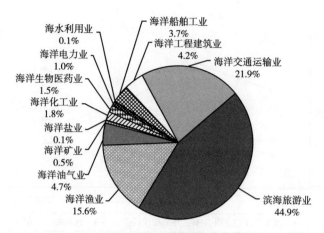

图 4-6 2021 年全国主要海洋产业产值构成

资料来源：《2021 年中国海洋经济统计公报》。

海洋产业整体发展向好，增加值逐年攀升，新冠疫情的冲击削弱了海洋产业增加值的增势，由于各产业的自身特点，不同海洋产业受疫情影响的程度不一，负面效应持续时间、恢复状态同样有差异。

表 4-2　　　　　　2013～2021 年主要海洋产业增加值　　　　单位：亿元

产业名称	2013 年	2014 年	2015 年	2016 年	2017 年	2018 年	2019 年	2020 年	2021 年
海洋渔业	3872	4392	4352	4641	4676	4801	4715	4712	5297
海洋油气业	1648	1530	939	869	1126	4807	1541	1494	1618
海洋矿业	49	53	67	69	66	71	194	190	180
海洋盐业	56	63	69	39	40	39	31	33	34
海洋化工业	908	911	985	1017	1044	1119	1157	532	617
海洋生物医药业	224	258	302	336	385	413	443	451	494
海洋电力业	87	99	116	126	138	172	199	237	329
海水利用业	12	14	14	15	14	17	18	19	24
海洋船舶工业	1183	1387	1441	1312	1455	997	1182	1147	1264
海洋工程建筑业	1680	2103	2092	2712	1841	1905	1732	1190	1432
海洋交通运输业	5111	5562	5541	6004	6312	6522	6427	5711	7466
滨海旅游业	7581	8882	10874	12047	14636	16078	18086	13924	15297

资料来源：历年《中国海洋经济统计公报》。

4.2.1　滨海旅游业

滨海旅游业是指以海洋、海岛、海岸带及各种海洋自然景观、人文景观为依托的旅游经营和服务活动，主要包括海洋观光游览、休闲娱乐、度假住宿、体育运动等活动。它是一种新兴海洋产业，也是应对海洋资源环境的压力、保持经济增长速度、扩大就业与提高人民生活质量的重要出路。在 1986 年旅游业正式纳入中国国民经济和社会发展计划后，其中的滨海旅游业迅速发展，成为沿海地区重要的经济增长点。全国 45 个滨海城市不断加强旅游基础建设，完善配套服务设施，综合接待能力逐步提高。受新冠疫情影响，2019 年后滨海旅游业受到重创。虽然随着助企纾困和刺激消费政策的陆续出台，滨海旅游市场有所回暖，但受疫情多点散发影响，滨海旅游尚未恢复到疫情前水平。2021 年滨海旅游业全年实现增加值 15297 亿元，比上年增长 12.8%，属于适度恢复性增长。

4.2.2　海洋交通运输业

海洋交通运输业是指以船舶为主要工具从事海洋运输及其相关服务活动，包括远洋旅客运输、沿海旅客运输、远洋货物运输、沿海货物运输、水上运输辅助活动、管道运输业、装卸搬运及其他运输服务活动。中国是世界十大海洋运输国之一，海洋交通运输业一直是海洋经济发展的主要驱动力。当然，由于地理位置和经济原因，中国海洋交通运输业地区分布差异很大，上海、江苏、浙江、福建、广东五省市海洋交通运输产业发展状况优于其他地区，以主要港口为基础发展起来的沿海大中城市的海洋交通运输产业相对发达，海洋交通产业内部结构相对合理，如上海的海上交通运输业产值占全国的 1/3 左右，而整体经济相对落后和港口自然条件相对较差地区的海洋交通运输业也相对滞后。随着对外贸易快速复苏，远洋运力供给不断强化，沿海港口生产稳步增长。2021 年中国海洋货物周转量比上年增长 8.8%，沿海港口完成货物吞吐量、集装箱吞吐量分别比上年增长 5.2% 和 6.4%，全年实现增加值 7466 亿元，比上年增长 10.3%。

4.2.3 海洋渔业

海洋渔业包括海水养殖、海洋捕捞、海水产品加工和海洋渔业服务业等活动。中国海域辽阔，拥有丰富的海洋渔业资源，海洋渔业在海洋经济中占有重要的地位。近年来中国海洋渔业保持稳定增长态势，尤其海水养殖业得到巨大的发展，养殖生产形势基本稳定。在海洋产业中，海洋渔业是相对受新冠疫情冲击较小的行业，海洋捕捞产量基本保持稳定。2021 年远洋捕捞量相比往年有所增加，海洋渔业转型升级持续推进，养捕结构进一步优化，种质资源保护与利用能力不断加强，绿色、智能和深远海养殖加速发展。海洋渔业全年实现增加值 5297 亿元，比上年增长 4.5%。

4.2.4 海洋工程建筑业

海洋工程建筑业是指在海上、海底、海岸所进行的用于海洋生产、交通、娱乐和防护等用途的建筑工程施工及其他相关活动，包括海港建筑、滨海电站建筑、海岸堤坝建筑、海底隧道、桥梁建筑等建设活动。随着"一带一路"倡议的提出以及不断深入实施，中国与 21 世纪海上丝绸之路沿线国家和地区在重点合作领域的项目建设纷纷提上日程，以港口建设为重点的海洋工程建筑业迎来良好发展契机。据国家海洋局统计数据显示，自 2013 年"一带一路"倡议首次提出以来，中国海洋工程建筑业两年就实现了跨越式发展，2014 年实现增加值 2103 亿元，比上年增长 9.5%。虽然之后增长速度有所减缓，但依然保持稳定增长趋势，2021 年海洋工程建筑业稳步发展，跨海桥梁、海底隧道等多项工程有序推进，以智慧港口为代表的海洋新型基础设施建设持续发力，海洋工程建筑业全年实现增加值 1432 亿元，比上年增长 2.6%。

4.2.5 海洋船舶工业

海洋船舶工业是指以金属或非金属为主要材料，制造海洋船舶、海上固定和浮动装置以及海洋船舶的修理和拆卸等活动。中国造船完工量稳居世界第三位，2001 年海洋船舶产业增加值为 109.3 亿元；2005 年海洋造船完工量首次突破 1000 万吨，海洋船舶工业总产值为 817 亿元，增加值为 176 亿元，比上年增长 11.8%。2007 年海洋船舶工业产值为 1432.91 亿元，增加值突破 500 亿元。近年来，随着世界航运市场逐步回暖，全球新船需求显著回升，2021 年中国新承接海船订单、海船完工量和手持海船订单分别为 2402 万、1204 万和 3610 万修正总吨，分别比上年增长 147.9%、11.3% 和 44.3%，占国际市场份额保持领先水平，船舶绿色化、高端化转型发展加速，全年实现增加值 1264 亿元，比上年增长 7.7%。

4.2.6　海洋化工业

海洋化工业是指以海盐、溴素、钾、镁及海洋藻类等直接从海水中提取的物质作为原料进行加工生产产品的活动。随着国家《石化产业调整和振兴规划》的实施，沿海地区纷纷启动海洋化工基地建设项目，海洋化工业继续向好的方向发展，保持平稳的增长态势。随着国内对化工等原材料产品需求增加，海洋石化、盐化工产品量价齐升，海洋化工业持续增长。2021 全年实现增加值 617 亿元，比上年增长 6.0%。

4.2.7　海洋油气业

海洋油气业是指在海洋中勘探、开采、输送、加工原油和天然气的生产活动。中国经济发展对能源需求巨大，海洋能源事业对国民经济发展具有重大意义，海洋油气业在中国海洋经济中的份额也不断上升，已被列入中国优先发展战略高度。2001 年中国海洋油气业实现增加值 176.8 亿元，2004 年首次突破 300 亿元，全年实现增加值 345 亿元，2005 年、2006 年继续高速增长。随着中国继续加大海洋油气勘探开发力度，新发现的多个油气田陆续投产，海洋油气产量持续增长。2021 年海洋油、气产量分别比上年增长 6.2% 和 6.9%，海洋原油增量占全国原油增量的 78.2%，有效保障了中国能源稳定供给和安全。渤海、珠江口等地区的一批海上油气田勘探获重大发现，国内首个超深水大气田"深海一号"正式投产。海洋油气业 2021 年全年实现增加值 1618 亿元，比上年增长 6.4%。

4.2.8 海洋生物医药业

海洋生物医药业是指从海洋生物中提取有效成分，利用生物技术生产生物化学药品、保健品和基因工程药物的生产活动。生物医药业是新兴海洋产业，与传统海洋产业相比表现出巨大的发展潜力。随着收入水平和生活水平的不断提高，人们越来越重视身体健康，对生物医药特别是海洋生物医药的需求量日益增大，中国海洋生物医药业面临着良好的发展机遇。近年来，中国海洋生物技术研究已经从沿海、浅海延伸到深海和极地，特别是在海洋生物活性先导化合物的发现、海洋生物中代谢产物的结构多样性研究、海洋生物基因功能及其技术、海洋药物研发等方面取得了长足的进步，很多具有自主知识产权的研究成果成功获得国际国内授权专利。国家对海洋生物医药的政策支持和研发力度不断加大，产业化进程加快。海洋生物医药业增势良好，2021 年全年实现增加值 494 亿元，比上年增长 18.7%。当然，浩渺的海洋世界也是神秘的聚宝盆，受海洋开发技术和海洋生物医药技术的限制，许许多多海洋生物和矿物质的潜在药物价值还不为人们所知所用，加之海洋药物研发、测试、临床等周期漫长，生产流程复杂，海洋生物医药产业的发展规模仍然偏小，并面临着产学研结合不紧密、知识产权保护滞后等一系列问题，存在较大的发展空间。

4.2.9 海洋电力业

海洋电力业就是利用海洋资源进行的电力生产，既包括利用海洋中潮汐能、波浪能、热能、风能等天然能源进行的电力生产，也包括沿海地区利用海水冷却发电的核电和火电企业的电力生产活动。2005 年中国海洋电力业生产逐步形成规模，呈现良好的发展态势，全年总产值首次突破 1000 亿元，达到 1090 亿元，占全国主要海洋产业总产值的 6.4%，增加值为 606 亿元，比上年增长 6.7%。海洋电力生产以广东省和浙江省规模最大，两省合计超过全国海洋电力业产值的 90%。2017 年海洋电力业全年实现增加值 138 亿元，同比增长 8.4%，海上风电新增装机容量 590 兆瓦，同比增长 64%，跻身全球前三。2021 年海上风电新增并网容量 1690 万千瓦，是上年的 5.5 倍，累计装机容量跃居世界第一。潮流能、波浪能等海洋能开发利用技术的研发示范持续推进。海洋电力业全年实现增加值 329 亿元，比上年增长 30.5%。

4.2.10　海洋矿业

海洋矿业是指对海滨、浅海、深海、大洋盆地和洋中脊底部的各类矿产资源进行开采和利用的生产经营活动。中国海洋矿产资源整体规模较小、科技研发水平低于世界水平、国际竞争力不足，致使中国的海洋矿产资源在海洋经济开发当中占据的比例较低。2005 年中国海洋矿业总产值约 22 亿元，增加值约 8 亿元。2021 年海洋矿业全年实现增加值 180 亿元，比上年下降 3.4%。近年来，中国对海洋矿产的开发利用实行严格管理和控制，海洋矿业存在产业发展总体规模较小、资金不足、技术水平落后和无序开发与环境污染等主要问题，需要注重提高开发利用科技水平，合理开发利用海洋矿产资源，实现海洋矿业的可持续发展。

4.2.11　海洋盐业

海洋盐业是指海水晒盐和海滨地下卤水晒盐等生产和以原盐为原料，经过卤化、蒸发、洗涤、粉碎、干燥、筛分等工序，或在其中添加碘酸钾及调味品等加工制成盐产品的生产活动，包括采盐和盐加工。海洋盐业是典型的传统海洋产业，虽然产值规模不大，但也是关系国计民生的基础产业。除受工业盐市场需求低迷等影响而出现的部分年份小幅下跌外，中国海盐总产量和总产值均相对稳定，中国连续多年是世界第一海盐生产大国。其中，山东省海盐产量居全国首位，海洋盐业产值占据全国海洋盐业产值的一半以上。2001 年海洋盐业总产值达到 32.6 亿元。受市场需求下降影响，2017 年海洋盐业实现产值 40 亿元，比上年下降 12.7%。受新冠疫情影响，海盐产量再度大幅减少，2021 年全年实现增加值 34 亿元，比上年下降 12.2%。

4.2.12　海水利用业

海水利用业是指利用海水进行淡水生产以及将海水应用于工业生产和

城市用水的生产经营活动。海水利用业作为新兴海洋产业，虽然其产值占主要海洋产业总产值比例较低，但其发展有利于缓解日益严峻的淡水资源短缺问题，并带动海洋产业的转型升级，具有广阔的发展空间。近年来，海水利用业的发展已逐渐被相关规划和指导意见提升到战略意义的高度，各期海洋经济发展规划中均将海水淡化利用业作为水资源节约的有效手段加以部署。2016 年，国家发改委和国家海洋局联合编制印发的《全国海水利用"十三五"规划》更是提出要以"扩大海水利用规模"为主线，发展海水利用业。据国家海洋局初步核算，2001～2017 年海水利用业增加值从 1.1 亿元增长到 14 亿元，年均增长率达 21%。截至 2016 年底，全国已建成海水淡化工程 131 个，产水规模 118.8 万吨/日，产水成本 5～8 元/吨，海水利用业在国家政策的推动下实现了快速发展，成为前景良好的战略性新兴产业。2021 年，海水利用科技创新步伐加快，海水淡化工程规模不断增加，海水利用业保持较快发展，全年实现增加值 24 亿元，比上年增长 16.4%。

虽然各主要海洋产业增长值近年来大多处于上升趋势（见表 3-2），但与海洋强国相比，中国海洋产业仍然面临资本投入少、科技对海洋经济的贡献率低等问题，资本和高科技投入高的海洋油气勘探开发、海洋药物资源开发、海水直接利用和海洋能利用等产业规模较小。这些需要高资本和高科技投入的产业大多数都是未来海洋经济的主力军和实现海洋强国战略的重要载体，利用资本市场为这些海洋产业的发展提供坚实的资金保障显得尤为重要。

第 5 章

金融支持海洋产业发展的理论研究

在产业发展的整个过程中，资本的投入是前提和保障，资本需求量大的海洋产业更加需要金融的强力支持，对此需要进行系统的理论研究。理论是概念和原理的体系，是人们由实践概括出来的关于自然界和社会知识的有系统的结论。理论与实践的关系总是非常密切并相辅相成的，理论的职能是解释实践并扩大经验的范围从而达到认识世界和改造世界的目的，它来源于实践并指导实践，为实践提供支持和帮助，纠正实践的缺陷。改革开放以来，随着中国产业特别是制造业日益兴旺、国家经济逐步走向繁荣以及对先进理论的兼收并蓄，产业发展的理论研究较为深入，但是金融支持海洋产业发展的理论则需要更多研究。本章在梳理产业发展理论的基础上，分析产业发展与资本形成的关系，阐明金融支持促进海洋产业发展的作用机制。

5.1 产业发展理论概述

产业发展是指产业从孕育、发育、成长到成熟的整个过程。产业发展理论，简言之，就是对产业发展规律的系统认识和总结，而产业发展规律主要是指产业的诞生、成长、扩张、衰退、淘汰的各个发展阶段需要具备一些怎样的条件和环境，从而应该采取怎样的政策措施，包括发展周期、影响因素、产业转移、资源配置和发展政策等因素。产业发展理论体系完整、内容丰硕，有对单个产业发展的研究，如产业生命周期理论、技术创新理论，但更多的是对一个国家或区域内相关产业在一定时空内总体发展变化的研究，如产业布局理论、产业结构理论、产业集聚理论，当然还包括对产业发展的促进和保障的研究，如产业组织理论和产业政策理论。产业发展有其自身规律，只有深入研究产业发展规律才能增强产业发展的竞争能力，才能更好地促进产业乃至整个国民经济的发展。产业发展理论有利于指导决策部门根据产业发展不同阶段的发展规律采取相应的产业政策，也有利于指导企业采取相应的发展战略。例如，一个新兴产业的诞生往往是由某项新发明创造开始的，这有赖于政府和企业对研发的大力支持，包括资金上的支持。

5.1.1 产业生命周期理论

产业如同能动的生命体一样，它的规模和盈利能力并不是固定不变的，而是随着时间的推移而发生变化，具有生命周期，要经历形成期、成长期、成熟期和衰退期，其一般形态可描述为 S 形曲线。产业生命周期是社会分工、技术创新、市场需求和产业性质等产业发展内外部因素综合作用的结果，对一个国家或地区产业发展具有重要的影响（芮明杰，2012）。

产业生命周期理论源于市场营销学中的产品生命周期理论。为研究国际贸易和国际投资问题，维农（Vernon，1966）基于技术差距理论，提出"生产—出口—进口"的全球产业发展模式。在国际供需平衡的假设前提下，依据产业从工业发达国家向后发工业国家，再到开发国家的顺次，将产品生产划分为导入期、成熟期和标准化期三个阶段。随着理论的重心从国际转为国内，并锁定为创新驱动型产品发展，阿伯纳西（Abernathy）和厄特巴克（Utterback）从 20 世纪 70 年代起将产品生命周期与创新联系起来进行研究（Utterback and Abernathy，1975；Abernathy and Utterback，1978），着重研究创新驱动型产品的发展规律，以产品的主导设计为主线将产品的发展划分成流动、过渡和确定三个阶段，并据此建立了 A－U 产品生命周期理论。

在此基础之上，戈特和克莱伯（Gort and Klepper，1982）建立了产业经济学意义上第一个产业生命周期模型（G－K 模型）。他们通过对 46 个产品（窄产业）每种产品的整个或部分生命的销售、价格和产量的最多长达 73

年的时间序列数据进行分析，按产业中的厂商数目（净进入数）对产品生命周期进行划分，得到引入、大量引入、稳定、大量退出（淘汰）和成熟等五个阶段，并进一步分析各阶段企业数目变化的原因：外部产品创新导致第二阶段的企业大量进入，价格战、外部创新减少和"干中学"方式（过程创新）所建立的效率竞争造成第四阶段的企业大量退出；当产业处于成熟期后，重大技术或需要的变动会催生新一轮生命周期。

其后众多学者对产业生命周期进行了深入研究，主要包括从实证的角度来考察产业生命周期曲线的形态，考察产业生命周期不同阶段企业的进入、退出以及进入壁垒和退出壁垒等，分析推动产业生命周期演化的动力等方面。在实证研究的方向上，克莱伯和格雷迪（Klepper and Graddy，1988，1990）对 G－K 模型进行了技术内生化发展，增加了新的数据，按厂商数目改变将产业生命周期重新划分为成长、淘汰和稳定三个阶段，他们惊奇地发现淘汰阶段产业产出仍有较大的增长。这就是产业生命周期理论上的 K－G 模型。拉贾诗丽和戈特（Rajshree and Gort，1996）基于同一数据库 25 个产品更长时间的序列数据对产业生命周期进行了更细致的划分，这种划分在形态与特征描述上与此 K－G 模型相似，但在阶段长度上有所不同。他们通过引入危险率（hazard rates），研究产业生命周期不同阶段进入危险率与厂商特征的关系，发现进入危险率与厂商的年龄呈反向关系，初入者的危险率在淘汰发生时开始上升，而所有厂商在淘汰阶段的危险率水平均较高，在最后阶段所有厂商的危险率均上升。R－G 模型强调产业特性和厂商特性对厂商存活的影响，而不同阶段进入厂商群的当期存活情况组合就构成厂商分布，这奠定了现代产业组织学的市场结构研究框架。

由于产业的生命周期构成了企业外部环境的重要因素，因此产业生命周期理论自诞生之日起，如何根据产业生命周期来制定相应的产业政策就引起经济学和管理学研究者的极大研究兴趣。在产业的形成期，产业刚刚兴起，占国民经济比重很小，我们称其为新兴产业；如果该类产业对未来产业总体或国民经济发展具有战略意义，则称为战略性新兴产业；在产业的成熟期，产业成长速度逐渐放缓，市场趋于饱和，其对国民经济产业结构的影响作用逐渐不明显，如果该产业在产业总体或国民经济中比重较大，构成国民收入主要来源，吸纳就业人数较多，就称为支柱产业；在产业的衰退期，产业地位开始动摇，市场逐渐萎缩，在产业总体或国民经济中的比重持续下降，吸纳就业的能力减弱，则称其为夕阳产业。产业的演进和产业结构的演变往往受到政府政策的干预和影响，处于产业生命周期不同阶段的产业对政府干预程度的需要是不同的，或者说是需要不同的产业政策。当然，不同产业政策的效应是积极的还是消极的，就要看政府产业政策的科学性和合理性，科学合理的产业政策应当在不破坏市场机制的前提下遵循产业生命周期演化规律（张会恒，2004），因此产业生命周期理论应成为产业政策制订的理论依据之一。

产业生命周期理论的应用价值还体现在企业的竞争战略分析和制订上。由于产业生命周期对企业竞争力具有很大的影响，企业所处的产业结构及产业演变趋势就成为竞争战略分析和制定的基础，企业在制定和实施竞争战略时必须考虑所处的产业生命周期阶段因素可能产生的重要影响，以提高企业竞争战略的前瞻性。迈克尔·波特（Michael E. Porter，1997）在《竞争战略》一书中论述了新兴产业、成熟产业和衰退产业中企业的竞争战略。不同的产业可以在成长领先、特色优势和目标集聚战略中采用相应的战略。有必要从战略的角度研究产业生命周期的阶段性变化对企业战略决策的影响，以及生命周期不同阶段如导入期、成长期、成熟期可供企业选择的战略决策。

5.1.2　产业布局理论

产业布局是指产业在一国或地区范围内的空间布局和组合（王传荣，2009），是各种生产力要素在一定空间范围之中，组合形成的各种产业在一定范围内的分布。产业布局是随产业结构的调整而变化的，产业结构的调整和演变对于产业布局和区域经济的发展会产生极大影响。一个地区产业布局是否合理直接影响着该地区自身优势的发挥，以及各种资源的利用情况，甚至影响到这个地区的经济和社会发展。

产业布局理论主要是研究产业的空间分布规律，产业布局理论的奠定经历了一个从最初提出到不成熟再到相对成熟的过程。最早可以追溯到1826年德国经济学家杜能（Thunen，1826）在《孤立国同农业和国民经济的关系》中提出的农业区位论。他认为，农业布局起决定作用的是级差地租，是特定农场（或地域）距离城市（农产品消费市场）的远近，由此他设计孤立国同农业圈层理论，并被誉为产业布局学的鼻祖。之后韦伯（Weber，1909）提出工业区位理论，认为运输费用对工业布局起着决定作用，工业的最优区位通常应选择在运费最低点上。

　　二战后，经过许多学者们的研究探索，又经历了成本学派理论、市场学派理论、成本—市场学派理论等阶段，产业布局理论逐步走向成熟。成本学派的代表人物胡佛（Hoover，1936）坚持以生产成本（包括线路运营费用和站场费用）最低为准则来确定产业的最优区位。成本最低并不意味着利润最大化，市场因素对产品价格影响越来越重要，是产业布局必须充分考虑的重要因素，尽量将企业布局在利润最大区位。由此，市场学派代表人物克里斯塔勒（Christaller，1933）创立"中心地理论"，认为高效的组织物质生产和流通的空间结构应以城市这一大市场为中心来建构相应的网络体系。后来有学者在融合上述两种理论的基础上创建成本—市场学派，如洛施（Lösch，1940）提出一般区位理论，认为可专门生产面向市场、规模经济优势明显和难以运输的产品。

　　以后起国和地区为研究对象的产业布局理论主要有增长极理论、点轴理论和地理二元经济理论。其中，增长极理论首先由法国经济学家佩鲁（Francois Perroux）在 20 世纪 50 年代提出，他认为增长并非同时出现在所有的地方，它可以不同的强度先出现于一些增长点或增长极上，然后通过不同的渠道向外扩散，并对整个经济产生不同的最终影响，即有创新力的企业或产业在特定的区域集聚，形成资本和技术的高度集中，对邻近地区有着强大的辐射作用，带动邻近地区的企业或产业共同发展（弗朗索瓦·佩鲁，1987）。根据这一理论，后起国在进行产业布局时，首先可通过政府计划和重点吸引投资的形式，有选择地在特定地区或城市形成增长极，使其充分实现规模经济并确立在国家经济发展中的优势和中心地位，逐步带动地区的发展。点轴理论由波兰经济学家玛利士（B. Marachi）和萨伦巴（Piotr Zaremba）在 1970 年提出，是增长极理论的延伸。该理论主张，随着产业的发展，由于经济联系的加强，必然会有交通通信路线把两个或多个点（增长极）联系起来，点与点之间的这种联系线路为轴，轴是为点服务的，而轴一旦形成，对与点上产业相关的一些企业或产业就有着很强的吸引力，促使企业和劳动力向轴线附近集聚，并集聚成新的点，从而形成"由点带轴，由轴带面"的格局。因而，根据区域经济由点及轴发展的空间运行规律，合理选择增长极和各种交通轴线，并使产业有效地向增长极及轴线两侧集中布局，从而由点带轴、由轴带面，最终促进整个区域经济发展。地理二元经济（geographical dual economy）理论是 1957 年瑞典经济学家缪尔达尔（Gunnr Myrdar）在《经济理论和不发达地区》中提出的。该理论利用"扩散效应"和"回波效应"原理，说明发达地区优先发展对落后地区搜括大量劳动力、资金、技术等生产要素和重要物质资源，从而扩大经济发展差距的不利影响，以及随后通过辐射和转移而带动落后地区发展的促进作用，并得出后起国在产业布局问题上可采取非均衡发展战略的启示。

20世纪90年代以来，产业布局理论又有了一些新的发展，主要方向就是产业集聚理论，包括中心—外围理论和新经济竞争理论等。产业集聚理论强调发挥区域各种资源要素的整合能力，追求适合于区域具体特征的发展道路，突出技术进步与技术创新；强调区域发展要素中资本、劳动力、自然资源以及企业家资源的培育及其在发展中担当的作用，还有地方政府、行业协会、金融部门与教育培训机构对产业发展的协同效应（魏守华等，2002）；产业集群发展除了要积极寻求外来资本、技术、管理经验等要素的作用外，更强调区域自身发展能力的培育，使区域成为有很强"学习能力"的学习型区域，不断整合自身资源以与外界经营环境相适应，使区域具有动态的竞争优势。18世纪下半叶的英国出现了产业集群现象，但产业集群理论是由当代经济学家克鲁格曼和美国哈佛商学院的竞争战略和国际竞争领域研究权威学者迈克尔·波特创立的。

克鲁格曼（Krugman，1991）以中心—外围模型来解释聚集经济，把聚集经济解释为"中心—外围"框架中的核心内涵。中心—外围经济地理模型是一个内生发展模型，其主要因子为规模经济、运输成本和移民的相互作用。该模型证明了一个地区成为制造业中心，而另一个地区成为农业外围，主要取决于较大的规模经济、较低的运输成本，以及制造业在支出中的较大的份额这三者的某种结合。克鲁格曼（2000）指出，经济活动的聚集与规模经济有着不可分割的联系，能增加收益。他主要从经济地理学的角度来论述产业集聚的原因，比较注重一般性的外部经济，所以其外部经济的概念与需求供给关系相联系，不是纯粹的技术溢出效应。他指出，产业活动向空间集聚的现象属于常规趋势，并且提到因为受到空间环境的影响，产业集聚空间格局出现了各种变化，给产业集聚带来影响。在历史偶然因素的影响下，它将发生并建立区域专业化，并将继续受到外部规模经济的作用（Krugman，1995）。虽然他只是阐述了一个简单的中心—边界理论，并没有说明特定的产业布局问题，但他用产业组织理论的工具去分析长期被忽视的经济地理学问题，为这方面的研究开创了新的思路。

新经济竞争理论的代表人物是迈克尔·波特（Michael E. Porter），他在 1990 年出版的《国家竞争优势》一书中，提出了"产业集群"的概念，以及构筑国家竞争优势的"钻石体系"（波特，2002）。波特认为，一个特定区域的特定领域内，集聚着一组相互关联的企业、供应商、关联产业和专门化的制度和协会，通过这种区域集聚形成有效的市场竞争，构建专业化生产要素优化集聚洼地，使企业共享区域公共设施、市场环境和外部经济，降低信息交流和物流成本，形成区域集聚效应、规模效应、外部效应和区域竞争力。产业的地理集中是因为竞争而导致，聚集有助于提升产业竞争力和国家竞争力，一个地区或一个企业要想实现产业竞争实力的增强，就要想办法聚集地域上的企业，进而加强各种因素的互动，这样有利于促进有活力的新企业的诞生。当形成产业集群后，它便逐步实现自我强化，原有的集群当中便诞生了一些新出现的产业集群（Porter，1998）。钻石体系就是用来分析产业集聚程度及其影响因素的工具，是一个双向强化的动力系统，其由四个相互作用的关键要素构成，即生产要素，需求条件，相关产业及支撑产业，企业的战略、结构和竞争对手，同时还有机会和政府两个附加要素，与相关支撑性产业组成一个完整的系统，这个体系是一个国家的产业或产业环节能否成功的关键。

全球资源的分布都是不均衡的，广阔的海洋空间的海洋资源也不例外，同样存在着分布差异。此外，经济发展状况和文化底蕴等因素也不同，这就要求我们相关部门在开发海洋资源的时候要充分考虑这些情况，对开发的对象、规模等做出合理的安排，从而实现海洋产业的合理布局。海洋产业布局是海洋资源配置的重要环节之一，资源配置除了按技术要求进行的数量配置外，还包括按比较利益要求进行的地理空间配置，即恰当的区位选择（于海楠，2009）。

海洋产业布局是一项对区域海洋产业部门分布和组成的研究。海洋产业布局学的形成则以 1934 年高兹（Erich A. Kautz）在《海港区位论》提出的海港区位理论为标志。他设立总体费用最小原则，追求海港建设的最优位置。成本学派的代表人物胡佛（Hoover）1948 年在《经济活动的区位》中提出的转运点区位论是港口区位论的进一步发展，他认为港口或转运点是最小成本区位。之后，海洋产业布局理论总体上是围绕港口问题展开的研究，包括单一港口空间结构、港口体系空间结构和港区产业布局等方面的研究。进入 21 世纪后，海陆一体化理论以及基于海域承载力的海洋产业布局理论等引起较为广泛的学术关注。当然，总体上看，港口地理研究几乎就是海洋产业布局理论研究的全部，而国内关于海洋产业布局的研究主要是应用研究，理论支撑较弱（徐敬俊和罗青霞，2010）。

海洋产业布局要考虑的因素非常多，如地理位置、自然资源、经济因素和社会因素，其中最重要的因素是各个海洋区域的资源情况和社会经济基础，只有这样，才能使海洋的整体功能和效益得到最佳体现。影响产业布局的因素还有很多，地理位置能够加速或延缓产业的发展，而且还与其他因素有着千丝万缕的联系。一般而言，自然资源和经济因素越优越，产业发展优势越明显，产业发展越迅速；社会因素在现代社会对产业布局的影响越来越明显。很多资源并不丰富的国家或地区，拥有着较强的产业竞争力，而一些资源丰富的国家或地区，仅仅是原料输出地，由此看来，地理位置和自然条件只是提供发展产业的可能，而经济因素和社会因素才是发展产业的决定性因素。

5.1.3 产业结构理论

产业结构（有时也称国民经济的部门结构），指的是各种产业的构成以及产业间的联系和比例关系。各产业部门由于构成因素不同、相互之间关系的复杂程度不同、比例关系不一，使得其对经济增长的贡献大小也有所不同，因此产业结构理论的研究对象既包括各种产业之间如何协调、合理发展的问题，这是一种比例关系，也包括各产业之间的相互关系以及内在的多种结构特征，其中是以投入产出作为最基本的内容，能衡量出某种产业结构所带来的经济效益是否符合预期目标，上述的两种关系分别体现产业结构的量与质，是一个综合性的研究内容。

产业结构理论体系比较庞大，内容也相当丰富，且已有相当长的历史。1672 年古典经济学家威廉·配第（William Petty）在《政治算术》一书中对农业、工业和商业三者之间的收入进行比较后发现，随着经济的不断发展，产业中心将逐渐由有形财产的生产转向无形的服务生产，产业结构的不同是世界上不同国家经济发展处于不同阶段以及收入水平存在差异的关键原因。这一发现被称为配第定理，它揭示了产业结构演变和经济发展的基本

方向。后来，对产业结构的论述散见于古典经济学著作中。亚当·斯密
（Adam Smith，1776）在《国富论》中论述产业部门、产业发展及资本投入
应遵循农工批零商业的顺序，形成浓厚的重农主义倾向的产业结构思想。
可以说，配第的发现和斯密的研究是产业结构理论的初始来源。

20 世纪 30 年代后，霍夫曼、克拉克、库兹涅茨等经济学家对产业结构
理论的形成做出了突出贡献。1931 年，霍夫曼（W. G. Hoffmann）在《工业
化的阶段和类型》一书中根据 20 多个国家的资料，计算制造业中消费资料
工业与生产资料工业的比例，后人称之为霍夫曼比例。1932 年，赤松要
（Kaname Akamatsu）针对日本当时是"后进国"，在《我国经济发展的综合
原理》一书中提出产业发展的"雁行形态论"。1935 年，费希尔
（A. Fisher）在《安全与进步的冲突》一书中提出三次产业划分方法。1936
年，里昂惕夫（Wassily Leontief）在论文《美国经济体系中投入产出的数量
关系》中编制了 1919～1929 年的投入产出表，把封闭型产业结构理论定量
化，从宏观上研究美国经济结构中的数量关系和美国经济的均衡问题，形
成投入产出理论。1940 年，克拉克（C. Glark）的《经济进步的条件》是在
配第研究的基础上，对 40 多个国家和地区不同时期三次产业劳动投入和产
出的比较，揭示了劳动力在三次产业中的结构变化与人均国民收入的提高
之间的统计规律性。配第和克拉克的发现被统称为配第—克拉克定理，其
基本含义是，随着经济的发展和人均国民收入水平的提高，劳动力依次向
三次产业转移的规律。1941 年库兹涅茨（Simon Kuznets）在《国民收入及
其构成》一书中，在克拉克研究的基础上，通过对大量史料的统计研究得
出产业结构和劳动力的部门结构将随着经济增长而不断发生变化的库兹涅
茨法则。霍夫曼比例、投入产出理论、配第—克拉克定律和库兹涅茨法则
等理论是产业结构理论的形成标志。

二战后，刘易斯、赫希曼和筱原三代平等研究了战后各国面临的产业
结构合理与均衡发展问题，推动了产业结构理论的发展。刘易斯（Lewis，
1954）在《劳动无限供给条件下的经济发展》一文中提出发展中国家经济
发展的二元经济结构模型，揭示了传统农业部门与现代工业部门的消长机
制。赫希曼（Hirschman，1958）在《经济发展战略》中提出不平衡增长理
论，强调发展中国家经济发展应从不平衡发展起步，将有限资源选择性地
投入联系效应较大的行业，最大限度地发挥促进经济增长的效果。罗斯托
（Rostow，1960）在《经济成长的阶段》中提出经济成长阶段理论（又称罗

斯托起飞模型，Rostovian take-off model），采用总量的部门分析方法将经济成长划分为六个阶段，并认为其中第三阶段即起飞阶段是最关键的阶段。钱纳里（Chenery，1991）把开放型产业结构理论规范化和数学化，从经济发展的长期过程中考察制造业内部各产业部门的地位和作用的变动，揭示制造业内部结构转换的原因，推进产业关联效应研究。日本战后积极实施以经济振兴为目标、以产业结构政策为核心的产业政策，这离不开日本学者产业结构理论的指导，如筱原三代平在20世纪50年代中期提出来的以后起国幼稚产业扶持为核心的动态比较费用论以及主张将积累投向收入弹性大或生产率上升最快的行业或部门的两基准理论（收入弹性基准和生产力上升基准），佐贯利雄1981年提出的以日本产业结构迅速实现高度化秘诀分析为基础的有关先导产业选择的战略产业优先增长论，关满博1993年提出的以加强技术经济联系为重点的技术群体结构论等。

产业结构不是固定不变的，而是不断地调整变化的。产业结构调整是指依据当前的各种产业状态，利用手头上所拥有的信号和各种能量，通过各种途径引发产业结构发生人们预期的变动，形成新的合理的产业结构状态（周叔莲和王伟光，2010）。可以说，产业结构调整是为了实现预期目标的持续活动，而其目标就是产业结构优化。从上述产业结构理论的演变进程看，产业结构理论的研究对象自然包括产业结构调整的内容，产业结构调整理论中影响较大的有刘易斯的二元结构理论、赫希曼的不平衡增长理论、罗斯托的经济成长阶段理论和筱原三代平的两基准理论。进入21世纪以来，尤其是2008年国际金融危机爆发以来，各国纷纷重构发展战略，转变经济发展方式，调整优化产业结构，尤其是重视先进制造业的发展，如美国再工业化、欧盟2020创新、德国工业4.0、韩国2020年产业技术创新、英国制造2050、中国制造2025等工业发展战略，这种结构调整趋势引起了产业结构理论研究学者的关注。

产业结构优化是通过产业调整，使各产业实现协调发展，并满足社会不断增长的需求的过程，是产业结构调整的阶段性量变目标。它是一个相对的概念，不是指产业结构水平的绝对高低，而是在国民经济效益最优的目标下，根据本国的地理环境、资源条件、经济发展阶段、科学技术水平、人口规模、国际经济关系等特点，通过对产业结构的调整，使之达到与上述条件相适应的各产业协调发展的状态，是一个动态调整的过程。一般而言，产业结构优化主要包含：（1）产业结构合理化，即在一定的经济发展阶段上，根据消费需求和资源条件理顺结构，使得资源在产业间能够得到合理配置和有效利用。（2）产业结构高度化，即随着经济技术水平的不断发展，资源利用水平不断突破原有的界限，从而推进产业结构中朝阳产业的成长。其标志是代表现代产业技术水平的高效率产业部门比重不断增大，经济系统内部显示出巨大的持续的创新能力。（3）产业的均衡发展，即各产业部门、产业要素在产业发展中要协调一致和相对稳定。（4）产业发展的效率，要求各产业在发展过程中要做到速度、质量和效益的统一，以提高效益为主要目标。

产业结构升级则是某个阶段产业结构不断优化的最终结果。产业结构升级是推动经济增长的重要力量，是从深层次上实现经济增长方式转变的根本措施。产业结构调整与产业结构升级两者之间是辩证统一的关系，产业结构调整是产业结构升级的基础，而产业结构升级是产业结构调整的提升。要研究市场，在市场需求容量的前提下从事经济活动和生产活动，使产品组织结构向着合理化和有序化的方向发展，为产业结构的优化和提升打下良好基础（李悦，2004）。如何实现产业结构升级，最重要的是依靠科技进步、新兴产业的发展、传统产业的转型，从而带动整个产业结构的优化升级。当然，产业结构优化和升级需要政策支持和条件保障，特别是资金的支持。

国内学者也对产业结构进行了持续不断的研究。新中国成立后前 30 年的时间内，产业结构问题的研究被限定在马克思的"两大部类关系"和"农轻重关系"这两大分析框架内（江小涓，1999）。20 世纪 80 年代初期以来西方产业结构理论逐渐被尝试用于分析中国问题，包括从经济发展过程把握产业结构变动的脉络（吴仁洪，1987）、经济发展周期与结构变动的关系（马建堂，1987）、第三次产业发展（李江帆，1984）、产业优先发展顺序（黄一义，1988）、国际比较（刘鹤，1990）等。到 90 年代初期基本上完成了学术研究范式的转变，开始产业结构调整（刘伟，1995）、传统产业调整（周振华，1991）和开放条件下的产业结构（郭克莎，2000）等方面的研究。进入 21 世纪，开放经济对产业结构的影响是现实问题（程锦锥，2009），开放条件下的产业保护（朱钟棣和鲍晓华，2004）、产业运行与结构调整（王德文等，2004）、重化工业阶段的道路选择（刘世锦，2004）等成为产业结构研究的重点，并从贸易条件改善分析技术进步的产业政策导向（王平和钱学锋，2007）等视角提出产业结构政策。

至于对海洋产业结构的研究，集中于产业结构演变、产业关联、主导产业选择、产业结构优化等方面，如王海英（1998）预测中国未来的海洋产业结构演变阶段，提出各阶段海洋产业的发展重点与区域发展模式；于谨凯和曹艳乔（2007）描述海洋产业影响系数和海洋产业波及效果的计算模型，结合投入产出分析原理和海洋产业关联的特点，建立测量海洋产业关联的模型框架。周洪军等（2005）采用相关分析、灰色相关分析等方法，确定影响海洋产业发展的相关因素，提出海洋产业优化的对策。陈可文（2001）认为，主导海洋产业的选择标准有资源环境、经济增长率、经济发展后劲最大化、产业关联度和比较优势标准，并对中国海洋各产业进行分析和排序。王泽宇等（2014）从产业结构优化评价角度出发，认为海洋产业结构优化水平的提高有赖于海洋产业生产效率的提高及发展潜力的提升。

5.2　产业资本的形成与海洋产业发展

5.2.1　产业资本的形成

海洋产业发展的多元性、层次性、动态性等多种特性交织，而在发达的资本市场上资本供给主体和工具的多元特性明显，产业资本需求与供给的匹配方式也是多样的，因此产业发展的资本形成来源较为广泛，包括财政补贴、银行信贷、企业债券、股票融资、风险资本、税收优惠（含出口退税）和企业自有资本等。当然，从层次性看，产业资本的形成有赖于储蓄转化为投资的机制和渠道，包括三个方面：一是从政府角度看，运用行政或经济手段动员农业剩余、运用财政政策进行政府融资以及运用通货膨胀办法强制储蓄以达到资本的形成；二是从市场角度看，可以通过金融市场融资、通过创收外汇和吸收外资实现资本的形成；三是从企业自身看，可以通过企业本身的资本积累完成资本的形成。显然，海洋产业资本的形成，按来源主要分为财政资金、社会资金和内部资金。

内部资金是海洋产业发展各阶段资金来源的主要方式之一。涉海产业类企业在经营过程中将剩余利润进行扩大再生产的投资，可以产生资本的高效周转。产业资本积累的规模往往在一定程度上取决于产业资本积累的效率。海洋产业发展潜力巨大，但由于行业所需投入资金量大、投资回收周期长、台风等具有强大不可抗拒力的自然灾害的难以预见性，再加上行业内外存在信息不对称问题，投资收益与需要承担的风险也不匹配，金融机构主动进入行业投资的意愿较小。因此，内部资金就成了海洋产业发展各阶段特别是产业发展初期必不可少的资金来源。当然，到了海洋产业的成长阶段，大多数的涉海企业已步入了快速发展轨道，资金的需求量会进一步扩大，内部资金已经满足不了扩大再生产的资金需求，政府融资和市场融资就成了海洋产业类企业重要的资金来源。

财政资金在海洋产业发展的各个阶段都充当着风向标的引导作用。财政资金的公信力和引导力很强，但财政资金公共资源的特殊性，决定了它不能成为海洋产业发展的主要资本来源，更多的是发挥其适时的引导、撬动和保驾护航作用。首先，通过政府的采购和政府的补贴，弥补海洋产业发展初始阶段的资本不足缺口，给涉海企业提供一定的市场空间，增强其生存能力。其次，通过优惠的财政税收政策，降低涉海企业研发升级的成本，激励其不断地改革创新，提高自身创新力和产品竞争力。再次，政府融资往往是金融市场的风向标，带动起跟风的逐利性投资参与到涉海企业的发展中。同时，涉海企业自身也会在一定程度上受益于逐利性资本的严格标准从而提高自身的盈利造血能力。

社会资金为海洋产业的中后期发展提供了稳定可持续的保证。财政资金虽然可以给海洋产业带来部分社会资金的进入和政府隐性的利益让渡，但是由于财政支出的限制和以保障民生的倾向为主，财政资金难以大规模地投入到海洋产业市场化的企业中。当扩大再生产的资金瓶颈出现时，海洋企业通过金融机构贷款、上市发行股票、引入战略投资者的风险资金、股权质押、发行企业债券就成为必然的选择。

5.2.2　产业发展的资本缺乏与融资支持的必然性

资本形成是产业初始发展的源泉，是产业扩大再生产的动力。产业资本形成的规模决定了产业初始发展的规模，也是衡量产业扩大再生产能力的一个标准。海洋产业发展的各个阶段，都在一定程度上存在着资本缺乏的情况，对资本供给的渴求也成为海洋产业类企业发展的一个常态化困境，资本缺乏导致海洋产业的投资不足，制约了海洋产业类企业的快速发展。金融体系可以在有限的时间内，促进社会闲散资金的快速聚集和大规模积累，为产业的资本需求提供强大的支持和后盾作用，同时奠定了产业初始发展的规模和状态，促使产业的扩大再生产能力稳步提升，加快产业投资在更高层次和更高水平上发挥作用，进一步使得整个产业有质的提高。金融制度决定金融效率，而金融效率通过影响金融动员与配置机制，从而形成不同的金融支持方式。

金融支持海洋产业发展的功能定位表现在：健全和完善金融功能，充分发挥投资融资的作用，实现经济社会对海洋产业发展的资金筹措的强有力支持，以保障海洋产业发展的资本形成，并促使其最大限度地使用、最优化地配置、最有效率地循环流动，不断满足海洋产业日益扩大的资金需求，促使海洋产业快速发展，增强海洋产业的生命力。

根据资本形成与积累的若干理论、资本形成来源、资本缺乏与金融支持的关联性分析得出，在中国现行的金融制度下，海洋产业的资本形成来源多元化，包括风险投资资本、财政补贴、税收优惠（退税）、银行信贷、企业自有资本、企业发行的债券或者上市融资等，然而资本缺乏成为制约海洋产业快速发展的瓶颈，这就必须通过金融支持的方式解决，一方面要扩大海洋产业资本形成的规模，另一方面要提高其资本运营效率。因此，海洋产业发展的金融支持本质是：在国家顶层设计下，继续完善金融制度和金融政策，通过金融机构的媒介作用，将社会储蓄有效地转化成金融资源，为海洋产业发展的资金需求提供多元化的资本来源和充足的资本供给。

5.3　金融支持促进海洋产业发展的作用机制

作为现代经济核心的金融体系，为产业的发展提供了强大的支持。金融支持渗透于产业发展的全过程，它通过筹资、资源配置和调节功能，成为推动海洋产业发展的战略性机制。通过金融总量规模、金融产品创新和金融支持效率三个视角，系统分析海洋产业发展中的金融支持定位、手段和意义，可以深入认识金融支持与海洋产业发展的关联关系，也有助于探索有效的海洋产业发展金融支持之路。

金融总量规模是海洋产业发展的保障，为海洋产业提供坚强的资本支持。金融产品创新是海洋产业发展的手段，通过丰富的金融工具及其衍生品，引导资金的流向促使海洋产业技术革新和产品竞争力提升，金融支持效率是海洋产业发展的动力，通过优化的资源配置方式和高效的转化模式，发挥投资增量和资本导向的双重效应，直接决定了金融支持海洋产业发展的强度和效率。三者协调统一，发挥各自的效应，共同决定了海洋产业发展中金融支持的运作、效能和力度。强大的金融总量规模、创新的金融产品、高效的金融效率是海洋产业金融支持的建设方向和奋斗目标。金融总量规模、金融产品创新及金融支持效率所构成的金融支持体系与海洋产业发展的三个阶段的关系如图 5 - 1 所示。

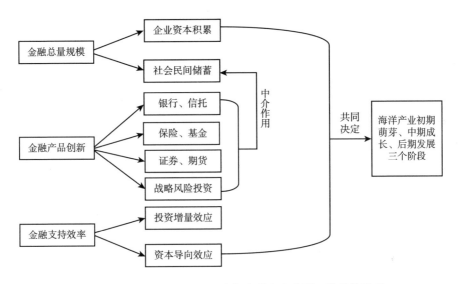

图 5 - 1　金融支持体系三要素与海洋产业发展三阶段的关系

5.3.1　金融总量规模是促进海洋产业发展的基本保障

一个国家或地区社会金融资源的形成主要取决于两方面的因素：一是资本形成途径；二是金融剩余动员方式。促进资本积累和储蓄动员是金融体系两大基本功能，社会通过对金融剩余的有效集聚，使金融剩余转化为储蓄资源，经由金融中介的有效调配，扩大社会储蓄的总供给规模，成为产业发展所需的资金来源和基础。金融机构和金融服务媒介，作为储蓄者和投资者的中间纽带，将部分由于信息不对称而导致的信贷风险转嫁给自身，从而降低储蓄者资本储蓄的风险，提升储蓄者对其所拥有资本的安全感，促进社会资本积聚。大多数国家，特别是发展中国家的金融体系不完整，金融管理和运行机制落后，储蓄动员能力较弱，金融总量规模不大，实体经济发展的金融支持不力，导致绝大部分产业发展缓慢，产业结构层次较低，甚至产业低端锁定。对于沿海城市而言，金融总量规模的大小，直接限制了海洋产业的发展效率。因此，应打破金融总量规模的约束，降低其对地方海洋产业发展的抑制，提高金融规模的扩张能力，使其成为海洋产业高质量发展的出发点。

5.3.2　金融产品创新是促进海洋产业发展的主要手段

创新是指人们为了发展的需要，运用已知的信息不断突破常规，发现或产生某种新颖、独特的有社会价值或个人价值的新事物、新思想的活动，其本质就是突破。经济学上的创新概念是由美籍经济学家熊彼特在 1912 年出版的《经济发展概论》中首次提出。他认为创新是指把一种新的生产要素和生产条件的"新结合"引入生产体系。其中就包括引入一种新产品或一种新的生产方法，从而开辟一个新的市场。而对于金融创新来说，主要可以从三个角度来分析。

第一，宏观层面。金融创新时间跨度长，涉及范围广，包括金融技术、金融市场、金融服务、金融产品、金融企业组织和管理方式、金融服务业结构上的创新，以及现代银行业产生以来所有银行业务乃至金融机构、金融市场、金融体系、国际货币制度等方面的历次变革。

第二，中观层面。金融创新是指金融机构的中介功能变化，政府或金融当局和金融机构为适应经济环境的变化，更好地实现流动性、安全性和营利性目标而逐步改变金融中介功能，创造和组合一个新的高效率的资金营运方式或营运体系的过程。

第三，微观层面。金融创新仅指金融工具的创新，主要包括：信用创新，如用短期信用来实现中期信用；风险转移创新，即各经济机构之间相互转移金融工具内在风险的各种新工具，如货币互换、利率互换；增加流动创新，具有多元转换特性且提高变现能力，如长期贷款证券化；股权创造创新，它包括使债权变为股权的各种新金融工具。

金融机构和金融服务中介，以层出不穷的金融创新产品，努力降低储蓄动员中的交易成本，提供了丰富的交易渠道，提高了资产的流动性，对社会剩余金融资源的有效配置和引导起到了推波助澜的作用。

5.3.3　金融支持效率是促进海洋产业发展的重要动力

现代经济学中，金融效率又称为资金融通的效率，即在金融市场健康的监督管理体制和有效的金融调节机制下，由金融机构作为金融中介完成的或者融资双方或多方在市场服务体系下实现的资金融通活动的效率。只有建设一个定位准确、功能完善的创新金融平台，才能动员社会储蓄资源，运用创新的金融产品进一步引导金融资源的分流和配置，从而持续稳定地提高金融效率。就目前海洋产业发展的金融现状，如何设计一种高效的配置方式，形成一种长效可行的机制，对于促进海洋产业与金融支持的互联互补，具有巨大的现实意义。

金融效率通过投资增量和资本导向的双重效应促进海洋产业的快速发展。在金融规模一定的情况下，增加对海洋产业金融资源的配置总量，能够迅速扩大海洋产业的资本形成规模和涉海企业的经营规模，通过资本导向机制引导资金流入可以促进海洋产业发展过程中的产品研发和技术革新，产品竞争力和企业活力也能得到提高，进而形成一个快速发展的良性循环。金融机构根据投资回报率、企业成长性和抗风险能力，对海洋产业的不同层次产业、企业、项目给予差别化的资金支持，从而引导海洋产业的发展方向沿着适应市场和经济的趋势前进。

综上所述，海洋产业发展的金融支持是海洋产业和金融产业互补互动互联的标志性机制，在金融制度和金融政策下，金融机构通过资本市场运作，主导着资金的规模与投向，为海洋产业的发展提供资金保障和服务，促进海洋产业产品生产力的提升和产业高质量发展。

第 6 章

海洋产业融资方式和结构基本分析

融资，即融通资金，也就是一个市场主体根据自身的生产经营状况、资金拥有的状况，以及未来经营发展的需要，通过科学的预测和决策，采用一定的方式，从一定的渠道向投资者和债权人去筹集资金，组织资金的供应，以保证正常生产需要、经营管理活动需要的理财行为。融资主体往往会通过一定的方式（融资方式）向政府、金融机构、其他企业、居民等资金供应者筹集资金。融资主体取得资金的使用权必须付出该承担的成本和风险，而不同风险和成本的资金构成资本结构。海洋产业类企业的融资也是如此，可选择适合的融资方式，争取构建最优的资本结构。

6.1 海洋产业融资方式

企业融资主要分为内源性融资和外源性融资，其中外源性融资主要分为直接融资和间接融资，直接融资即为通常所说的债权融资和股权融资等方式，而间接融资则是通过各类正规的金融机构和民间借贷而取得资金的方式。

6.1.1 债权融资

负债，又称债务资金或借入资金，是企业债权人按契约约定借给企业，要求其按时付息并归还本金的资金。其特点有：所有权属于债权人，企业按规定的时间偿还本金和支付利息，债权人不享有企业的生产经营管理权，不能参与企业的利润分配，对企业生产经营活动也不承担责任；由于债务资金按契约要求必须按时还本付息，企业只能在规定的时间内使用。海洋产业可以利用的负债筹资方式主要有银行借款、公司债券、民间借贷、金融租赁和商业信用等。

6.1.1.1　银行借款融资

银行借款是指从银行或保险公司和信托投资公司等其他金融机构和企业借入的款项，按提供贷款的机构银行贷款分为政策性银行贷款、商业银行贷款和非银行金融机构贷款，按有无抵押品作担保分为抵押贷款和信用贷款。从事海洋产业贷款的银行可分为三种类型：一是政策性银行，一国政府设立政策性银行，向海洋企业提供低息或无息贷款，或提供比正常分期偿还期限长的贷款，日本政府在 20 世纪 50 年代就是通过政策性银行扶植涉海产业的发展；二是专业银行贷款，专业的海洋银行，以市场或者非市场化的利率对涉海产业企业提供贷款，如德意志船舶银行、挪威国家渔业银行；三是商业银行，它们通常由其内部专门负责海洋信贷的业务部门制定实施，贷款利率为市场利率，如德国北方银行、汇丰银行、苏格兰银行等。发达国家还采用贴息、担保等方式降低贷款风险，鼓励商业银行发放海洋贷款，如德国联邦政府经常采用这种方式。挪威出口信贷担保局（GIEK）也向挪威出口信贷银行或商业银行发放出口信用贷款提供担保，有效降低出口信贷的违约风险，促进挪威海洋产业的发展。国内企业也可以到国际金融市场上向外国银行贷款，如花旗银行、渣打银行等一些国外银行，都把眼球转向了中小企业。国外银行实际并没有那么神秘，海洋产业企业要善于利用充足的国外资本进行融资。

在海洋产业各种外源融资渠道中，银行贷款是最重要的融资渠道之一，全球海洋产业的融资还是以银行贷款为主。根据富通银行的调查，在传统的融资渠道中，航运企业外部融资大约 80% 的资金来自银行贷款，其中，银团贷款占 40.2%，其他贷款占 36.2%。欧资银行长期占据全球船舶融资市场 60%～70% 的份额。根据 2013 年 11 月全球银行有船舶和海工的资产排名，前十位的银行中有七家欧洲银行，三家亚洲银行（分别来自中国、韩国和日本），挪威银行、德国商业银行、中国银行、德国复兴开发银行和德国北方银行分别以 300 亿美元、216 亿美元、190 亿美元、180 亿美元和 175 亿美元排在前五位。①

近年来，除了传统的银行贷款外，国内外均通过海洋产业融资制度和融资手段的创新来促进海洋经济的快速发展。一方面是开展海域使用权抵押。由于正处于资本市场尚不发达、间接融资占有较大比重等条件存在的时期，中国的最优金融体系应当倾向于银行主导型。对银行业来说，开展海域使用权的抵押贷款，能够拓展信贷市场、降低信贷风险，实现信贷资产的良性循环。海域使用权抵押为海洋产业发展提供了一条便利可行的融资渠道。国家海洋局及山东、福建、辽宁、浙江、广东、天津等沿海省市纷纷出台法规规范海域使用权的抵押制度，福建南安、山东长岛、浙江舟山等地在海域使用权抵押融资方面进行了大胆的实践。海域使用权抵押贷款是一个新的融资平台，要进一步完善海域使用权制度，建立海域评估体系，健全配套措施，实施规范操作，降低风险。

另一方面是开展非营利性金融机构融资。我国台湾地区的渔会融资制度已有近百年的发展历史，根据有关规定，台湾渔会具有经济、服务和金融三大职能。台湾渔会的金融职能集中体现了台湾渔会融资制度。台湾渔会内部都设有执行金融职能的信用部，其实质是以服务渔民为宗旨的非营利性金融机构，通过向渔民发放小额信用贷款，提供渔会行使经济、服务等功能所需的部分资金。在渔会融资制度安排下，渔民无须以动产或不动产作为抵押，便可获得生产经营所需要的信用贷款，这种贷款无须每月分期还贷。

与其他融资方式相比，银行贷款主要不足在于：条件苛刻，限制性条款太多，手续过于复杂，费时费力，有时可能一年也申请不下来；借款期限相对较短，长期投资很少能贷到款；借款额度相对较小，通过银行解决企业发展所需要的全部资金较为困难。特别对于在起步和创业阶段的企业，贷款的风险大，不容易获得银行贷款。中国一些海洋产业企业特别是海洋高科技企业生产的产品还没有形成产业化的规模，投资收益前景也不明朗，尤其是一些民营企业由于规模限制和过高的资产负债率，融资渠道过于狭窄，直接影响了中国海洋经济的发展，沿海地区众多的海洋企业从银行贷款的难度仍比较大。

近年来，国家和地方纷纷出台政策推进银行业支持海洋经济发展，再

---

① 资料来源：Petrofin Research. An Overview of the Global Ship Finance Industry. 2013.

加上海洋产业本身发展潜力巨大，对银行业具有较大的吸引力，因此银行业对海洋经济的信贷支持力度不断加大。在信贷规模扩大的同时，银行业也不断加强信贷政策创新，健全风险缓释机制，为海洋经济区基础设施建设和海洋经济产业链上企业提供综合授信、贸易融资、融资租赁、涉海保险等一揽子金融服务解决方案。

6.1.1.2　发行债券融资

在国际成熟的资本市场上，债券融资往往更受企业的青睐，企业的债券融资额通常是股权融资的 3~10 倍。之所以会出现这种现象，是因为企业债券融资同股票融资相比，在财务上具有许多优势：第一，债券融资的税盾作用。债券的税盾作用来自债务利息和股利的支出顺序不同，企业举债可以合理地避税，从而使企业的每股税后利润增加。第二，债券融资的财务杠杆作用。企业发行债券除了按事先确定的票面利率支付利息外，其余的经营成果将为原来的股东所分享，如果纳税付息前利润率高于利率，负债经营就可以增加税后利润，从而形成财富从债权人到股东之间的转移，使股东收益增加。第三，债券融资的资本结构优化作用。罗斯的信号传递理论认为，企业的价值与负债率正相关，越是高质量的企业，负债率越高。

政府融资平台可以发行公司债或企业债向社会融资，以弥补沿海开发建设的资金缺口。沿海省市通过发行地方政府债券筹集海洋产业发展资金，并允许在市场上流通转让。地方政府债券筹集的资金，主要用于海洋产业中的基础设施建设、高新科技项目及海洋科技成果的转化。海洋产业中的支柱产业或优势产业集团还可以通过发行企业债券，进行直接融资，既可减轻对银行资金需求的压力，又可促进企业发展。

6.1.1.3　民间借贷融资

民间借贷，是指自然人、法人、其他组织及其相互之间，而非经金融监管部门批准设立的从事贷款业务的金融机构及其分支机构进行资金融通的行为。与银行贷款相比，民间借贷具有以下优势：一般只需考察房产证明及还贷能力等并签订合同即可，手续简便，且一般仅需要 3~5 天甚至更短的时间即可获得所需资金。海洋产业中的小企业贷款风险大、需求额度小、管理成本高，银行在发放贷款时普遍要求企业提供足够的抵押担保物，而民间借贷普遍门槛低，显然更加适合于小企业，且民间借贷即借即还的特点，也适合小企业资金使用频率高的需求。民间信贷的弊端也是显而易见的，首先，由于法律的不明确、体制的不完善，以及认识的不统一，多数处于非法状态或放任失控状态，更多的是以地下活动或半地下活动进行的，融资需警惕金融诈骗活动；其次，民间借贷虽具有灵活方便的特点，但带有盲目性，风险系数极大。

6.1.1.4　金融租赁融资

金融租赁融资是以商品形式表现借贷资本运动，集信贷、贸易、租赁于一体，以租赁物件的所有权与使用权相分离为特征的新型融资方式。金融租赁融资的特点是由承租人指定承租物件，使用、维修、保养由承租人负责，出租人只提供金融服务，以承租人占用时间计算租金，租赁物件所有权在租赁期内归出租人所有，合同结束时，根据合同协定租赁物件转移给出租人，最少需要承租方、出租方、供物方三方当事人。许多海洋装备价格较高，通过金融租赁可以迅速获得资产的使用权，融资的同时融物。同时，如果企业要拥有某项资产的所有权，必然要相应地承担该项资产可能变得陈旧过时的风险，特别是那些技术发展迅速的资产，而融资租赁可以避免设备陈旧过时的风险。另外，金融租赁融资对承租人要求条件低，办理程序简单、速度快，可以合理避税，能避免借款筹资或发行债券筹资对生产经营的种种限制，使得公司的筹资与理财富有弹性。

6.1.1.5　信用担保融资

信用担保融资是介于商业银行与企业之间，以信誉证明和资产责任保证结合在一起的融资模式。提供担保融资的优势主要在于可以把握市场先机，减少企业资金占压，改善现金流量。这种融资适用于已在银行开立信用证，进口货物已到港口，但单据未到，急于办理提货的中小企业。进行提货担保融资的企业一定要注意，一旦办理了担保提货手续，无论后到的单据有无不符点，企业均不能提出拒付和拒绝承兑。

6.1.1.6　商业信用融资

商业信用是企业之间在买卖商品时，以商品形式提供的借贷活动，是经济活动中的债权债务关系。商业信用的存在对于扩大生产和促进流通起到了十分积极的作用，运用此种融资方式的海洋产业企业须加强对商业信用政策的研究，在对用户信息进行定性和定量分析的基础上，评定用户的信用等级，并对不同信用等级的用户实行不同的信用政策。

6.1.2　股权融资

股权融资是资金不通过金融中介机构，借助股票等载体直接从资金盈余部门流向资金短缺部门，资金供给者作为所有者（股东）享有对企业控制权的融资方式。股票具有永久性，无到期日，不需归还，没有还本付息的压力，因而筹资风险较小，股票市场可促进企业转换经营机制，真正成为自主经营、自负盈亏、自我发展、自我约束的法人实体和市场竞争主体。同时，股票市场为资产重组提供了广阔的舞台，优化企业组织结构，提高企业的整合、金融市场的资源配置及风险分散能力。但如果利用股权融资决策不当的话，就会给企业带来风险，如股票发行量过大或过小，融资成本过高，时机选择欠佳及股利分配政策不当等。海洋产业企业应借助中国多层次资本市场逐渐完善之机，大力推行股份制和股份合作制，建立现代企业制度，以发行股票上市的方式直接向社会筹集海洋开发资金。

6.1.2.1　股权出让融资

股权出让融资是指企业出让部分股权，以筹集企业所需要的资金。企业进行股权出让融资，实际上是吸引直接投资、引入新合作者的过程，但这将会对企业的发展目标和经营管理方式产生重大的影响。例如，可以吸引大型企业的投资，大企业投资小企业的方式一般是收购、兼并、战略联盟、联营，其中收购的主要方式是全面收购公司股权、部分收购企业股权等形式。这些资金的注入带来的是资本重组，对公司法人治理结构的影响巨大，股权出让对对象的选择须十分慎重而周密，一旦操作不当企业就会失去控制权而处于被动局面，这方面的事例层出不穷，不胜枚举。

6.1.2.2　增资扩股融资

增资扩股是指企业向社会募集股份、发行股票、新股东投资入股或原股东增加投资扩大股权，从而增加企业的资本金。对于有限责任公司来说，增资扩股一般指企业增加注册资本，增加的部分由新股东认购或新股东与老股东共同认购，企业的经济实力增强，并可以用增加的注册资本，投资于必要的项目。利在于增加营运资金而且可能增加有利的业务收益或减轻负债；弊在于增资如果没有完整的业务计划，只不过又再次"烧钱"，扩股如果没有价值链互补效应，对于现有股东几乎全是弊害，既要出钱又摊薄股权。

6.1.2.3 产权交易融资

产权交易是指交易双方当事人，依照法律规定和合同约定，通过购买、出售、兼并、拍卖等方式，将一方当事人所享有的企业产权转让给另一方当事人，而使被交易企业丧失法人资格或改变法人实体的行为。产权交易是企业财产所有者以产权为商品而进行的一种市场经营活动，它遵循等价交换的原则，属于一种产权经营行为，其经营主体是企业财产所有者或所有者的代理。产权交易作为一种市场经济条件下的经营活动，在内容上可以分为两个不同层次：第一个层次是企业财产所有权的转让；第二个层次是在保持企业财产所有权不变的前提下，实行企业财产经营权的转让。产权融资对于海洋产业中小企业具有相当重要的意义：在社会主义市场经济体制下，有利于企业调整产业结构和产品结构，实现产业结构合理化，有利于资产存量调整，缓解资产增量的资金不足，同时有利于人力资源的挖掘，解放和发展企业生产力。

6.1.2.4 杠杆收购融资

杠杆收购又称融资并购、举债经营收购，是一种金融手段，指公司或个体利用收购目标的资产作为债务抵押，收购此公司的策略。杠杆收购的主体一般是专业的金融投资公司，投资公司收购目标企业的目的是以合适的价钱买下公司，通过经营使公司增值，并通过财务杠杆增加投资收益。通常投资公司只出小部分的钱，资金大部分来自银行抵押借款、机构借款和发行高利率高风险的垃圾债券，由被收购公司的资产和未来现金流量及收益作担保并用来还本付息。如果收购成功并取得预期效益，贷款者不能分享公司资产升值所带来的收益。

6.1.2.5 引进风险投资

风险投资（venture capital，VC，也称"创业投资"），是指专业投资人对新创（或市值被低估）企业进行的投资。投资人不仅投入金钱，而且还用自己长期积累的经验、知识和信息网络帮助企业进行经营。与传统投资相比，VC是一种主动的投资方式，所以，由VC支持而发展起来的公司成长速度远高出普通同行。公司发展壮大后，将会以上市、并购等形式出售，投资人将得到高额的投资回报。风险投资的特点是高风险、高回报、专业性、组合性、权益性。

6.1.2.6　投资银行融资

投资银行（investment banks）是与商业银行相对应的一类非银行金融机构，主要从事证券发行、承销、交易、企业重组、兼并与收购、投资分析、风险投资、项目融资等业务，是资本市场上的主要金融中介。投资银行有三大类职能：投行（banking），如股权融资、债权融资、并购等，主要与公司金融有关；交易（trading），即在证券市场上对股票、债券和金融衍生品在内的交易买卖；资产管理（asset management），即帮助客户（个人和机构）管理资产。投资银行具有涉及业务范围广阔、服务专业性强、对金融形势嗅觉敏锐、资金实力雄厚等特点，往往是大额股权融资的重要渠道。

6.1.3　上市融资

股票上市是指股份有限公司公开发行的股票，经过申请批准后在证券交易所作为交易的对象，包括境内上市融资和境外上市融资。股份有限公司申请股票上市，基本目的是增强本公司股票的吸引力，形成稳定的资本来源，能在更大范围内筹措大量资本。

6.1.3.1　境内上市融资

境内上市融资是指企业根据我国《公司法》和《证券法》要求的条件，经过中国证监会批准上市发行股票的一种融资模式。通常来说，企业上市的好处主要包括：一是能够筹集所需资金，从形式上看，企业上市能够使用一些"免费"的钱，即不用还本付息，但是企业要给其一定的股权，而且在企业经营更好时，还要给其分红；二是个人财富倍数增长，企业上市后的 PE 倍数效应能让个人财富呈倍数增长；三是上市的明星效益，人们通常喜欢上市公司，且企业上市以后可以通过股市的情况为公司免费做广告，从而在无形中提高股价。①

---

① 陈平凡. 公司上市融资操作实务：法务、财务与流程［M］. 北京：法律出版社，2012.

上市的好处虽然很多，但风险也很多，如上市的花费巨大，包括企业重组费用、中介费用、券商承销费用、路演费用等。且中国大部分民营企业的税务不规范，如果要上市就必须补税，而补完税却不一定能成功上市，且税款无法退回。因此，上市给企业造成很大的财务风险。另外，上市意味着企业不愿公开的信息在上市后都要公开，企业须将自己的部分股份转让给别人，肯定会削弱一定的控制权。

6.1.3.2　境外上市融资

境外上市是指境内股份有限公司向境外投资者发行股票，并在境外证券交易所公开上市。境外上市的优势是适用法律更易于被各方接受、审批程序更简单、股票流通的范围广、股权运作方便以及税务豁免等。另外，境外上市可以确定企业的价值，实现资产证券化，企业在上市前，虽然可以根据净资产数量确定自己的财富，但是这种财富只是纸面上的，除非有人愿意购买，股东很难通过交易变现资产。股票上市后，股东根据股票交易价格乘以持有的股数，很容易可以计算出自己财富的价值，且股东要想转让股票，只需要委托交易商卖出即可。

6.1.3.3　买壳上市融资

买壳上市（反向收购）是指非上市公司股东通过收购一家壳公司（上市公司）的股份控制该公司，再由该公司反向收购非上市公司的资产和业务，使之成为上市公司的子公司。一般来说，买壳上市是民营企业在直接上市无望下的无奈选择。与直接上市相比，在融资规模和上市成本上，买壳上市都有明显的差距。所以，买壳上市为企业带来的利益和直接上市其实是相同的，只是由于成本较高、收益较低，打了一个折扣而已。上市的收益主要体现在资金和形象两个方面，买壳上市的弊取决于成本和收益的比较，即成本收益比能否达到令人满意的水平。值得注意的是，虽然深沪股市已经有上百起买壳上市案例，但是成功率并不高。买壳上市获取收益的主要途径是配股融资，当然也不排除主要通过二级市场炒作获取收益的情况，所以评价买壳上市是否成功的主要标准是效益能否得到长期稳定发展。

6.1.4　内部融资

按筹资的范围不同，企业筹资方式可分为内源筹资和外源筹资，其中，内源筹资（内部融资）即企业将自己的留存收益和折旧转化为投资的过程。内部融资不发生实际的现金支出，不同于负债筹资，不必支付定期的利息，也不同于股票筹资，不必支付股利。同时还免去了与负债、权益筹资相关的手续费、发行费等开支。但是这种方式存在机会成本，即股东将资金投放于其他项目上的必要报酬率。内部融资还能保持企业的举债能力，保持企业的控制权不受影响。当然，随着技术的进步和生产规模的扩大，单纯依靠内部融资已很难满足企业的资金需求，外源筹资已逐渐成为企业获取资金的重要方式。

6.1.4.1　留存盈余融资

留存盈余融资是企业内部融资的重要方式。企业的收益分配包括向投资者发放股利和企业保留部分盈余两个方面，企业利用留存盈余融资，就是对税后利润进行分配，确定企业留用的金额，为了投资者的长远增值目标服务。股利政策对于留存盈余融资决策非常重要，股利政策包括是否发放股利、何时发放股利、发放何种形式的股利、股利发送数量多少等，如果处理得当，能够直接增加企业的积累能力，吸引投资者和潜在投资者投资，增强其投资信心，为企业的进一步发展打下良好的基础。留存收益实质上属于股东权益的一部分，可以作为企业对外举债的基础，先利用这部分资金筹资，减少企业对外部资金的需求，当企业遇到回报率很高的项目时，再向外部筹资，就不会因企业的债务已达到较高的水平而难以筹集到资金。增发新股会使原股东的控制权分散，而采用留存收益融资则不会存在此类问题。

6.1.4.2　资产管理融资

资产管理融资是指企业通过对资产进行科学有效的管理，节省企业在资产上的资金占用，增强资金流转率的一种变相融资模式。资产管理融资属于企业的内源融资，可让中小企业凭借本身的资产来满足其短期乃至中长期的集资需要。资产管理融资作为一种与股权和债权不同的企业融资方式，有以下三个优势：一是以资产信用替代企业整体信用，有可能降低企业融资成本，通过资产融资，对资产价值的评价有利于降低信息不对称造成的资产折价，所以以资产信用而不是企业整体信用来融资有可能降低融资成本；二是开辟了新的融资渠道，实现了企业资产价值的充分利用；三是资产管理融资实现了表外融资，有利于优化企业的财务结构，资产管理融资不同于原有的资产运用方式，如抵押或质押融资等的一个显著区别就是不被体现在企业资产负债表中，资产管理融资只反映为原有资产结构的变化，并不影响负债和所有者权益项。劣势是在某些情况下，因资产管理融资无需抵押品，收费可能略高于一般银行服务。

6.1.4.3 票据贴现融资

票据贴现融资是指持票人为了资金融通的需要而在票据到期以前，以贴付一定利息的方式向银行出售票据。对于贴现银行来说，就是收购没有到期的票据。票据贴现的期限都较短，一般不会超过六个月，而且可以办理贴现的票据也仅限于已经承兑的并且尚未到期的商业汇票。票据贴现融资的优点有：一是票据融资简便灵活。银行不按照企业的资产规模来放款，而是依据市场情况来贷款。二是票据贴现的利率低于银行贷款利率。三是票据贴现融资保证充分，可提升中小企业的商业信用，促进企业之间短期资金的融通。四是优化银企关系，实现银企双赢。

6.1.4.4 资产典当融资

典当融资，指中小企业在短期资金需求中利用典当行救急的特点，以质押或抵押的方式，从典当行获得资金的一种快速、便捷的融资方式。典当行作为国家特许从事放款业务的特殊融资机构，与作为主流融资渠道的银行贷款相比，其市场定位在于：针对中小企业和个人，解决短期需要，发挥辅助作用。正因为典当行能在短时间内为融资者提供更多的资金，正获得越来越多创业者的青睐。

6.1.5 政策融资

强有力的经费保障是实施新的国家海洋政策的关键，财政拨款成为海洋产业发展的重要经费来源。美国在为海洋渔业提供补贴方面，成立了联邦海洋渔业局以及鱼类和野生动物局，与私营合作部门开始合作开发鱼类速冻工艺，并运用各种方式来资助新型鱼品和鱼类加工技术的研制和开发，如采用减免税收、加强银行信贷的方式对鱼类加工等新技术提供减免税收的优惠措施等。美国各州政府也有专门的渔业自主计划，华盛顿专门设立两年一度的海洋鱼类项目预算支持休闲渔业发展。除此之外，政府还通过多种渠道集资为渔船建造提供贷款支持、向远洋舰队提供直接补贴以及回购渔船以压缩捕捞船队规模等。当前，中国政府对海洋经济发展的资金投入占比仍比较小。近年来，中央和地方政府不断加大对海洋经济的财政投入，设立了各类专项资金，为海洋经济发展提供资金支持。例如，中央财政将通过战略性新兴产业发展专项资金等，对每个示范城市给予奖励支持，由示范城市统筹使用。这种由中央财政拨款，地方政府设立各类支持海洋产业发展的专项资金，就是政策融资，是当前海洋产业的一种主要的融资形式。大体上，可以提供支持的政策基金主要有以下四类。

6.1.5.1　科技型中小企业技术创新基金

科技型中小企业技术创新基金是经国务院批准设立，用于支持科技型中小企业技术创新的政府专项基金。通过拨款资助、贷款贴息和资本金投入等方式扶持和引导科技型中小企业的技术创新活动，促进科技成果的转化，培育一批具有中国特色的科技型中小企业，加快高新技术产业化进程。

6.1.5.2　中小企业发展专项资金

中小企业发展专项资金是根据《中华人民共和国中小企业促进法》，由国家发改委、工信部和财政部发布，中央财政预算安排主要用于支持中小企业专业化发展、与大企业协作配套、促进技术进步和改善中小企业发展环境等方面的专项资金（不含科技型中小企业技术创新基金）。

6.1.5.3　中小企业国际市场开拓资金

中小企业国际市场开拓资金（简称"开拓资金"）是指国家财政用于支持中小企业开拓国际市场各项业务与活动的政府性预算基金和地方财政自行安排的专项资金。支持中小企业和为中小企业服务的企业、社会团体及事业单位开展开拓国际市场的相关活动。主要支持11个方面的内容，分别是：参加境外展览会、管理体系认证、产品认证、国际市场宣传推介、创建企业网站、广告商标注册、境外市场考察、国际市场分析、境外投（议）标、境外展览会（团体）项目、企业培训。

6.1.5.4　农业科技成果转化资金

农业科技成果转化资金的来源为财政拨款，是一种政府引导性资金。

通过吸引企业、科技开发机构和金融机构等渠道的资金投入，支持农业科技成果进入生产的前期性开发，逐步建立起适应社会主义市场经济，符合农业科技发展规律，有效支撑农业科技成果向现实生产力转化的新型农业科技投入保障体系。

6.1.6　贸易融资

贸易融资，是银行的业务之一，是指银行对进口商或出口商提供的与进出口贸易结算相关的短期融资或信用便利。其中，境外贸易融资业务，是指在办理进口开证业务时，利用国外代理行提供的融资额度和融资条件，延长信用证项下付款期限的融资方式。在商品交易中，银行运用结构性短期融资工具，基于商品交易中的存货、预付款、应收账款等资产进行融资。贸易融资中的借款人，除了商品销售收入可作为还款来源外，没有其他生产经营活动，在资产负债表上没有实质的资产，没有独立的还款能力。贸易融资保理商提供无追索权的贸易融资，手续方便、简单易行，基本上解决了出口商信用销售和在途占用的短期资金问题。

6.1.6.1　进出口贸易融资

进出口贸易融资是指银行对进口商或出口商提供的与进出口贸易结算相关的短期融资或信用便利，是企业在贸易过程中运用各种贸易手段和金融工具增加现金流量的融资方式，主要有授信开证、限额透支、进口押汇、提货担保、出口押汇、打包放款、贴现、福费廷、出口买方信贷等。进出口贸易融资具有准入门槛较低、审批流程相对简单、比一般贷款风险小等优点，企业可以较为快速地获取所需资金。改革开放后，随着中国对外贸易的快速发展，授信开证、打包放款、提货担保等贸易融资业务品种发展很快，但限额透支、进口押汇、出口押汇、贴现、福费廷等业务品种未得到有效开发。中国已是世界第一贸易大国，尽管近年来国际贸易受新冠疫情和俄乌战争的影响较大，但中国的对外贸易特别是与"一带一路"沿线国家的贸易往来仍然频繁，进出口总额数量巨大，进出口贸易融资业务的市场发展空间广阔。

6.1.6.2　补偿贸易融资

补偿贸易融资是指外商向国内公司提供机器设备、技术、培训人员等相关服务等作为投资，待该项目生产经营后，国内公司以该项目的产品或以商定的方法予以偿还的融资模式，是解决企业设备和技术落后、资金短缺的有效途径。补偿贸易融资的基本形式有：（1）直接产品补偿，它是国际补偿贸易融资的基本形式，即以引进的设备和技术所生产出的产品返销给对方，以返销价款偿还引进设备和技术的价款，该种方式要求生产出来的产品在性能和质量方面必须符合对方要求，能够满足国际市场需求标准；（2）其他产品补偿，企业不是以进口设备和技术直接生产出的产品，而是以双方协定的原材料或其他产品来抵押补偿设备和技术的进口价款；（3）综合补偿，这种实际是上述两种不同融资方式的综合应用，即对引进的设备或技术，部分用产品偿还，部分用货币偿还。偿还的产品可以是直接产品，也可以是间接产品。

6.1.7　项目融资

项目融资是近些年兴起的一种融资手段，是以项目的名义筹措一年期以上的资金，以项目营运收入承担债务偿还责任的融资形式。形式有很多，也比较灵活，融资方式包括基金组织、银行承兑、直存款、银行信用证、委托贷款、直通款、对冲资金及贷款担保等。

6.1.7.1　项目包装融资

项目的适度包装有利于招商引资，项目包装融资就是根据市场行情和项目特点，经过仔细构思和妥善策划，对拟融资项目进行包装和运作的一种融资方式。要做好项目包装融资，一定要认识到对项目的包装是成功融资的关键，要求在项目包装的创意性、独特性、可行性、科学性和规范性等方面下功夫，立意要高远，策划有新意，时代脉搏把握精准，切合国际国内市场的最新发展需求。可行性研究的内容是项目包装中最核心的部分，其中融资项目说明书又是关键，要站在投资方的角度去编制好可行性研究报告，充分论证项目的成本、风险和效益，让项目吸引人，让投资方看到光明的投资前景和良好的投资环境。

6.1.7.2　BOT 项目融资

BOT 项目融资，主要起源于公共基础设施的建设，是发展较晚的一种国际融资方式，在中国通俗的说法是"特许权融资"。BOT 是英文 build-op-erate-transfer 的缩写，即建设—经营—转让方式，是政府将一个基础设施项目的特许权授予承包商，承包商在特许期内负责项目的设计、融资、建设和运营，并回收成本、偿还债务、赚取利润，特许期结束后将项目所有权移交政府。因而，BOT 项目融资方式就是一种承包商与政府共同合作以对公共基础设施项目进行经营运作的特殊运作模式。国外已经采用这种模式多年，1984 年土耳其首次将 BOT 项目融资应用于公共基础设施项目后，引起世界各国尤其是发展中国家的关注和应用。BOT 融资项目建设在中国尽管发展只有 30 多年的历史，但发展势头迅速。BOT 融资项目有需要投入大量资金、项目建设时间长、融资结构繁杂、涉及范围广、风险相对较大等特点，特别适用于大型公共设施项目和基础项目建设。

6.1.7.3　IFC 国际投资

狭义上的 IFC 国际投资特指国际金融公司提供的贷款或投资。1956 年 7 月成立的国际金融公司（International Finance Corporation，IFC）是世界银行具有独立法人地位的下属机构，总部设于华盛顿。其宗旨是：配合世界银行的业务活动，向成员方特别是发展中国家的重点私人企业提供无须政府担保的贷款或投资，鼓励国际私人资本流向发展中国家，以推动这些国家私人企业的成长，促进其经济发展。IFC 是专注于发展中国家私营部门发展的全球最大发展机构，它凭借本身以及世界银行集团其他成员的金融资源、技术专长、全球经验和创新思维，提供并动员稀缺的资本、知识和长期合作关系，帮助客户破解在金融、基础设施、雇员技能和监管环境等领域所面临的制约和难题。

广义上的 IFC 国际投资还应包括世界各国际金融中心提供的贷款或投资。国际金融中心（international finance center）是指聚集了大量金融机构和相关服务产业，全面集中地开展国际资本借贷、债券发行、外汇交易、保险等金融服务业的城市或地区。其基本特征是金融市场齐全、服务业高度密集、对周边地区甚至全球具有辐射影响力。纽约、伦敦、香港往往位列全球金融中心前列，上海、北京、深圳、广州、青岛也是中国内地上榜城市。国际金融中心是现代金融体系的核心，往往聚集了大量银行等金融机构和金融资源，例如，上海国际金融中心有澳新银行、汇丰银行、东亚银行、联合银行、富通银行、大华银行、中信银行、中国银行、花旗银行等大量银行或银行分支机构，能够提供最便捷的国际融资服务、最有效的国际支付清算系统和最活跃的国际金融交易场所。

6.1.8　专业化协作融资

专业化协作融资渠道是关联企业之间，在生产经营和合作过程中产生的一种融资方法。常用于产品组装企业和零部件供应企业之间，产品加工与养殖企业之间，出口贸易与加工企业之间，等等。这种融资方式是企业之间的融资，也是一种隐性或变相融资，目前在世界上被广泛运用，无论是大型企业还是中小型企业都使用该方式来扩大企业生产规模，特别是生产可以使用零部件组装的产品的企业，更是如此。

6.2　海洋产业融资结构选择

融资结构，又称资本结构、财务结构，是指企业全部资金的构成及其比例关系，企业的资本结构可以用负债比率来反映。从企业视角看，企业的资金来源主要是债务资金和权益资金，两类资金的成本和风险特点互为补充，存在着配比问题，即存在融资结构选择或者最优资本结构问题，海洋产业企业也不例外。在融资结构选择时需要进行成本效益和风险分析，最佳资本结构往往是使公司的平均资本成本最低、公司价值最高的负债率的范围或点。一个企业最优资本结构的确定标准主要是：加权平均资本成本最低，普通股每股收益最高，财务风险适度，企业总体价值最大。

6.2.1　理论依据

6.2.1.1　早期融资结构理论

美国财务学家大卫·杜兰特（David Durand）1952 年在《公司债务和所有者权益费用：趋势和问题的度量》中系统地总结和提出了西方早期资本结构理论——净收益理论、净营业收益理论和传统理论。这三种理论的区别是投资者如何确定企业负债和股本价值的假设条件和方法的不同。当然，早期资本结构理论缺乏理论的完整性，没有建立理论逻辑模型并进行严格论证，应视其为资本结构理论研究的开端。

净收益理论（net income theory）在假定负债利率固定的基础上，认为利用债务可降低企业资本成本，即加大公司的财务杠杆程度，可降低其加权平均资本成本，并提高公司的市场价值。因而，该理论主张企业为了实现企业价值最大化，应使用几乎100%的债务资本，此时加权平均资本成本最低。该理论考虑了财务杠杆的作用，但过分强调财务杠杆的作用，而忽视财务风险，一旦企业遇到偿债能力不足，便会导致破产。

净营业收益理论（net operating income theory）同样在假定负债利率固定的基础上，认为增加成本低的负债会使权益资本成本升高，企业的资本成本和企业价值不受财务杠杆和资本结构的影响，彼此的效果没有区别，企业不存在最优资本结构选择问题。该理论的主要缺陷是过分夸大了财务风险的作用，同时忽略了资本成本与资本结构的内在联系。

传统理论（traditional theory）是一种介于净收益理论和净营业收益理论之间的折中理论。该理论认为，企业在一定限度内的债务比例是"合理和必要的"，无论是对债权人还是对股东来说，企业适度使用财务杠杆并不会增加其投资风险，并主张企业可以通过财务杠杆的使用来降低加权平均资本成本，增加企业的总价值。当企业加权平均资本成本达到最低点时，即为企业的最优资本结构。所以，某种负债比例低于100%的资本结构可以使企业价值最大化。

6.2.1.2 现代融资结构理论

美国著名财务学家莫迪利安尼（Franco Modigliani）和米勒（Merton H. Miller）1958年开始系统地研究资本结构理论，其理论成果被简称为MM理论，包括不课税时的MM理论、修正的MM理论和米勒模型。MM理论的提出标志着现代资本结构理论的形成。

莫迪利安尼和米勒1958年通过深入考察企业资本结构与企业市场价值的关系，提出在完善的市场中，企业资本结构与企业的市场价值无关，即企业选择什么样的资本结构均不会影响企业市场价值。不课税时的MM理论利用套利的方法证明了资本结构无关论的正确性，在逻辑推理上得到了肯定，但其资本结构与企业价值无关的结论在实践上面临挑战（Modigliani and Miller，1958）。1963年莫迪格利安尼和米勒在《美国经济观察》杂志上发表文章《税收与资本成本：一个更正》，修正的MM理论认为，在有企业所得税的条件下，MM 模型的负债杠杆对企业价值和资本成本确实有影响，当企业负债率达到 100% 时，企业价值最大，而资本成本最小（Modigliani and Miller，1963）。1977 年米勒在《财务杂志》上发表文章《负债与税收》，阐述了同时存在企业所得税和个人所得税时资本结构对企业价值的影响，称为米勒模型。由于个人所得税的存在，企业的总价值总会小于不存在个人所得税时的企业总价值（Miller，1977）。

　　在 20 世纪 70～80 年代，运用委托代理、信号、信息不对称等经济学概念研究企业融资结构问题，取得代理理论、权衡理论、信号传递理论和优序融资理论等丰硕的理论成果。1976 年詹森（Jensen Michael C.）和麦克林（Meckling William）开创研究融资结构的代理成本理论（又称"激励理论"）。代理理论把企业看作一系列合约的组合，从证券持有者与管理者之间、证券持有者内部之间的矛盾出发，揭示了他们之间的利益冲突，并论证了在不存在税收的情况下，当股权的代理成本等于债权的代理成本时，总代理成本最低，此时资本结构最优（Jensen and Meckling，1976）。人们沿着代理理论的基本思路，把负债的节税利益与负债所带来的财务拮据成本有机结合起来，形成了资本结构的权衡理论。权衡理论认为，公司通过权衡负债的利弊，从而决定债务融资与权益融资的比例。随着负债率的上升，负债的边际利益逐渐下降，边际成本逐渐上升，公司为了实现价值最大化，必须权衡负债的利益与成本，从而选择合适的债务与权益融资比例。该理论认为，当负债率较低时，负债的税盾利益使公司价值上升，当负债率达到一定高度时，负债的税盾利益开始被财务困境成本所抵销，当边际税盾利益恰好与边际财务困境成本相等时，公司价值最大，此时的负债率即为公司最佳资本结构。

　　罗斯（Stephen A. Rose）1977 年提出融资偏好的信号传递理论。他认为，投资者与企业管理者在信息不对称的情况下，企业资本结构就是把企业内部信息传递给市场的信号工具；资产负债率的上升意味着经营者对企业未来收益较高的预期，企业的市场价值也会随之增大。因此，外部投资者把较高的负债水平视为企业经营质量高的一个信号，它向投资者表明经营者对企业未来的收益期望较高，有利于企业价值的提高。此外，因为破产的概率与企业负债水平呈正相关，破产是对企业管理者的惩罚约束，从而使债务比率成为可靠的传递信号。

　　1984 年美国财务管理学家梅耶斯（Stewart C. Myers）和迈基里夫

（Nicholas Majluf）在罗斯（1977）的基础上建立了优序融资理论（又称"啄食顺序理论"，pecking order theory）。他们认为，非对称信息的存在使得投资者从企业融资结构的选择来判断企业的市场价值。优序融资理论解释了为什么具有最好盈利能力的企业却往往负债较少：不是因为它们的目标负债率较低，而是它们不需要外部资金。盈利能力较差的企业发行债券是因为它们没有足够的内部融资来满足投资需求，而发行债券又是在外部融资中排在第一位的（Myers and Majluf，1984）。当然，优序融资理论可用于解释成熟的资本市场的融资偏好，但是新兴资本市场并没有显现出上述融资优先顺序。例如，中国企业对股票筹资非常热情，具有明显的股权融资偏好。

6.2.1.3 后现代融资结构理论

融资结构内在地包含着投资者、债权人和经营者等利益相关方的代理关系（激励问题），但早期的代理理论是建立在内生性完备契约思想的基础之上的。不完备契约理论的提出则为研究融资的激励问题打开了新的视窗，融资结构理论最新的发展正是基于不完备契约理论的控制权状态依存观，有人称之为后现代融资结构理论（雷新途，2007）。正式的不完备契约理论是由格罗斯曼和哈特（Grossman and Hart，1986）以及哈特和穆尔（Hart and Moore，1990）建立的，因此不完备契约理论也被称为 GHM 理论。关于企业性质问题，CHM 理论认为，虽然企业契约和市场契约均为不完备契约，但企业契约可以通过剩余控制权的配置来针对性地调整契约未规定的或然事件以保证契约执行的效率，而市场契约则不具备这种功能。关于企业内部激励问题，强调当企业契约不完备时剩余索取权和剩余控制权配置的重要性，并且用剩余控制权界定企业所有权，同时认为物质资本是最重要的关系性投资，其所有者应该拥有剩余控制权。

控制理论是从剩余控制权的角度研究融资结构与企业价值的关系，具有代表性的是阿洪（Philippe Aghion）和博尔顿（Patrick Bolton），他们是用不完全合约来解释企业融资结构及产业结构问题的开创者。他们早期从静态配置角度研究企业剩余控制权的争夺对融资结构的影响，债务在激励和约束管理者的方面均是有效的，通过债务可以满足财富约束的管理者提高企业股权比例，使其拥有更多的剩余收益，同时具有固定支付压力的债务可以避免管理者偷懒而使企业富有效率（Aghion and Bolton，1992）。也就是说，在交易成本和合约不完全的基础上，资本结构的选择就是控制权在不同投资者之间分配的选择，最优的负债比率是在该水平上导致企业破产时将控制权从股东转移给债权人。由于过高的负债比率会使企业更容易被收购，导致企业控制权完全转移，因此对一个企业控制权有偏好的经营者来说，较为有利的融资顺序是内部融资、债券融资、股权融资和银行融资。早期的控制权理论认为，最优资本结构实际上是确定最优债务规模，而这实际上又是关于企业剩余控制权（所有权）的配置问题，这被称为融资结构的静态控制权理论。

后来，阿洪和博尔顿在 1992 年又提出了融资结构的动态控制权理论，他们构建出一个二期控制权配置模型，认为剩余控制权应当依据事后可验证的信号在管理者和投资者之间动态转移才是符合效率的，这就是所谓的企业控制权的状态依存（state contingent）。当企业家的个人利益（包括货币的和非货币的）与企业总利益一同增长时，企业家单方面控制是有效率的；当投资者的货币利益与企业总利益一同增长时，投资者单方面也是有效率的；但当上述双方均不随企业总利益一同增长时，控制权随状态依存是最好的，即当能偿还债务时，管理者拥有控制权，如果不能偿还债务，则债权人取得控制权。控制权的随机状态依存理论很深刻，体现了不完备契约理论"再谈判机制"的特征。

6.2.2　融资结构影响因素

6.2.2.1　企业的商业风险

海洋产业的商业风险来自海洋自身特点引发的自然灾害和海洋产业发展需要的资源勘探风险，海洋产业专业性强，开发难度大，技术要求高，而恶劣的海洋环境和频发的海上灾难增加了其经营风险。商业风险在企业资本结构决策中，包含两层含义，即企业盈利能力以及它的经营风险。考虑海洋产业的商业风险，其融资结构应综合考虑负债比率，如果销售收入和收益的增长率超过一定限度，当固定费用一定时，负债筹资对股票报酬有扩大效应，而当销售收入和收益增长率达到一定水平时，普通股股价也会上涨，有利于权益资本筹资。因此，在融资结构决策时需要管理者在权益和负债筹资之间进行权衡。同理，企业销售收入及收益越稳定，其承受低风险负债的固定费用的能力就越强，其偿付能力要大于销售收入波动较大的企业或行业，可以适当提高其负债比率。

6.2.2.2　企业的资产结构

企业融资结构的稳定性和安全性，取决于资产结构与融资结构的对称性，故企业已经存在或预计将要达到的资产结构是决定其融资结构的重要因素之一。一般说来，固定资产等长期资产占较大比重的企业，其融资结构中应有较大份额的股权资本，而流动资产占较大比重的企业，则应有较多的债务资金来支撑。具体地说，技术密集型企业的资产中固定资产所占比重较高，总资产周转速度较慢，这些企业中必须有相当数量的股权资本作后盾。劳动密集型企业的流动资产所占比重很大，资产周转速度快，负债比率可以适当提高。海洋产业普遍属于技术密集型的企业，故固定资产占比较大，资产周转速度较慢。

6.2.2.3　企业的成长性

企业的成长速度是反映企业整体实力的重要标志，是融资结构决策的重要前提。企业成长性一般可用销售增长率来度量。成长性好的企业，在固定成本既定的情况下，息税前利润会随销售的增长而更为快速地增长。因此，一般来说，企业成长性越强，预期利润增长越快，就越可以更多地利用负债。不过，企业成长过程的稳定性或波动性，也是影响企业融资结构的一个重要方面。企业成长过程的波动性越大，说明企业经营风险越大，预期利润就越不稳定。这样的企业就应对负债持更为慎重的态度。海洋资源开发潜力巨大，海洋产业尤其是高新技术产业，企业发展动力足，盈利前景好，随着利润的积累，企业进入成长稳定期后，融资结构中可较多地利用负债。

6.2.2.4　企业的财务弹性

财务弹性是指在不利的经济条件下，在适当期限内提高企业资本比例的能力。海洋产业企业在确定目标融资结构时，必须对资金潜在的未来需求以及资金短缺的后果作出正确的分析和判断。另外，若企业产生现金的能力强，未来现金流入、流出在数量上和时间上比较均衡，财务状况稳定，则债务还本付息时支付现金的压力就小，其举债筹资能力强，融资结构中债务资本的比例相应就可以较大。

6.2.2.5　企业经营者与所有者的态度

企业管理风格主要表现在对两个因素的态度上：一是对公司控制权的态度；二是对风险的态度。因此，公司所有者和经营者的态度及管理风格对公司筹资及公司融资结构决策有重要影响。对于企业负债，只需到期还本付息，除非还不起债，企业与债权人达成协议，把债权转为股权；而发行股票，会稀释原来股东的权利，普通股股东或管理者总希望维持对企业的控制权，当企业以发行普通股方式筹资时，由于新股东的加入，有可能改选董事，更换企业管理人员，从而影响其对企业的控制权。

6.2.2.6　企业的信用等级与债权人的态度

企业能否以借债的方式筹资和能筹集到多少资金，还取决于企业的信用等级和债权人的态度。如果企业的信用等级不高，而且负债率已经较高，即使企业的管理层对本企业的前途充满信心，试图在超出企业偿债能力的条件下运用财务杠杆，债权人也不愿意向企业提供信用，从而使企业无法达到它所希望的负债水平。

此外，企业规模、经营周期、理财能力、行业因素、政府税收、法律限制、利率水平、国别差异等，也是海洋产业企业融资结构决策考虑的因素。

6.2.3　融资结构选择方法

企业融资结构决策的核心是确定最优融资结构，其实质是进行风险和报酬的权衡和选择，确定合适的负债比率。海洋产业企业确定其最优融资结构时不仅要综合考虑上述各影响因素，还应采取定量模型分析，常用的方法主要有综合融资成本比较法、每股收益分析法和公司价值比较法。

6.2.3.1　综合融资成本比较法

综合融资成本比较法是指通过测算不同融资结构的综合融资成本（加权平均融资成本），以综合融资成本最低为标准确定最优融资结构的方法，可分为初始融资结构决策和追加融资结构决策。初始融资结构是指企业初创时期的融资结构，企业初创时的资本总额可采用多种筹资方式来筹措，按照筹资方式的种类及各种筹资在资本总额中的不同比重选择综合融资成本最低的筹资方案。追加筹资方案的选择一般有两种方法：一是独立分析法，即直接计算各增资备选方案的边际融资成本，择其最低者作为最优方案；二是汇总分析法，即将各备选方案与原有资本结构数据汇总，计算增资后全部资本的综合融资成本，比较确定最优追加增资方案。综合融资成本比较法易于理解，计算过程简单，但没有具体测算财务风险因素，一般适用于资本规模较小、融资结构较为简单的非股份制企业。

6.2.3.2　每股收益分析法

每股收益分析法，又称每股收益无差别分析法或 EBIT – EPS 分析法，是财务管理常用的分析融资结构和进行融资决策的方法，它通过分析息税前利润、负债比率和每股收益的关系，为确定最优融资结构提供依据。一般而论，能提高每股收益的融资结构是合理的，反之就是不合理的。每股收益分析法的核心是确定每股收益无差别点（息税前利润平衡点或筹资无差别点），即使不同筹资方案下每股收益（EPS）相等时的息税前利润（EBIT），每股收益无差别点有助于判断选择高或低债务比例筹资方案的 EBIT 取值范围，并以此安排和调整融资结构。每股收益分析法较易理解，计算过程较为简单，但也没有考虑财务风险因素，可用于资本规模不大、融资结构不太复杂的股份制公司。

6.2.3.3　公司价值比较法

公司价值比较法是将公司风险、融资成本和公司价值相结合分析，通过测算和比较不同融资结构下的公司总价值，以公司总价值最大和加权平均融资成本最低为标准确定公司最优融资结构的决策分析方法。最优融资结构不一定是使 EPS 最大的融资结构，由融资结构理论可知，最优融资结构是使公司总价值最高同时加权平均融资成本最低的融资结构。

6.2.4　融资结构选择策略

6.2.4.1　企业类型

企业类型不同，融资结构的选择也会有所不同。制造业企业资金需求量大，资金周转慢，有可用于抵押的厂房、设备等，宜采用银行借款和金融租赁等方式进行融资。经营风险大并且企业盈利和信用状况不确定的高科技企业宜采用种子基金和风险投资方式。生产周期长的，只能在较长时间后还本付息，债务包袱时间较长，债务性筹资要少些；反之，生产周期短的，债务性筹资可以多些。产品结构单一的企业筹资选择余地小，债务性筹资要少些；反之，产品结构多样化的企业，债务性筹资可以多些。销售利润率高的企业，利润在销售收入中比例大，企业可以在应缴未缴的时间内占用较多的应交税款，因而债务性筹资可以多些；反之，销售利润率低的企业，债务性筹资要少些。具体到主要海洋产业企业，分别如下所述。

一是临港先进制造业。临港先进制造业具有投资强度高、固定资产沉淀大等特点及大进大出的货物运载量特征，对运营资金、技术、岸线、港口等资源需求较高。从发达国家经验看，大多是依托港口优势，通过密集的资金和技术投入，配套政府的扶持政策，逐渐形成集群化、规模化的临港制造业产业体系。例如，船舶制造企业的基建资金来源有预算内资金、自筹资金、外资、贷款等，营运资金包括船东的定金（预付款）、留存收益和贷款及票据融资，船舶销售阶段的资金来源主要有船舶卖方信贷、保理、结汇贷款等。融资模式适宜于采取"股权融资＋债权融资＋集团内部融资"相结合的模式。股权融资渠道主要通过企业上市、增资扩股或通过产权交易方式融资，利用船舶产业投资资金融资，引入风险投资和国外资本等；债权融资渠道主要有：通过发行企业债券、短期融资券、中期票据等债券融资，利用金融租赁和其他创新借贷渠道融资等，集团内部融资利用留存收益增资方式。

二是港口物流业。港口物流是指在整个物流过程中港口作为一个重要节点，包括港口、航运、物流及其增值服务业等。港口的公共基础设施因投资大、收益少、投融资渠道不畅，容易成为港口发展的"瓶颈"。"地主港"发展模式很好地解决了资金问题，"地主港"模式即政府将岸线、航道、土地的开发委托于特许经营机构，并将港口码头租赁给港口经营企业或船舶公司经营，特许经营机构收取的租金用于港口建设，而码头上的经营性设施则由经营人筹资、投资、建设、管理、使用和维护。实行经营权和产权分离。"地主港"模式明确了港口的公共基础设施的固定投资渠道，实施滚动开发，为港口长期发展和管理提供了资金保障。除此以外，还可以采取下列做法：对于非经营性的基础设施需要由地方政府部分承担投资建设责任，保证港口公益性基础设施建设资金，对于经营性项目鼓励国内资本和外资投资港口设施建设。由于港口、码头等具有较好的投资回报，还可以采取以企业投资为主，与政府引导相结合的港口投融资体系。

三是海洋旅游业。以上海和浙江为中心的长三角滨海旅游区是国内滨海旅游发展最快的区域。海洋旅游业已经成为浙江等沿海地区最具潜力和活力的支柱产业之一。从发展趋势看，向海上旅游发展，向多元化休闲度假旅游发展是未来滨海旅游发展的主要方向。当然，海洋旅游产业普遍存在着同质化问题，因此，海洋旅游业应该提升到高端海洋旅游产品和新业态旅游开发上，如打造自在岛、国际邮轮码头、游艇基地、禅修项目等，这些项目的开发投资具有明显的"高投入、高风险"的特征，特别是邮轮、游艇等高端海上旅游开发项目集旅游、影视、商务、娱乐、专业交流等功能于一体，将是把海洋风光和海洋文化串在一起的最好载体，需要有较大的资金投入和市场开发能力。在创新投融资方面，可采用经营权等质押贷款，海洋旅游企业特别是邮轮企业通过上市、发行债券和中期票据、合资等方式融资。

四是现代海洋渔业。海洋渔业的投融资模式，依据企业规模、性质和所处领域不同存在较大差异。远洋渔业以国有企业为主，其融资主要依靠自有资金、银行贷款和股票融资，相比其他行业，银行贷款所占比重较低，内源性融资比重较高。在近海捕捞业和海水养殖业中，以中小民营企业和个人居多，融资来源主要包括自有资金、小额信贷和民间借贷，其中自有资金居主导地位。海水养殖业主要以"小农式"经营为主，生产规模小，抵御风险能力弱，生产利润水平总体较低，这决定了海水养殖业融资模式主要以内源融资为主，外源融资主要为民间拆借、民间租赁融资、渔船抵押、小额信贷等方式，但均只能解决短期内的资金需求。海水养殖业发展不仅涉及渔民的就业增收和社会稳定，也关系到海洋生态环境的平衡和渔业资源的良性利用。通过政策性银行（如中国农业发展银行）向海水养殖企业提供长期低息或无息信贷资金，建立涉海产业发展基金，如渔业基金、渔船资本化基金等，为海洋渔业提供贴息贷款，商业银行以优惠利率和分期偿还的形式向购买或改建渔船、购买鱼类加工设备及其他涉海产业活动提供贷款，海域使用权抵押贷款业务，加大对以海域使用权为质押的滩涂和海水养殖的融资支持。此外，还可以积极组织中小养殖企业发行集合债券，有效运用风险投资、渔业担保和巨债保险等手段，增强海洋渔业捕捞和养殖项目的融资能力。

五是海洋生物制药业。海洋生物制药业等新兴产业属于技术密集型和资金密集型产业，创业初期具有高投入和高风险的特征。由于这类企业在不同的产业发展阶段对资金需求的偏好不同，适应于不同的融资模式，在产业初期，资金需求量大，技术风险和市场风险等不确定性因素多，加上自身缺乏有效的实物抵押品，很难获得稳定的、大额的银行信贷支持。因此，总体上看，较适合具有高风险偏好的股权融资，以及追求长期回报的产业投资基金。海洋生物制药等新兴产业发展的重点环节主要包括技术研发和产业化。技术研发属于技术与资本的双重高度密集，除技术上不确定性高、技术风险突出外，投资大，资金回收慢，很难向银行提供有效资产抵押等担保方式，难以符合银行信贷条款，故技术研发环节更适于运用风险偏好型的股权融资模式。产业化阶段是技术研发取得突破后的市场推广阶段，固定资产投资以及营运资金需求量大，故产业化阶段的企业更适合采用银行信贷等债权融资模式。

6.2.4.2 资产规模

企业资产规模不同，融资方式和融资结构的选择也会存在差异。首先是大型企业，如大型海洋工程装备制造业企业，资金密度大，可以采用"政府引导基金 + 发行债券 + 融资租赁"的融资方式，同时积极吸引国外资金以技术入股。企业以其设备、土地、厂房或经常性资金账户提供抵押担保，还贷来源主要为经营收入。

其次是中小企业，可以采用两种融资方式：一是直贷模式，由政府、行业协会、企业共同创建担保公司，或充分整合已有的担保公司，专为中小企业提供贷款担保，同时设立中小企业的各类产业服务中心、金融服务中心、产业发展促进中心，创建产业集群的支撑平台体系，并综合利用外部服务平台、科技平台，为中小企业融资提供产业、政策、法规及科技支持；二是平台合作模式，通过市县合作，以打造各类平台为核心，采用风险分担和补偿的运行机制，积极推动组织平台、融资平台、担保平台、信用促进会（信用平台）和公示平台等各类合作平台的组建，通过社会化的金融手段给予中小企业组织化、系统化的资金融通。

最后是微型企业。微型企业是指雇员人数在 20 人以下、年营业收入100 万元以下依法注册登记的企业。微型企业的资金主要是自有资金和民间借贷，应该合理开发创新各种微贷技术、网贷业务、集合融资产品，以及结合银行信贷、担保和股权投资、可转债等金融工具的结构化融资模式，提升海洋战略性新兴产业中小微企业的融资空间。

6.2.4.3　发展阶段

　　企业生命周期大致可以分为萌芽期、成长期和成熟期等阶段。萌芽期企业，需要有自有资金，一般来自个人投资者和风险资金。成长期企业，销售和利润大幅度增长，资金需求大，主要融资渠道是银行借款。成熟期企业，宜采用自我积累、直接投资为最佳选择，当然通过商业银行筹集资金也是不错的办法。

　　综上所述，不同的海洋经济状况、不同的海洋经济实力以及不同的海洋产业类型适合不同的融资方式，只要是能够带动当地海洋产业向前发展的，能够有效筹集资金的融资模式就是好的融资方式，不能一概而论哪种融资方式好与不好，在真正运用过程中，适合自己顺利发展的融资渠道就是最好的选择。

第 7 章

中国海洋产业融资的实践分析

中国金融市场已经取得了跨越式发展，也已形成政府投入、银行信贷、产业基金、创投基金、证券市场和内部资本市场的多元融资渠道架构。当然，总体上金融市场还不能满足海洋产业快速发展的资金需求，既存在规模上的总量问题，也存在渠道上的结构问题，其中较为突出的问题是海洋产业融资仍是以间接融资为主，直接融资比例相对较低，资金有效供给不足，这与信贷配给有关。由于海洋产业具有区域聚集性强、风险性高、专业技术性强、资金回收周期长等特征，信贷配给使得作为金融市场内部如商业银行等传统融资渠道很难对海洋产业的投资收益与风险进行评估从而满足其融资需求。

7.1 政府投入较大，但与发展需求有差距

政府投入的资金来源有两个方面：一是政府财政专项拨款；二是取之于海的资金，包括项目业主单位上缴的滩涂、海岛、海域等使用出让费，对向海洋倾倒废弃物单位收取的倾倒费以及征收的海洋开发费等。除了具有公共物品属性的港口、码头等基础设施以及生态环境治理外，政府对海洋产业的投入主要限于围绕海洋在生产、研发中急需解决的关键技术和瓶颈问题，组织实施重大科技兴海项目，以及基于精准扶贫和乡村振兴战略需要而进行的产业发展，特别是对龙头企业发展进行扶持。

7.1.1 广东省海洋财政专项投入情况

广东省海洋资源丰富，海洋产业较为发达，是海洋经济大省。全省海域总面积41.93万平方千米，是陆地面积的两倍多；海岸线长3368.1千米，占全国的1/5；海岛众多，拥有大小海岛1431个（含东沙群岛），岛屿岸线长2414.4千米，其中面积在500平方米以上的海岛有759个，数量仅次于浙江、福建两省；拥有沿海港口泊位1506个，拥有渔港133个，滩涂面积20.42万公顷，海洋自然保护区20处，鱼类种类1000多种。① 据广东省自然资源厅发布的《广东海洋经济发展报告（2020）》披露，2019年广东省海洋生产总值在全国率先突破2万亿元，连续25年位居全国首位。广东省海洋经济得以高质量发展，各级政府特别是省级财政投入的引导和扶持自然必不可少。

经查询广东省各年财政预决算报告统计，2003～2011年，广东财政海洋专项投入15.94亿元（见图7-1），主要用于人工鱼礁、红树林和沿海防护林体系建设，重大科技兴海项目的研发推广和技术引进，以及重点海洋试验室和科技孵化基地建设。其中，省财政每年要安排4000万元（市财政1∶1配套）建设人工鱼礁，400万元（市财政1∶1配套）用于科技兴海项目。自1993年起每年安排2000万元，市、县和乡（镇）各配套2000万元，连续10年共8亿元投入渔港建设。省财政从2001年起每年安排1000万元，用于提高海洋综合开发与管理的规范化管理水平。

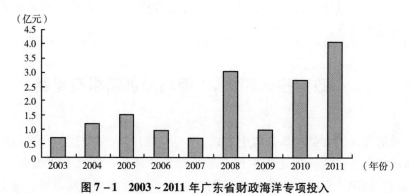

图7-1 2003～2011年广东省财政海洋专项投入

资料来源：广东省各年财政预决算报告。

---

① 本部分各省份海洋资源情况的数据均来源于国家海洋信息中心中国海洋信息网（www. nm-dis. org. cn）。

在海域使用金的资金使用方向上，省财政每年安排专项经费 20 万元用于加强海域权属管理，并且每年安排 30 万 ~ 50 万元的专项资金用于沿海县级海域使用动态监管系统建设；省财政每年安排约 2000 万元专项资金用于加强海洋自然保护区建设并投入 7000 多万元专项资金对沿海各市、县进行海域综合整治、海岸生态修复等，例如 2010 年省财政在海域、海岛、海岸带的整治修复及保护方面下达专项经费为 6850 万元（杨黎静，2013）。

广东省财政每年安排海洋和渔业发展专项资金，包括水产品质量安全、技术推广、渔港抢险维护、渔业机械化、鱼病防治和良种体系等方面，资金量逐年增长。例如，2017 年安排水产品质量安全专项资金 4000 万元（含省级支出 2143.05 万元，对下转移支付 1856.95 万元），用于水产品质量安全监控、健康养殖技术培训和水产品质量安全与信息化服务管理平台推广维护等；技术推广专项资金 900 万元（含省级支出 750 万元，对下转移支付 200 万元），用于海水鱼虾高效循环水养殖技术示范推广等；渔港抢险维护专项资金 1629 万元（含省级支出 330 万元，对下转移支付 1299 万元），用于渔港高清视频监控系统建设、运行与维护等；渔业机械化专项资金 1190 万元；鱼病防治专项资金 2000 万元（含省级支出 990 万元，对下转移支付 1010 万元）。① 根据广东省省级财政专项资金管理办法有关规定，另外分配下达了 2018 年促进经济发展专项资金（海洋经济发展）6035.8 万元，主要用于茂名滨海新区、阳江滨海新区、南沙新区、潮州新区、湛江海东新区、湛江经济技术开发区等滨海新区建设。广东是海运大省，海港基础设施建设非常重要。近年来广东加大投入海港基础设施建设力度，例如 2018 年、2019 年省财政专项安排港口建设费分别为 16.62 亿元、16.38 亿元。

广东省聚焦发展海洋经济，原海洋与渔业厅计划从 2018 年起连续三年，每年将安排 3 亿元省财政专项资金，支持海洋生物、海工装备、天然气水合物、海上风电、海洋公共服务等五大海洋产业发展。2018 年 1 月，广东省海洋与渔业厅、广东省财政厅下发《关于 2018 年广东省促进经济发展专项资金（海洋经济发展用途）项目的申报通知》，安排 3 亿元资金，采取直补方式重点支持海洋科技与产业重点领域核心技术研发创新、科技成果转化与产业化和海洋公共服务提升，支持五大海洋产业的发展：（1）工程装备，专题经费 6000 万元，支持深海装备传感器、海洋工程新型材料技术、无线

---

① 参见广东省财政厅和海洋渔业厅《关于 2017 年海洋和渔业发展专项资金（水产品质量安全）安排情况的公示》（广东省财政厅网 gd. gov. cn/tzgg/content/post_177798. html）。

遥控水下机器人、海洋探测及船载操控支撑专用设备、人工浮岛建设、大型海洋工程装备、高端海洋探测装备产品开发与应用、深水海底管道、水下结构物优化设计与安装等；（2）海洋生物，专题经费 3000 万元，支持海洋药物和生物制品、新型海洋工业用酶制剂、水质调节剂、基因工程制品等海洋生物活性物质、生物疫苗、新型微生态制剂等；（3）天然气水合物（可燃冰），专题经费 1 亿元，重点支持多功能钻探专用船型研究、天然气水合物钻探、采集和储运技术与装置研发、天然气水合物上下游全产业链联合研发应用及相关技术标准制定、天然气水合物工程技术研发中心、南海海洋环境监测数据中心等；（4）海上风电，专题经费 6000 万元，支持海上风电防台风等关键技术研发与产品研制应用、漂浮式海上风电平台装置研发、海上风电场运维装备智能化和信息化研发、海域风资源分布状况以及风资源储量调查等；（5）海洋公共服务，专题经费 5000 万元，支持基于水声通信的"水下 WiFi"网络和水下定位导航卫星网、海洋环境信息分析与海上突发性污染预警预测平台建设、广东典型海岛生态建设与生态物联网监测、海洋观察岸基雷达基站等项目建设。

省级机构调整后，广东省海洋与渔业厅撤销，海洋产业的管理部分归于省自然资源厅等部门。2019 年广东省自然资源厅、广东省发展和改革委员会、广东省工业和信息化厅联合印发《广东省加快发展海洋六大产业行动方案（2019～2021 年)》，明确每年省财政安排海洋经济发展专项资金 3 亿元，在原来的"五大"海洋产业的基础上，增加海洋电子信息产业，即用于加快发展海洋电子信息、海上风电、海工装备、海洋生物、天然气水合物、海洋公共服务业等"六大"海洋产业。例如，根据《广东省自然资源厅关于印发 2020 年省级促进经济发展专项资金（海洋战略新兴产业、海洋公共服务）项目申报指南的通知》的要求，2020 年省财政安排海洋经济发展专项资金 29700 万元，立项 66 个海洋六大产业项目的建设。

根据《2018 年省级促进经济发展专项资金（现代渔业发展用途）项目申报指南》的要求，2018 年安排 3250 万元专项资金，重点支持渔业新技术新模式新成果应用、现代渔业示范园区、省级实验室建设、渔业公共服务等领域，大力促进渔业产业转型升级，推动全省渔业集聚发展，着力构建广东现代渔业产业体系，支持项目包括：（1）渔业新技术新模式新成果应用，专题经费 1600 万元，支持石斑鱼、斑节对虾、陆基推水养殖、池塘工程化循环水养殖等现代渔业新品种、新模式、新技术的试验示范与宣传推广，支持草鱼、罗非鱼、加州鲈等主养淡水品种和牡蛎病害防治等；（2）现代渔业示范园区建设，专题经费 800 万元，支持建设罗非鱼现代渔业示范园区，包括标准化池塘改造、园区基础设施、工厂化循环水设施、养殖尾水处理设施等建设以及改善生产、试验条件，集中养殖面积超过 400 亩；（3）省级实验室建设，专题经费共 300 万元，改造省级水产品质量安全检测实验室配套用房，购置水产品检测仪器设备和实验室标准品，开展实验室资质认证，建立实验室管理体系等；（4）渔业公共服务，专题经费 550 万元，用于编制全省渔业优势区域发展规划和现代渔业报告。

为做好 2022 年度省级促进经济高质量发展（海洋经济发展）海洋六大产业专项项目，拟对符合《广东省加快发展海洋六大产业行动方案（2019～2021 年）》，聚焦当前亟须解决而且能够取得实效的关键核心技术和"卡脖子"技术，既对标国内外最好最优最先进，又融合广东发展实际需要，能够形成产业链，加快广东省海洋产业集群形成，采取产业链协同创新模式，支持由行业龙头骨干企业（或研究机构、公共技术服务平台）牵头，联合产业链上下游配套企业、科研机构等开展协同攻关和产业化，支持额度是海洋工程装备专题每个项目拟补助 500 万～2000 万元；海上风电专题每个项目拟补助 500 万～2000 万元；海洋电子信息专题每个项目拟补助 500 万～1000 万元；天然气水合物专题每个项目拟补助 500 万～1500 万元；海洋生物专题每个项目拟补助 200 万～600 万元；海洋公共服务专题每个项目拟补助 200 万～500 万元。

各沿海市县投入财政专项资金用于支持海洋产业的发展。例如，深圳市 2020 年发布《深圳市 2020 年战略性新兴产业发展扶持计划第二批项目申报指南（海洋经济类）》，扶持计划面向海工船舶智能化及海洋观测和探测领域，重点发展海工船舶的智能化信息化装备、船载传感器、深海观测仪器和运载设备，支持高技术产业化事后补助扶持计划。项目单位须先自行投入资金组织实施项目，待项目建设完成并通过验收后，按经专项审计核定项目总投资的 20% 予以事后资助，最高不超过 1500 万元。

当然，虽然广东省是海洋经济大省，海洋生产总值连续 20 多年保持全国首位，但相对山东、浙江和福建等省份，广东对海洋经济专项投入的力度还不能满足海洋产业发展对财政资金的需求。

7.1.2 福建省海洋财政专项投入情况

福建省也是海洋资源丰富的海洋大省。全省海岸线长 3752 千米，居全国第二位，岛屿众多。2018 年全省海洋生产总值 10095 亿元，首次突破万亿元大关，居全国第三位，以全国海洋经济创新示范城市厦门市为领头羊的海峡西岸蓝色经济带发展较快。① 这同样离不开财政专项投入的引导和撬动作用。2012～2015 年，福建财政每年大约筹集 10 亿元专项资金扶持海洋经济发展，其中，每年大约安排 5000 万元用于组织海洋科技攻关。② 2013 年后，福建省设立海洋高新产业发展专项资金等，加大对海洋经济发展的扶持力度。

2013～2016 年，福建省制定《福建省海洋高新产业发展专项资金管理暂行办法》，设立福建省海洋高新产业发展专项资金，重点扶持六大领域：海洋生物产业，包括海洋药物与生物制品、海洋休闲食品和功能食品；海水综合利用产业，包括海水淡化、海水直接利用及检测设备、海水化学资源的综合利用；海洋化工产业；海洋可再生能源利用产业；海洋工程装备产业；海洋高新产业发展公共服务平台建设。补助标准为：上市公司奖励，对 2015 年在境内外主板市场成功上市的海洋企业给予每家奖励 100 万元；品牌奖励，对 2015 年获评中国驰名商标的单位每个补助 100 万元，获评国家地理标志商标的单位每个补助 80 万元，获评省名牌产品和省著名商标的单位每个补助 30 万元；工程实验室（工程研究中心）奖励，对 2015 年获批建设海洋科技领域的国家级工程（重点）实验室、工程（技术）研究中心的单位每个给予奖励 200 万元，获得省部级认定的海洋科技领域的工程（重点）实验室、工程（技术）研究中心的单位每个给予奖励 30 万元。

2017～2019 年，福建省印发《福建省远洋渔业补助资金管理办法》，从 1 亿元省海洋经济发展专项资金中安排部分资金以贴息、补助等方式主要用于远洋渔船更新改造贷款贴息、小型过洋性渔船更新改造补助、远洋渔船转产技改补助、聘请境外船长补助等项目。将剩余资金与原有的每年 2000 万元福建省海洋高新产业发展专项资金整合用于支持海洋生物医药及制品、海洋新材料、海洋工程装备、现代水产冷链物流等项目建设。补助资金分

---

① 李文平．福建海洋 GDP 首破万亿元　水产品出口额全国居首［N］．中国海洋报，2019－01－25．
② 参见《福建省人民政府关于支持和促进海洋经济发展九条措施的通知》。

为对下转移支付部分和留省部分。补助标准是，对下转移支付资金用于支持企业新（扩）建产业化项目和新对接的成果转化类项目，对项目的补助不得超过项目新增投资额的 1/3。其中，企业新（扩）建产业化项目，要求项目的新增投资额不得低于 1500 万元，获得的补助最高不超过 800 万元；新对接的成果转化类项目，要求项目的新增投资额不得低于 300 万元，采用事前立项事后补助方式，即在项目完成并通过验收后一次性补助，最高不超过 300 万元。留省部分资金用于支持关键技术开发与示范项目，补助比例不超过项目新增投资额的 1/2，最高不超过 500 万元。

2020~2021 年，福建省制定《福建省海洋经济发展专项资金管理办法》，省级财政设立专项资金用于支持海洋经济加快发展、推进海洋强省建设。专项资金分为对下转移支付部分和留省部分。对下转移支付资金重点支持示范县构建海洋渔业公共服务体系、创新海洋渔业经济管理机制、推进养殖海域环境综合整治的相关项目；海洋渔业企业（含合作社等经济组织）和事业单位实施的种业创新发展等渔业转型升级项目；村级组织美丽渔村基础设施、公共服务和产业项目等。补助标准是，对海洋渔业企业 2020 年 1 月 1 日~2021 年 12 月 31 日期间的贷款（含续贷）给予贴息，贴息比例不超过贷款利息的 90%，单个企业获得贷款贴息补助金额最高不超过 300 万元；对行政事业单位实施的项目补助，单个行政事业单位获得的补助金额最高不超过 150 万元；对村级组织实施的项目补助，单个村级组织获得的补助金额最高不超过 50 万元。留省资金支持范围为：海洋产业关键技术开发与应用，包括海洋生物医药、海洋新材料、海洋工程装备及其他相关海洋产业关键技术开发与应用；智慧海洋建设，包括海洋通信、海洋遥感、海洋电子、海洋防灾减灾等高新技术开发与产业化；基于物联网、大数据、云计算、人工智能等技术的智慧海洋大数据中心、海洋与渔业综合管理或服务平台、智慧渔业平台、防灾减灾等方面的信息化系统建设、开发及应用等。补助比例不超过该项目新增投资额的 1/2，单个项目补助金额最高不超过 500 万元。

为推进渔业经济结构调整和转型升级，推进品牌渔业发展，打造特色优势渔业产业聚集示范区，福建省还公布《关于提前下达 2019 年海洋与渔业结构调整专项资金的通知》《关于提前下达 2020 年海洋与渔业结构调整专项资金的通知》《关于印发〈福建省海洋与渔业结构调整专项资金管理办法〉〈福建省海洋与渔业发展专项资金管理办法〉的通知》等文件，设立

2019 年、2020 年福建省海洋与渔业结构调整专项资金，包括：水产品精深加工生产线项目补助资金，用于支持企业新（扩）建的水产品精深加工生产线，要求项目的新增投资额不低于 300 万元，对项目的补助不得超过项目新增投资额的 1/3，单个项目补助不超过 200 万元；品牌渔业项目资金，用于补助 2018 年获得省名牌农产品品牌高速公路广告牌制作、专题宣传视频的拍摄等宣传活动，补助资金不得超过项目新增投入的 1/3，单个项目补助不超过 50 万元；休闲渔业项目建设资金，用于补助企业休闲渔业项目基础设施建设、信息设备、装备、苗种、宣传推广等方面，单个项目新增投资额不低于 100 万元，补助资金不得超过项目新增投入的 1/3，单个项目补助不超过 50 万元。

各沿海市县也不断投入财政专项资金支持海洋经济的发展。例如，厦门市印发《厦门市海洋经济发展专项资金管理办法》，2013～2015 年，设立扶持海洋战略性新兴产业、都市渔业以及海洋生态文明建设和海洋文化产业等的专项资金，重点支持：（1）海洋经济发展重大示范项目，按照不高于总投资额的 20% 给予补助，单个项目补助金额不超过 2000 万元。（2）海洋产业核心和关键技术攻关项目，按照事业法人不高于总投资额的 70%、企业法人不高于总投资额 50% 的比例给予补助，单个项目补助金额不超过 500 万元；都市渔业项目，获得省"水乡渔村"称号的，按省补助标准给予 1∶1 配套；获评"全国休闲渔业示范基地"称号的，一次性给予 50 万元的奖励；新认定的国家级、省级原（良）种场的，按照上级财政扶持资金给予 1∶1 配套补助。（3）远洋渔业项目，对于在厦门实际到位注册资本金 5000 万元以上，远洋渔船总吨位不少于 5000 总吨，且总部设在厦门的远洋渔业企业，一次性给予奖励 300 万元；对于在厦门实际到位注册资本金 3000 万元以上，远洋渔船总吨位不少于 3000 总吨，且分支机构设在厦门的远洋渔业企业，一次性给予奖励 100 万元；新建或购买全新的 1000 总吨以上、船龄 12 年以下的大型金枪鱼围网船、大型灯光围网渔船、超低温运输船和大型鱿鱼钓船，500 总吨以上、船龄 12 年以下超低温金枪鱼延绳钓船，按总投入（包括购船和设备改造投入）的 20% 给予补助，补助的金额分别不超过 800 万元、400 万元、400 万元、300 万元、200 万元；新建或购买全新的其他远洋渔船（含 100 总吨以上船龄 5 年以下辅助运输船），按总投入（包括购船和设备改造投入）的 15% 给予补助，500 总吨以上的渔船补助金额最高不超过 300 万元，500 总吨以下的渔船补助金额最高不超过 150 万元；已享受以上补助的远洋渔船，5 年内如迁离厦门或退出远洋渔业行业的，必须全额缴回财政补助资金，否则不得办理过户手续。（4）品牌培育及人才引进，引进高层次的海洋经济发展人才的扶持、奖励费用，按厦门市委市政府关于实施"海纳百川"人才计划打造"人才特区"的相关规定执行；对获得"厦门市海洋新兴产业龙头企业"称号的，给予一次性奖励 30 万元。

7.1.3 山东省海洋财政专项投入情况

山东省作为北方大省，地理位置优越，在渤海和黄海两处海域都占据了重要位置。山东省海域广阔，陆地海岸线全长 3290 千米，海洋资源丰富，产业基础雄厚，科技力量强大，以胶东半岛蓝色经济区为代表的海洋经济发展迅猛，已成为海洋经济大省和海洋科技强省。2018 年全省海洋生产总值达 1.6 万亿元，占全省地区生产总值的 1/5，海洋经济在全省经济发展中举足轻重，成为现代化强省建设的重要力量。

过去，山东为扶持海洋经济的发展投入 20 亿元作为起步资金，海洋财政专项投入在全国各省市中处于领先地位。2019 年以来，山东省紧紧围绕海洋产业发展的重点领域和关键环节，加大投入力度，支持现代海洋产业发展，为海洋强省建设提供坚实保障：统筹资金 80.79 亿元，支持海洋新兴产业发展壮大和传统产业提质增效，推动海洋经济新旧动能接续转换；统筹资金 27.63 亿元，支持海洋生态环境保护，支持开展渤海综合治理、"蓝色海湾"整治行动和长岛海洋生态文明综合试验区建设，恢复河口湿地、绿地、自然岸线等资源；发挥财政资金的撬动作用，积极吸引社会资本支持海洋强省建设，将省级引导基金出资现代海洋产业领域基金的比例由 20% 提高到 30%，省、市、县级政府共同出资比例由 40% 提高至 50%。[①]截至 2021 年底，全省新旧动能转换基金设立现代海洋产业基金 22 只，投资现代海洋产业项目 73 个，投资金额 36 亿元，带动社会资本投资 88 亿元。[②]

以全国海洋经济创新示范城市青岛和烟台为代表的沿海市县也投入大量财政专项资金用于支持海洋产业的发展。例如，青岛市发布《青岛市海

---

① 资料来源于海报新闻记者 2020 年 5 月 11 日从山东省财政厅采访报道的《山东省财政多措并举助力现代海洋产业加快发展》。

② 参见山东省发展改革委和省海洋局编制的《2021 年山东省海洋经济发展报告》。

洋经济创新发展示范城市专项资金管理办法》，2020～2022 年，青岛市海洋经济创新发展示范城市专项资金支持领域包括海洋生物、海洋高端装备、海水淡化与综合利用等三个海洋战略性新兴产业，具体方向如下：海洋生物医药和功能食品，海洋生物制品，海洋工业原料和生物材料，海洋观测、监测、探测装备，海洋工程配套装备，海水养殖和海洋生物资源利用装备，海水利用核心材料，海水利用关键装备和海水利用区域创新应用与工程服务。专项资金支持额度综合考虑项目发展前景与重要性、产业特点及发展状况、风险程度、区域布局等因素，按项目投资总额的一定比例予以核定。除重大项目外，项目资金安排比例和额度，原则上按以下标准额度执行：（1）产业链协同创新类项目，财政投资原则上不超过项目总投资额的 30%，补助金额在 1500 万元以内；（2）产业孵化集聚创新项目，财政投资原则上不超过项目总投资额的 30%，补助金额在 2000 万元以内；（3）申报单位和协作单位要签订合作协议保障专项资金的筹措与分配。

烟台市 2017～2020 年设立烟台市海洋经济创新发展示范专项资金，重点支持区域内海洋生物产业、海洋高端装备产业的产业链协同创新和产业孵化聚集创新，包括：海洋生物产业，主要指海洋生物医药和功能食品、海洋生物制品、海洋工业原料和生物材料等；海洋高端装备产业，主要指海洋观测/监测/探测装备、海洋工程配套装备、海水养殖和海洋生物资源利用装备等；海洋产业公共服务平台，主要包括高端海洋生物品公共研发及服务平台、海洋生物医药研发与服务平台、海洋环境观测系统设计及研发服务平台、海洋平台制造产业研发及服务平台，以及海洋产业发展公共研发及服务平台等。

7.1.4 辽宁省海洋财政专项投入情况

作为东北三省唯一靠海的省份，辽宁的地理位置比较优越，南部毗邻渤海，和山东胶东半岛隔海相望，是东北的出海通道，区位优势显著，海岸线全长约 2878 千米，共有岛屿 506 个，海洋经济在国民经济中的地位比较重要。在推动海洋经济发展方面，辽宁省优先考虑的是扶持海洋渔业的发展，根据《辽宁省海洋与渔业厅、辽宁省财政厅关于印发辽宁省 2008～2010 年水产健康养殖示范区和水产品加工业新增项目及财政扶持资金管理办法的通知》，省财政采取以奖代补的扶持方式，2008～2010 年安排 20000

万元资金对新建池塘养殖、工厂化养殖、浅海筏式、网箱养殖等海水水产健康养殖示范区每个补助 50 万元（拟扶持 329 个），安排 9000 万元资金对水产品精深加工新增项目每个补助 50 万元（180 个）。为促进辽宁海洋经济发展，按照《辽宁省海洋经济发展项目和资金管理暂行办法》规定，辽宁省自然资源厅、财政厅、科学技术厅 2021 年 11 月 26 日发布《关于组织申报 2021 年促进海洋经济发展项目的通知》，采取直接补助、贷款贴息等方式，重点支持船舶与海工装备制造、海洋药物与生物制品开发应用、海水淡化和综合利用规模化发展、海洋清洁能源开发应用、水产品精深加工与冷链物流、渔港经济区、"智慧海洋"信息服务 5G 建设、高端滨海旅游、原生优质海洋资源养护区建设、海洋盐业和盐化工、海洋油气和石油化工等海洋优势产业领域科技创新成果转化、成果产业化及智慧海洋等项目。采取直接补助方式的，单个项目补助额一般不超过项目总投资额的 30%，单次补助额度为 200 万～800 万元。采取贷款贴息方式的，对项目实际获得金融机构贷款额进行贴息，贴息率不超过同期中国人民银行发布的一年期贷款市场报价利率（LPR），单个项目贴息额不超过 500 万元，贴息期限原则上不超过 2 年，贴息资金实行"先付息，后补贴"。

大连市 2008 年制定《大连市海洋与渔业发展财政专项资金管理办法》，设立海洋环境保护和渔业发展等项目专项财政补助资金，重点扶持：（1）国家规定的捕捞渔民减船转产转业项目，扶持条件及补助标准按照有关规定执行；（2）国家、省认定的水产原良种场建设项目，根据项目建设及投入实际情况给予一定数额的一次性以奖代补，其中国家级原良种场 60 万～80 万元，省级原良种场 40 万～60 万元；（3）水产原良种保护、选育、试验及推广项目，按《大连市扶持引进推广农业新品种新技术暂行办法》执行；（4）以国家确定的县级水生动物疫病项目为基础，建设集水产养殖病害防治、技术推广、海洋环境污染治理、水产品质量安全、渔业信息与市场"五位一体"渔业支撑体系项目，新建或扩建项目根据其建设和投入情况给予 50 万～100 万元一次性以奖代补，对检验检测设备投入给予不超过 50 万元的补助；（5）生态高效节能健康养殖示范项目，按当年投入比照同期银行贷款基准利率给予一年期贴息；（6）水产品加工企业新建扩建项目，按当年投入比照同期银行贷款基准利率给予一年期贴息；（7）渔业安全基础设施建设项目，根据建设实际情况给予适当补助；（8）小型渔港建设和维修项目，维修渔港按投资额的 30%～40% 给予以奖代补；新建、扩建渔港按当年新增固定资产比照同期银行贷款基准利率给予一年期贴息；（9）海洋水生生物资源放流、人工渔礁建造等海洋渔业资源修复项目，海洋水生生物资源放流项目，根据放流实际情况和效果，按放流实际投入额给予40%~60%的补助。

7.1.5 浙江省海洋财政专项投入情况

浙江大陆海岸线长 2254 千米，居全国第四，有沿海岛屿 3000 余个，是中国岛屿最多的省份，其陆域面积有 1940.4 万公顷，90% 以上无人居住。浙江因为海岸线曲折，是中国港口最多的省份。浙江省制定《浙江省海洋经济发展专项资金管理办法》，从 2010 年起至 2012 年，由省财政每年安排 10 亿元，设立省海洋经济发展专项资金，使用范围是：（1）海岛基础设施建设，包括污水垃圾处理、海岛供水、供电、道路、港口码头、航道等基础设施，物流交易及信息服务平台项目；（2）海洋产业转型升级发展项目，包括港口物流、海洋装备制造、海洋清洁能源、海洋石化、海洋生物、海洋工程、滨海旅游、现代渔业、观光农业等产业发展项目；（3）海洋科技项目，包括海洋科技研发设施、海洋科技创新体系建设和海洋科技人才引进等；（4）海洋生态环境保护，包括海洋污染防治、海洋资源保护、海洋生态功能修复以及海洋防灾减灾体系建设等。

浙江省对水产种苗、渔业资源增殖放流、海洋捕捞渔业转型升级、海洋经济和渔业新兴产业、海洋与渔业科技、渔业安全生产、海洋渔港建设、海域海岛管理、海洋防灾减灾、海洋环保、海洋（湾区）经济发展等海洋产业发展方面提供了大量的财政专项资金支持。据不完全查询，浙江省先后发布了《浙江省渔港建设维护项目与资金管理暂行办法》《浙江省渔业资源增殖放流项目与资金管理办法》《浙江省海洋经济和渔业新兴产业补助项目与资金管理办法》《浙江省海域海岛管理利用项目与资金管理办法》《浙江省海洋环保项目与资金管理办法》《浙江省水产种苗项目与资金管理办法》《浙江省渔业安全生产管理项目与资金管理办法》《浙江省国内海洋捕捞渔业转型升级示范工程项目与资金管理办法》《浙江省海洋防灾减灾项目与资金管理办法》《浙江省海洋与渔业科技示范推广项目与资金管理办法》《浙江省财政厅、浙江省海洋与渔业局关于印发省海洋与渔业综合管理和产业发展专项资金管理办法（试行）的通知》《浙江省财政厅、浙江省海洋与渔业局关于下达 2016 年第二批省海洋与渔业综合管理和产业发展专项资金的通知》《浙江省财政厅、浙江省海洋与渔业局关于下达 2017 年省海洋与渔业综合管理和产业发展专项资金的通知》《关于下达 2019 年度省海洋（湾区）经济发展专项资金的通知》《浙江省财政厅 浙江省发展和改革委员会关于提前下达 2022 年度省海洋（湾区）经济发展资金的通知》，投入专项财政资金，支持海洋产业的发展。

7.1.6　江苏省海洋财政专项投入情况

江苏的大陆海岸线长 1040 千米，海岸线较短，没有天然深水良港，海洋资源基础相对较弱，但产业基础雄厚、科技优势显著，在科技兴海方面政府财政有所投入。江苏省制定《江苏省省级海洋科技创新专项管理办法》，用于管理省级财政资金竞争立项的海洋科技创新项目，主要包括与服务沿海开发和海洋综合管理相关的海洋资源开发利用、海洋综合管理、海洋环境保护、海洋防灾减灾等领域公益技术开发与示范应用，以及海洋装备、海洋生物、海水淡化等海洋新兴产业关键共性技术的研发与成果集成转化、高端装备部件的国产化示范应用等。根据《江苏省财政厅关于下达 2018 年省级第一批海洋与渔业专项资金的通知》，安排省级第一批海洋与渔业专项资金 21227 万元。

7.1.7　海南省海洋财政专项投入情况

海南岛所辖海域达 200 万平方千米，为中国岛屿之最，有 1500 多千米的岛屿海岸线。近年来，海南省非常重视海洋经济的发展，各级财政投入扶持海洋产业。例如，海口市发布《海口市海洋经济创新发展示范市项目和专项资金管理办法》，中央财政通过战略性新兴产业发展专项资金等给予每个示范城市的 3 亿元奖励资金，重点用于支持产业链协同创新类产业化项目、产业链协同创新类公共服务平台项目、产业孵化集聚创新项目及其子项目。项目资金分配原则按以下标准执行：产业链协同创新类产业化项目，财政补助资金原则上不超过项目总投资的 30%，最高补助资金累计不超过3500 万元；产业孵化集聚创新类子项目，财政补助资金原则上不超过项目总投资额的 30%，最高补助资金累计不超过 2000 万元；产业链协同创新类公共服务平台项目，财政补助资金原则上最高累计不超过 1500 万元。

虽然中国海洋产业取得了长足的进步，但总体上海洋产业的创新能力较弱，深海资源勘探和环境观测的技术装备仍然比较落后，政府投入还不能满足海洋产业高质量发展的投入需求。特别是，海洋科技资金的不足，难以支撑对产业发展瓶颈问题的深入研究，制约了海洋科技水平的提升。

7.2 银行信贷贡献大，但存在信贷配给现象

银行信贷是产业发展的主要融资方式，海洋产业的发展也不例外，甚至有银行信贷"过度依赖症"之说。海洋产业是海洋强国战略实施的基石，对海洋产业进行金融支持具有重要的战略必要性，这已经引起原国家海洋局等各级海洋主管部门以及中国人民银行、政策性银行和各商业银行等金融机构的重视，出台了相关政策，采取各种信贷方式提供金融支持和服务。

在信贷政策上，2018 年 1 月，中国人民银行、国家海洋局等八部门联合出台了《关于改进和加强海洋经济发展金融服务的指导意见》，围绕推动海洋经济高质量发展，明确银行、证券、保险、多元化融资等领域的支持重点和方向。在银行信贷方面，鼓励有条件的银行业金融机构设立海洋经济金融服务事业部、金融服务中心或特色专营机构，加大涉海抵质押贷款业务创新推广，鼓励银行业金融机构优化信贷投向和结构，支持海洋经济第一、第二、第三产业重点领域加快发展，明确加强涉海企业环境和社会风险审查。2018 年 2 月，国家海洋局、中国农业发展银行联合印发《关于农业政策性金融促进海洋经济发展的实施意见》，提出构建农业政策性金融支持海洋经济发展的金融服务体系，支持一批重点项目、建设一批海洋经济示范园区、开展一批创新试点。农业政策性金融将重点支持现代海洋渔业发展、海洋战略性新兴产业培育壮大、海洋服务业及公共服务体系拓展提升、海洋经济绿色发展、涉海基础设施建设等方面。

地方各级海洋主管部门也纷纷加强与商业银行等金融机构的合作，地方政府甚至提供贷款贴息，引导金融机构不断改进和加强海洋经济发展金融服务。例如，据新华网报道，2012 年 4 月福州市海洋与渔业局与民生银行福州分行签订《百亿资金助推"海上福州"》战略合作协议，同年 6 月福建省政府与民生银行福州分行签订 3 年内为福建海洋等特色优势产业和重点

建设项目提供 500 亿元的金融支持的战略合作协议。在贷款贴息上，福建省 2017～2019 年从 1 亿元省海洋经济发展专项资金中安排部分资金以贴息、补助等方式主要用于远洋渔船更新改造贷款贴息①，对海洋渔业企业 2020 年 1 月 1 日～2021 年 12 月 31 日期间的贷款（含续贷）给予贴息，贴息比例可达贷款利息的 90%，单个企业获得贷款贴息补助金额最高可达 300 万元②。

在信贷支持上，山东早在 1992 年就引导 3 亿元低息贷款向海洋科技倾斜，每年科技兴海投入近 3 亿元。中国工商银行南通分行开启利用海域使用权、实现沿海资源开发融资之先河，采用以海域使用权证作为抵押物贷款和银团贷款等方式，到 2011 年底累计投入沿海开发项目贷款已达 79.5 亿元，用于洋口港、吕四港综合开发、海门新通海沙围堰、启东吕四工程物流园区土地围堰、如东洋口渔港经济区围堰等项目建设，其创新的投融资模式为沿海开发建设融资提供了范本。

2011 年 11 月，民生银行福州分行率先成立了福建省内首家从事海洋产业的金融部门——海洋产业金融部。2012 年 9 月 18 日，福建省第一家海洋渔业专业支行——民生银行福州分行连江支行正式对外营业，并正式推出海洋渔业专业产品"渔货通"，通过授信和放款等方式为海洋产业客户带去现代金融服务。海洋产业作为劳动密集型、技术与资金密集型产业，风险特征独特，民生银行先行先试，已经初步探索出一条独具民生特色的海洋渔业金融服务发展道路：一是成立海洋专业推动部门——海洋产业金融部，以"海洋产业金融部 + 连江支行等水产专业支行或特色支行"为主要作业模式，紧抓核心企业，开发产业链上下游企业，实现全产业链开发；二是突破传统模式，积极开展专业支行建设，完全以产业链为依据，设立相应的支行服务部门，如连江支行下设有鲜品金融部、冻品金融部、加工流通金融部以及售后服务部等部门，深度服务海洋产业；三是根据海洋产业特色需求，分行开发"渔货通"产品，以鱼货冻品进行质押贷款；开发船舶抵押贷款、海域使用权质押贷款，并正在研究油补专用账户质押贷款等多样化产品，推进海洋金融服务创新发展；四是以"银行核心资产是客户"为中心理念，积极践行"用心服务客户、用爱储蓄客户、用智成长客户"

---

① 参见福建省财政厅、海洋与渔业局 2016 年 12 月发布的《福建省远洋渔业补助资金管理办法》。

② 参见福建省财政厅、海洋与渔业局 2020 年 4 月发布的《福建省海洋经济发展专项资金管理办法》。

的服务理念，全力推行"全覆盖、全流程、重时效、重执行"的服务模式，贴身服务海洋产业链上大、中、小微企业；五是与中共福州市委、福州市政府共同推进海洋产业交易中心，推动海域权转让与交易，把海洋产业的优势转化为资金优势，推进海洋产业的发展。此外，民生银行福州分行还与民生银行香港分行、贸易金融事业部等兄弟机构合作，积极满足海洋企业国际贸易融资需要。2014 年 7 月 24 日，中国邮政储蓄银行福建省东山县支行海洋特色支行成立，以"贷兴百业　海富万民"专项行动为契机，聚焦"一条鱼两粒沙"（海洋水产、玻璃和新材料、滨海旅游产业），发展特色海洋金融。

在推动和服务海洋产业的发展上，信贷资金发挥了难以替代的重要作用，然而，由于银行的预期损失是信贷额的函数，贷款人基于风险与利润的考查不是完全依靠利率机制而往往附加各种贷款条件，加之通货膨胀、法定准备金率攀升、预算软约束、国际金融危机、美国量化宽松货币政策带来的金融风险不容忽视，偶尔发生的银行挤兑事件更是不断敲响银行界的警钟，因此银行会严格控制信贷分配。海洋环境多变、海上灾害频发，使海洋产业具有高风险、高投入及回收周期长等特点，这与银行信贷追求稳定收益的目标存在矛盾，造成一些金融机构、民间投资者对其望而却步，银行信贷规模难以满足海洋产业快速发展的资金需求。

7.3　海洋产业投资基金建立，融资渠道拓宽

产业投资基金是一大类概念，根据国家发改委曾起草的《产业投资基金暂行管理办法》的界定，产业投资基金是一种利益共享、风险共担的集合投资制度。一般是指向具有高增长潜力的未上市企业进行股权或准股权投资，并参与企业的经营管理，以期所投企业发育成熟后通过股权转让实现资本增值。产业投资基金作为市场经济环境下的一种金融制度创新，对促进企业结构的升级、推动经济发展、增加市场投资品种具有重大意义。具体而言，产业投资基金有四大功能：拓宽投融资渠道，完善金融市场体系；提高投资效率，优化产业结构；促进高新技术产业发展，增强自主创新能力；支持中小企业发展，改进企业管理。

进入 21 世纪后，国家发改委正加快推动产业基金扩大试点，已批准设

立不少产业基金，其中包括政府引导基金。从 2002 年起步发展至今，中国政府引导基金的数目和规模越发庞大，对创业企业的扶持日趋增强，运作模式也日趋完善。据投中研究院统计，截至 2019 年 6 月底，国内共成立 1311 只政府引导基金，政府引导基金自身总规模达 19694 亿元，政府引导基金募资基金群（含引导基金规模 + 子基金规模）总规模为 82271 亿元。据投中信息的监测数据显示，80% 的政府引导基金实际放大倍数大于 4 倍，可见政府引导基金很好地发挥了财政资金杠杆作用，带动了社会资本。

基于向海发展的需要，海洋产业的发展空间广阔，海洋产业资金需求量大，但相对于依托陆域资源的产业而言，海洋产业的风险大，具有风险规避偏好的传统资金提供者如银行供给资金的意愿不足，这个领域恰好是产业基金的投资洼地。据调查，2006 年 12 月 30 日，中国人寿、全国社会保障基金理事会等单位发起成立全国首个海洋产业投资基金——渤海产业投资基金，此后，山东蓝色经济区产业投资基金、青岛海洋创新产业投资基金、宁波海洋产业投资基金和中国海洋战略产业投资基金等海洋产业投资基金陆续成立，主要的海洋产业投资基金有 13 只，目标基金规模达到 1972.50 亿元，投资领域包括海洋工程、船舶工程、海洋生物技术、海洋精细化工、海水综合利用、滨海旅游、港口、交通运输等海洋产业（见表 7 - 1）。从发起人组成看，海洋产业基金的一个重要特点是，政府相关部门在基金组建中往往发挥了重要作用，海洋产业基金多数属于政府引导基金范畴。作为一种金融创新工具，海洋产业投资基金对于拓宽现代海洋产业融资渠道、促进海洋科技进步和优化海洋产业结构等具有重要作用，为海洋产业的发展注入了强劲动力。

表 7 - 1　　　　　　　　　　　主要海洋产业投资基金

序号	基金名称	成立时间	成立地点	目标资金规模（亿元）	发起人	主要投资领域
1	渤海产业投资基金	2006 年 12 月 28 日	天津	200	中银国际控股有限公司、天津泰达投资控股有限公司等	金融商贸、高新技术、滨海旅游
2	天津船舶产业投资基金	2009 年 9 月 24 日	天津	200	中通远洋物流集团公司	船舶航运物流
3	山东蓝色经济区产业投资基金	2012 年 11 月 6 日	济南	300	山东海洋投资有限公司、明石投资管理有限公司和正大环球投资股份有限公司	海洋运输物流、装备制造、文化旅游

序号	基金名称	成立时间	成立地点	目标资金规模（亿元）	发起人	主要投资领域
4	上海航运产业投资基金	2011 年1 月 21 日	上海	500	国泰君安创新投资公司、中海集团投资有限公司、上海国有基金经营有限公司以及上海虹口区国有资产公司	航运企业股权投资、金融、航运投资
5	宁波海洋产业投资基金	2011 年11 月 11 日	宁波	100	上海航运产业基金管理有限公司、宁波开发投资集团有限公司、宁波国家高新区开发投资公司	临港工业、港口服务、海运业、滨海旅游业、海洋渔业
6	福建现代蓝色产业投资基金	2013 年6 月 2 日	福州	2	福建省政府	海洋新兴产业、现代海洋服务业、现代海洋渔业
7	前海开源大海洋混合基金	2014 年7 月 31 日	深圳	2.06	前海开源基金公司	大海洋战略经济相关的优质证券
8	舟山江海联运产业投资基金	2015 年9 月 9 日	舟山	100	舟山交通投资集团、工商银行浙江省分行等	航运、船舶修造、港口、土地围垦、海洋新兴产业
9	厦门海洋产业创业投资引导基金	2017 年3 月 24 日	厦门	1	福建省政府、厦门市政府	海洋工程装备、海洋生物医药、海水综合利用、现代海洋服务等海洋战略性新兴产业
10	青岛海洋创新产业投资基金	2018 年5 月 21 日	青岛	100	国信集团、青岛市市级创业投资引导基金管理中心	智慧海洋、海洋生物医药、海洋健康食品、海洋化工、海洋节能环保、海洋资源与能源开发、海洋工程装备、海洋交通运输、滨海旅游等海洋产业
11	青岛市海洋新动能产业投资基金	2018 年12 月 20 日	青岛	44.5	国信集团、青岛市政府	智慧海洋、海洋生物医药、海洋健康食品、海洋化工、海洋节能环保、海洋资源与能源开发、海洋工程装备、海洋交通运输、滨海旅游等海洋产业新旧动能转换项目

序号	基金名称	成立时间	成立地点	目标资金规模（亿元）	发起人	主要投资领域
12	中国海洋战略产业投资基金	2016 年 10 月 22 日	香港	300	金禾资本、迪拜伊利泽姆资本公司等	"一带一路"沿线国家产业和基础投资
13	深圳市海洋新兴产业基地基础设施投资基金	2020 年 4 月 12 日	深圳	125	农银投资、工银金晟、深圳市政府投资引导基金、宝安区政府引导基金、深圳市特区建设发展集团、深圳市海洋投资管理有限公司	深圳海洋新兴产业基地项目前期围填海及土地熟化工程

资料来源：通过权威网站、报纸等媒体新闻报道收集整理。

　　值得注意的是，2011 年 11 月 15 日，宁波推进海洋金融创新，先后改制重组了通商银行、东海银行、昆仑信托等 3 家地方法人金融机构，成立以海洋产业为投资方向的专业基金公司——宁波海洋产业基金管理有限公司，浙江省将宁波定位为海洋金融、航运金融、贸易金融、离岸金融机构集聚区。浙江省推进舟山海洋金融创新，设立海洋产业投资基金和海洋银行，重点发展船舶融资、航运租赁、离岸金融等服务业态，鼓励金融机构在舟山设立金融租赁、航运保险等专业性机构或开展离岸金融业务。在海洋产业基金的带动下，宁波、舟山有望成为海洋金融和离岸金融试验田。当然，尽管舟山、宁波等地海洋金融"蛋糕"不小，但总体上金融机构仍缺少适应现代海洋产业需要的融资工具和风险管理工具。

7.4　创投基金快速发展，融资前景广阔

　　根据中国证监会公布的《私募投资基金监督管理暂行办法》（2014年），创业投资基金是指主要投资于未上市创业企业普通股或者依法可转换为普通股的优先股、可转换债券等权益的股权投资基金。中国证监会对创业投资基金在投资方向检查等环节，采取区别于其他私募基金的差异化监督管理，在账户开立、发行交易和投资退出等方面，为创业投资基金提供便利服务，鼓励和引导创业投资基金投资创业早期的小微企业。

　　传统工业竞争日益激烈，不少资金实力雄厚的大中型企业需要寻找新的利润增长点来增强盈利能力，因而鼓励企业积极参与海洋产业投资已成为可能。海尔集团、中鲁远洋、澳柯玛集团等大型集团公司已涉足海洋药物、生物制品等海洋产业，一些大型企业还发起设立创业投资基金，为海洋产业提供广阔的融资渠道。早在 2010 年底，全国从事创业投资和私募股权投资（PE）的公司有近 5000 家，28 家创业板上市公司中有 23 家涉足 PE 投资，2010 年共有 82 只可投资于中国的 PE 完成募集，募集金额 276.21 亿美元①。根据中国证券投资基金业协会发布的私募基金备案登记数据显示，2019 年 7 月底私募基金总规模达到 13.42 万亿元，登记的管理人为 2.43 万家，备案的基金有 7.87 万只，包括工银金融资产投资、惠华基金等百亿私募基金数量达到 262 家。② 深圳成立不少创业投资公司，资金数量庞大，例如，深圳宝德集团发起设立 30 亿元的鹏德创业投资基金，专门从事股权投资、资产收购，对海洋产业投资兴趣浓厚，资金投向意愿包括舰艇设计和生产、工业化养殖和鱼虾饲料等产业。

7.5　股权融资效果显著，融资需求旺盛

　　到 2019 年底，中国共有 117 家涉海企业在沪深两地上市③，剔除＊ST企业后剩余 112 家企业。共发行股票 946.40 亿股，筹资总额 7465.58 亿元，平均每家公司融资 66.66 亿元，主要涉及海运、海港、海洋石油及加工、海水养殖加工、海水处理与节能利用、海湾开发等海洋产业（见表 7－2）。其中，首次发行（IPO）255.99 亿股，筹资额 2205.42 亿元；增发 671.45 亿股，筹资额 5129.99 亿元；配股 19.26 亿股，筹资额 130.17 亿元。近年来海洋产业股权融资增长迅速，已成为支持海洋产业发展的重要融资渠道（见图 7－2）。海洋板块上市公司的总体业绩表现良好，2019 年平均营业利润率为 23.25%，净资产收益率为 4.87%，资产负债率为 47.56%，营业收

---

① 赵海. 关于优先设立辽宁"海洋产业化"产业投资引导基金的提案［Z］. 政协辽宁省委员会提案，2011.
② 吴君. 13.4 万亿！私募基金规模又涨了［N］. 中国基金报，2019－08－16.
③ 据金融界（stock. jrj. com. cn）公布的个股主营业务构成分析所得。

入增长率为 19.51%，每股收益为 0.20 元，每股股利为 0.33 元①。不少涉海企业有上市融资的期望，比如恒兴集团、粤海饲料和湛江港等。

表 7 - 2　　　　海洋类上市公司股权融资基本情况（截至 2019 年底）

项目	家数（家）	股数（亿股）	金额（亿元）
主板	77	860.01	6482.59
中小板	22	75.38	805.92
创业板	12	9.81	174.75
深市 B 股	1	1.20	2.32
合计	112	946.40	7465.58

资料来源：深圳国泰安公司的 CSMAR 数据库和锐思金融数据库（www.resset.cn）。

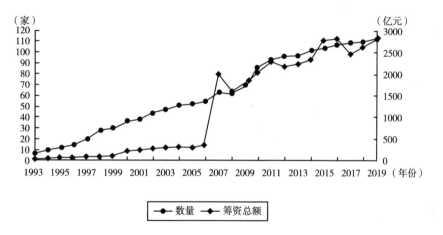

图 7 - 2　海洋类上市公司股权融资趋势

资料来源：深圳国泰安公司的 CSMAR 数据库和锐思金融数据库（www.resset.cn）。

7.6　债券市场规模剧增，　票证融资发展缓慢

公司债券发行成本较低，筹集的资金数量大，资金使用自由，弥补了股票和银行贷款方式的不足，是公司筹措长期资金的重要融资工具。在欧美资本市场发达国家或地区，债券融资相对更受公司的青睐。票证融资一

---

① 资料来源：锐思金融数据库（www.resset.cn）。

般而言，成熟资本市场上债券融资规模远大于股票融资，票证融资规模则更大。

中国的债务市场规模也越来越大。中国人民银行 2020 年 1 月 19 日发布的数据显示，2019 年中国债券市场共发行各类债券 45.3 万亿元，较上年增长 3.1%。截至 2019 年 12 月末，中国债券市场托管余额为 99.1 万亿元。央行公布的金融市场运行情况显示，2019 年中国国债发行 4 万亿元，地方政府债券发行 4.4 万亿元，金融债券发行 6.9 万亿元，政府支持机构债券发行 3720 亿元，资产支持证券发行 2 万亿元，同业存单发行 18 万亿元，公司信用类债券发行 9.7 万亿元。

中国企业债券市场建于 20 世纪 80 年代末，近几年发展较快，2001～2019 年全国企业债券发行 242457.73 亿元，超出股票发行规模 110271.46 亿元（见图 7-3）。其中，2019 年企业发行债券 9119 只，总额达到 95383.88 亿元，分别比上一年增长 30% 和 29%（见表 7-3）。然而，总体上，企业债券市场品种较少、流动性较差，发行主体主要是非上市的国有控股企业。过去，滞后的制度建设、社会诚信缺失和预算约束软化直接影响到信用市场的发育，涉海企业运用票证融资发育不充分，发行债券的海洋产业类公司也不多，债券融资工具的功能不强，企业过度依赖银行信贷和股权融资的机制没有得到有效的改变。

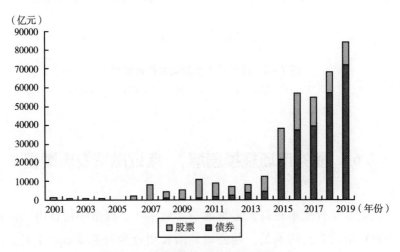

图 7-3 公司债券融资与股票融资比较

注：债券、股票均指全国发行额。

资料来源：历年《中国统计年鉴》。

表 7 - 3 　　　　　　　　2019 年非金融企业债券市场发行情况

债券品种	2019 年数量（只）	2018 年数量（只）	同比增长（%）	2019 年规模（亿元）	2018 年规模（亿元）	同比增长（%）
发改委	392	286	37	3624.39	2418.38	50
企业债券	392	286	37	3624.39	2418.38	50
交易所市场	2675	1650	62	29012.58	17903.09	62
公司债券	889	798	11	10861.21	10110.68	7
私募债	1575	728	116	14632.03	6531.96	124
可转换债券	151	96	57	2695.19	795.72	239
可交换债券	60	28	114	824.15	464.74	77
银行间市场	6052	5102	19	62746.91	53716.32	17
中期票据	1675	1416	18	20303.10	16962.15	20
短期融资券	3516	2918	20	36251.69	31275.30	16
定向工具	861	768	12	6192.12	5478.87	13
汇总	9119	7038	30	95383.88	74037.79	29

注：只包含银行间市场、上海证券交易所、深圳证券交易所发行债券；公司债券只包括大公募和小公募；非公开发行公司债券简称私募债券，统计时仅包括在交易所发行的债券；非公开定向债务融资工具简称定向工具。

资料来源：Wind 数据库。

随着《公司债券发行试点办法》《上市公司股东发行可交换公司债券的规定》等制度陆续实施，2015 年 1 月 15 日中国证券监督管理委员会令第113 号公布实施的《公司债券发行与交易管理办法》对债券的发行和交易转让、信息披露、债券持有人权益保护以及监督管理进行了规范。2019 年国家发改委研究制定了《企业债券簿记建档发行业务指引》及《企业债券招标发行业务指引》。修订后的《中华人民共和国证券法》自 2020 年 3 月 1日起施行，根据《国务院办公厅关于贯彻实施修订后的证券法有关工作的通知》和《国家发展改革委关于企业债券发行实施注册制有关事项的通知》，企业债券发行由核准制改为注册制，国家发展改革委为企业债券的法定注册机关，发行企业债券应当依法经国家发展改革委注册。随着这些制度的实施，债券发行的渠道更加畅通，债券发行出现"井喷"，债券市场将成为涉海企业的重要融资渠道，有望改善涉海企业重股权融资、轻债权融资的局面。

7.7 通过并购形成内部资本市场，拓展产业链融资平台

成熟市场上并购规模庞大，是存量资本调整的管理权限工具和融资的重要方式。中国海洋类上市公司并购市场发展较快，2001～2019年海洋类上市公司并购1158次，交易总价达11502.32亿元，其中，2001～2010年并购624次，交易总价为2411.29亿元；2011～2019年并购534次，交易总价达9091.03亿元（见表7-4）。公司并购是投资，但公司往往通过并购特别是纵向并购形成内部资本市场，发挥协同效应和内部融资功能，拓展产业链融资平台。

表7-4　　　　　　　　　海洋类上市公司并购情况

项目	2001年	2002年	2003年	2004年	2005年	2006年	2007年	2008年	2009年	2010年
数量（次）	25	11	26	30	26	43	87	143	118	115
金额（亿元）	36.34	2.69	19.50	42.25	31.26	53.12	834.04	668.03	236.63	487.43

项目	2011年	2012年	2013年	2014年	2015年	2016年	2017年	2018年	2019年	合计
数量（次）	1	0	0	55	78	86	92	110	112	1158
金额（亿元）	12.26	0	0	442.85	1119.75	636.82	2011.52	3821.43	1057.66	11502.32

资料来源：东方财富并购重组数据库。

可见，中国在海洋产业融资上已有多方面的实践探索，融资渠道不断拓宽，融资规模不断扩大，有力促进了海洋产业的发展。当然，尽管融资渠道不断增加，但总体上看，海洋产业融资仍是以间接融资为主，直接融资比例相对较低，资金有效供给不足，海洋融资情况仍需进一步改善。

第 8 章

海洋产业资本配置效率
及影响因素测评研究

海洋产业高质量发展是实现海洋强国战略的重要载体，必然需要大量资本投入。资本也是稀缺资源，供不应求是海洋产业发展面临的常态问题，需要将有限的资本配置到关键的产业领域并提高配置效率，高资本配置效率对海洋经济增长具有重要贡献，海洋产业如何有效配置资本已经引起社会关注。已有文献从国家层面研究资本配置效率（韩立岩和蔡红艳，2002），也有的立足工业行业研究地区资本配置效率（李青原等，2010），以及研究战略新兴产业资本配置效率（赵玉林和石璋铭，2014；周茜等，2020），但还没有专门研究海洋产业资本配置效率的文献。当前海洋产业可能面临资本配置不合理、资本边际收益差异化等问题，亟待测评海洋产业资本配置效率的高低及其影响因素。本章选取中国海洋产业上市公司数据，运用 Wurgler 弹性系数法测评海洋产业资本配置效率的高低，运用随机前沿模型估计技术效率，运用"两步法"估计融资约束，利用面板 PCSE 模型进行资本配置效率影响因素的实证分析，为提高海洋产业资本配置效率提供决策依据。

8.1　理论分析

8.1.1　资本配置效率评价

金融界往往将资本配置效率问题界定为资本从低回报部门向高回报部

门流动时的效率。最初巴杰特（Bagehot，1873）发现，金融部门的发展与资本配置效率高低密切相关，并且可以调整资本流动性，在此基础上熊彼特（Schumpete，1912）正式提出资本配置效率。有学者开始研究金融市场与资本配置效率之间的关系，发现金融机构能够改进资源配置（Gurley and Shaw，1960；Bencivenga and Smith，1991；Ross and Rasa，1998；Beck，Levinee and Loayza，2000）。资本配置效率是度量金融市场运行效率的指标，资本配置效率增大表示金融市场运营优越，基于此思想，有学者开始从定量角度出发描述资本配置效率。阿特苏库（Atsuku，1999）利用韩国制造业各行业的生产函数来比较资本的预期边际产品并衡量资本配置效率，但是，拉德莱特（Radelet，1998）以及樊潇彦和袁志刚（2006）发现，用边际产出法估计资本配置效率有很大的不足，因为资本边际产出率会随着参数的变化而变化，并且无法给出具体的资本配置效率值。伍尔格勒（Wurgler，2000）首次提出度量资本配置效率指标采用产业投资对产业增加值的弹性系数，该方法与边际产出法相比，具有能将不同指标统一于一身、操作简单等优势，因此该方法成为研究资本配置效率的经典模型。阿尔梅达和沃尔芬森（Almeida and Wolfenzon，2005）首先使用弹性系数法研究对外部融资需求和投资者保护与资本配置效率之间的关系。此后，莫克、亚武兹和杨（Morck，Yavuz and Yeung，2010）从银行体系的角度研究国家层面的资本配置效率。与国外研究资本配置效率的方法相比较，国内主要以 Wurgler 弹性系数法为基础，主要从三个方面集中研究：全国层面的资本配置效率，如韩立岩和王哲兵（2005）分析全国 1993~2002 年每一年的资本配置效率；产业层面资本配置效率的区域差异，如潘文卿和张伟（2003）根据 1978~2001 年中国 28 个省份的财务数据，评价中国总体和区域资本配置绩效，曾五一和赵楠（2007）构建省级与区域的动态面板数据模型分析分区域的资本配置效率；产业层面资本配置效率的影响因素，如方军雄（2006）将市场化进程作为影响资本配置效率的影响因素进行研究。上述研究得到的基本结论是：中国资本配置效率整体上较好，但是与发达国家的资本配置效率相比则相对偏低；资本配置效率存在区域差异和产业差异。

8.1.2　资本配置效率影响因素检验

随着资本配置效率理论的研究日益深入，有学者开始研究资本配置效率的影响因素，从欧洲国家层面分析金融市场发展对资本配置效率的影响（Bena Jan and Peter Ondko，2011），分析了相对价格波动对资本配置效率的影响（Eduardo et al.，2013）。影响中国资本配置效率的因素有外部因素和内部因素，从外部看主要有经济制度、政府政策干预和金融发展程度等，从内部看主要有资本结构和产权属性等。

（1）海洋产业面临的融资约束对资本配置效率的影响。

由于海洋产业项目具有资金需求量大、风险高、回收周期长的特点，给海洋产业企业的融资带有不利之处。当前海洋产业的主要融资渠道是银行信贷，但单纯依靠这种间接融资方式不能有效促进海洋产业的发展。再来看证券市场，中国的证券市场尚在发展之中，对企业的准入门槛较高，满足不了绝大部分海洋产业企业的融资需求，特别是中小型企业很难有效利用资本市场融资，这进一步缩小了海洋产业类企业的融资规模。海洋产业项目高风险的特点往往对银行等金融机构及其他资金供给方的行为造成较大的负面影响。资金供给方基于谨慎原则，会出于资金安全顾虑而施以层层融资门槛限制，海洋产业企业不易获得所需资金。即使获得了资金，在使用时也会被施加额外的约束，企业必须在较高的偿还压力、严格的使用条件与企业自身的实际发展需要之间加以权衡，从整个社会来看，就是无法将低效率领域的资本有效地调整到高效率使用领域。由此提出研究假设 H_1：融资约束会降低海洋产业的资本配置效率。

（2）海洋产业技术效率对资本配置效率的影响。

要实现海洋强国，技术创新必不可少，海洋产业的技术创新是产业优化升级的主要推动力。从原理上讲，在海洋产业发展初期，技术创新不足且风险较大，但随着海洋产业的大力发展，技术创新会逐渐转化成生产优势和市场优势，并最终得到高额回报。海洋产业拥有的技术优势带来的高成长前景必会吸引金融部门关注，实际上金融部门很看重海洋产业的技术效率水平，因为海洋产业企业不仅要拥有高技术，而且要在实际运用中有所作为，通过有效地应用高技术才可以转化为生产和市场优势。企业为了获得资金支持破解融资约束困境，必须提供更多有助于观察其产业技术效率水平的信息。金融机构会通过对海洋产业技术效率信息的搜求，推断海洋产业方面的高技术在哪些行业或领域可以快速成为实际生产力，从而将资本向这些领域或行业进行配置，从而提高资本配置效率。由此提出研究假设 H_2：技术效率可以提升海洋产业资本配置效率。

8.2   研究设计

8.2.1   研究样本和数据来源

本书选取海洋产业上市公司作为研究样本。以国家海洋局 2006 年发布的国家标准《海洋及相关产业分类》（GB/T20794 – 2006）为依据，根据金融界（stock. jrj. com. cn）公布的沪深主板和中小板市场个股主营业务构成，将主营业务涉及海洋产业的公司定义为海洋产业上市公司[①]。以 2014 ~ 2019 年为样本区间[②]，初步筛选出 95 家上市公司（见附件 2），剔除 ST 公司后剩余 92 家公司。

8.2.2   资本配置效率测算模型构建

Wurgler 弹性系数法最初源于新古典经济学中帕累托最优理论，根据最优理论，当每个项目的边际成本之比等于价格之比时，资本达到配置最优化，即：

$$\frac{MC_X}{MC_Y} = \frac{P_X}{P_Y} \tag{8 - 1}$$

将式（8 – 1）变形得到：

$$\frac{P_Y - MC_Y}{MC_Y} = \frac{P_X - MC_X}{MC_X} \tag{8 - 2}$$

其中，X、Y 代表资本的两个项目，从式（8 – 2）可以看出，等号左右两边分别代表项目 Y、X 的边际收益率，当二者相等时，资本配置达到最优。当二者不相等时，就需要把资本从边际收益率低的项目转出，转入边际收益率高的项目。伍尔格勒（2000）利用此原理创新性地构建了测度资本配置

---

①   严格意义上应该称为涉海上市公司。按理，企业海洋产业收入占营业收入总额之比达到一定标准时才能被称为海洋产业企业。从实践上看，不少涉海企业的营业收入难以区分是否属于海洋产业。

②   注：2020 年和 2021 年的数据受新冠疫情的影响较大，暂不纳入。

效率的面板模型：

$$\ln \frac{I_{i,c,t}}{I_{i,c,t}-1} = \alpha_c + \eta_c \ln \frac{V_{i,c,t}}{v_{i,c,t}-1} + \varepsilon_{i,c,t} \qquad (8-3)$$

其中，i、c、t 分别代表产业、国家、时期，$I_{i,c,t}$ 表示固定资本形成总额，$V_{i,c,t}$ 表示产业增加值，$\varepsilon_{i,c,t}$ 表示扰动项。η_c 系数为投资弹性系数，其用于衡量资本配置效率。η_c 大于 0，意味着与上一期相比，产出的增加吸引了资本流入，且取值越大说明资本配置越有效；η_c 小于 0，说明与上一期相比，增加产出反而促进资本流出，则资本配置无效。

借鉴 Wurgler 资本配置效率弹性系数测算模型，研究海洋产业资本配置效率。对产业资本配置效率的研究中，以上市公司数据为基础的大多用利润总额替代产业增加值。海洋产业发展基础薄弱，需要投入大量的资金，这一阶段往往企业的支出高于收入，易出现负利润，资本投入更注重营业收入的变化而非营业利润，因此构建面板数据模型如下：

$$\ln \frac{I_{it}}{I_{it}-1} = \alpha + \eta \ln \frac{S_{it}}{S_{it}-1} + \varepsilon_{it} \qquad (8-4)$$

用营业收入 S 代替原模型中的产业增加值指标 V，投资指标 I 用固定资产净值来表示。S_{it} 表示产业 i 在时刻 t 的营业收入，V_{it} 表示产业 i 在时刻 t 的固定资产净值，$\eta>0$ 表示当海洋产业的营业收入增加时，产业投资额也随之增加，资金流向回报率高的产业，资本配置有效，其值越大效率越高；$\eta<0$ 表示当海洋产业的营业收入增加时，其投资额随之减少，资本配置无效。该模型存在一个基本的假设，即海洋产业的资本投入与营业收入存在线性关系。式（8-4）为面板数据模型中的混合回归模型，其特点是对所有个体、截面及回归系数都一样。实际上，面板数据在不同截面或时间序列其截距项可能发生变化。

假如时间序列截距项或回归系数随着行业的不同而不同，那么给模型中每个行业添加一个虚拟变量，建立如下行业固定效应模型：

$$\ln \frac{I_{it}}{I_{it}-1} = \alpha_i + \eta \ln \frac{S_{it}}{S_{it}-1} + \gamma_1 W_1 + \gamma_2 W_2 + \cdots + \gamma_{12} W_{12} + \varepsilon_{it} \quad (8-5)$$

$$\ln \frac{I_{it}}{I_{it}-1} = \alpha_i + \eta_i \ln \frac{S_{it}}{S_{it}-1} + \gamma_1 W_1 + \gamma_2 W_2 + \cdots + \gamma_{12} W_{12} + \varepsilon_{it} \quad (8-6)$$

$$W_i \begin{cases} 1, \text{如果属于第 i 个行业} \\ 0, \text{如果不属于第 i 个行业} \end{cases} \quad i=1,2,3,\cdots,12$$

其中，W_1，W_2，…，W_{12}分别对应海洋渔业、海洋油气业、海洋交通运输业、海洋科研教育管理服务业、海洋化工业、海洋工程建筑、滨海旅游业、海水利用业、海洋生物医药业、海洋相关产业、海洋电力业、海洋船舶 12 个行业的虚拟变量。式（8-5）在行业固定效应影响的条件下，是度量海洋产业整体资本配置效率模型；式（8-6）在行业固定效应影响的条件下，是度量分行业的资本配置效率模型。

假如模型截距项或回归系数随着时间 t 的不同而变化，在模型中给时间序列添加虚拟变量，建立如下时期固定效应模型：

$$\ln \frac{I_{it}}{I_{it}-1} = \alpha_t + \eta \ln \frac{S_{it}}{S_{it}-1} + \gamma_1 D_1 + \gamma_2 D_2 + \cdots + \gamma_6 D_6 + \varepsilon_{it} \qquad (8-7)$$

$$\ln \frac{I_{it}}{I_{it}-1} = \alpha_t + \eta_t \ln \frac{S_{it}}{S_{it}-1} + \gamma_1 D_1 + \gamma_2 D_2 + \cdots + \gamma_6 D_6 + \varepsilon_{it} \qquad (8-8)$$

$$D_j \begin{cases} 1,\text{如果属于第 j 个行业} \\ 0,\text{如果不属于第 j 个行业} \end{cases} j=1,2,3,\cdots,6$$

根据分析需求，D_1，D_2，…，D_6分别对应 2014～2019 年截面数据的虚拟变量。式（8-7）表示在时期固定效应影响下，海洋产业总的资本配置效率；式（8-8）表示在时期固定效应影响下，分时间 t 测度的资本配置效率。

8.2.3　海洋产业技术效率测算模型构建

本书所选样本是海洋产业上市公司，考虑上市公司异质性，采用随机前沿模型（SFA）计算产业技术效率。随机前沿模型如下：

$$Y_{it} = f(x_{it},\lambda)\exp(v_{it} - \mu_{it}) \qquad (8-9)$$

其中，Y_{it}表示产业 i 在时刻 t 的产出，x_{it}表示产业 i 在时刻 t 的投入向量，λ表示待估计的参数向量。v_{it}是满足独立且同分布假设的随机误差项，$v_{it} \sim N(0, \sigma_v^2)$；$\mu_{it} \geq 0$，表示技术无效率项。海洋产业 i 在时刻 t 的技术效率可以用实际产出与前沿产出的比值来确定：

$$TE_{it} = \frac{f(x_{i,t},\lambda)\exp(v_{it} - \mu_{it})}{f(x_{it},\lambda)\exp(v_{it})} = \exp(-\mu_{it}) \qquad (8-10)$$

基于参数估计法，首先选取适合海洋产业的生产函数形式，考虑海洋产业的特性以及 Translog 函数考虑到了资本和劳动之间相互作用对产出的影响，选取基于 CD 模型的 Translog 函数模型，估计式如下：

$$\ln Y_{it} = \lambda_0 + \lambda_1 \ln k_{it} + \lambda_2 \ln L_{it} + \lambda_3 (\ln K_{it})^2$$
$$+ \lambda_4 (\ln L_{it})^2 + \lambda_5 \ln K_{it} \ln L_{it} + v_{it} - \mu_{it} \qquad (8-11)$$

其中，Y_{it} 表示产业 i 在某时刻 t 的产出，K_{it}、L_{it} 分别表示产业 i 在某时刻 t 的资本投入和劳动投入。以上市公司营业收入为产出变量、以固定资产原值为资本投入变量。由于数据查找的难度较大，用"支付给职工以及为职工支付的现金"之和作为劳动投入变量。由于数据是上市公司的，所以对每个产业来说，将海洋产业内所属公司的所有投入与产出变量分别求和之后作为产业的投入与产出变量计算技术效率。测算技术效率时运用 Frontier4.1 软件进行计算。

8.2.4 海洋产业融资约束测算

采取两步法测算海洋产业的融资约束，参考赵玉林和石璋铭（2014）的做法，第一步，估计式如下：

$$(I/K)_{it} = f(\text{control-variables}) + \tau_i + \tau_t + e_{it} \qquad (8-12)$$

其中，I 表示第 i 个企业在时刻 t 的投资，K 表示第 i 个企业在时刻 t 的固定资产净额，（control-variables）为控制变量，包括营业收入增长率、企业规模、有形资产比率、财务杠杆水平、企业财务松弛度。其中，企业规模用总资产的自然对数表示，有形资产比率用固定资产净额与总资产之比表示，企业财务松弛度用现金及现金等价物总量表示。

第二步，首先定义现金流 CF 为企业净利润与折旧之和，可根据第一步的残差项计算融资约束指数：

$$CFS = \sum_{t=1}^{n} \frac{(CF/K)_{it} \cdot e_{it}}{\sum_{t=1}^{n} (CF/K)_{it}} - \frac{1}{n} \sum_{t=1}^{n} e_{it} \qquad (8-13)$$

选取每个时期各产业内所有上市公司的截面数据分别计算，从而获得各个产业内不同时期的 CFS。所需财务数据来源于各公司年报。

8.2.5 回归模型

根据上述分析构建如下面板模型：

$$AE_{it} = \beta_1 R_{it} + \beta_2 TE_{it} + r_i + r_t + \varphi_{it} \qquad (8-14)$$

其中，AE_{it}表示海洋产业 i 在时刻 t 的资本配置效率，R_{it}表示海洋产业 i 在时刻 t 面临的融资约束水平，TE_{it}则表示海洋产业 i 在时刻 t 相对于时刻（t−1）的技术效率，r_i 与 r_t 分别表示特定产业和特定时期的效应，φ_{it} 是服从白噪声假设的误差项。按照前面的分析，β_1 的符号应该为负，表示融资约束对海洋产业的配置效率具有负向影响；β_2 的符号应当为正，表示技术进步对海洋产业资本配置效率具有积极影响。

8.3 回归分析结果与解释

8.3.1 海洋产业资本配置效率

（1）海洋产业总体资本配置效率。

获取海洋产业 92 家上市公司 2014～2019 年度数据，共有 552 组观测值，将 552 组观测值代入式（8−4），运用 Stata13.0 版进行面板数据回归，结果如表 8−1 所示。

表 8−1　　　　　　　　　　海洋产业整体资本配置效率

变量	数值
lnq	0.179 ** [0.0753]
_cons	0.0758 *** [0.0172]
N	455
adj. R-sq	0.0446
AIC	421.9
BIC	430.1

注：** 、*** 分别表示在5%、1%的水平上显著，方括号中为 P 值。

从回归结果可知，海洋产业总体资本配置效率为 0.179，说明资本配置基本有效，但配置效率水平不高。

（2）行业固定效应模型下的海洋产业总体资本配置效率。

在实际应用中，对海洋产业资本配置效率的研究需要考虑各子行业间性质的差异性。在测度总体效率时，面板数据不同的截面或时间序列可能存在差异，需要建立行业固定效应模型，以此对式（8-5）进行面板数据回归（见表8-2）。

表8-2　　　海洋产业企业资本配置效率行业固定效应回归结果

变量	公式	变量	公式
α	0.168 *** [0.0000]	W_6	0.441 *** [0.0000]
η	0.231 *** [0.0000]	W_7	-0.012 *** [0.0000]
W_1	0.231 *** [0.0000]	W_8	-0.503 *** [0.0000]
W_2	-0.063 *** [0.0000]	W_9	0.635 *** [0.0000]
W_3	0.037 *** [0.0000]	W_{10}	0.248 *** [0.0000]
W_4	-0.363 *** [0.0000]	W_{11}	0.282 *** [0.0000]
W_5	0.034 *** [0.0000]	W_{12}	-0.035 *** [0.0000]
adj. R - sq		0.0744	
AIC		380.8	
BIC		380.8	

注：*** 表示在1%的水平上显著，方括号上方数为系数值，方括号中为P值。

由表8-2数据可知，海洋产业总体资本配置效率为0.231。显然，在行业固定效应模型下，海洋产业总体资本配置效率比混合效应模型下高，说明假设是成立的，各个子行业对资本配置效率的影响是不同的。模型考虑了行业性质差异化带来的影响，对模型进行改进加入了虚拟变量，这样就能更精准地知道海洋产业总体资本配置效率大小。

（3）时期固定效应模型下的海洋产业总体资本配置效率。

上述只考虑了行业差异带来的影响，而实际运用中，不但要考虑行业

現代海洋产业融资：理论、经验与策略

固定效应的影响，而且也需要考虑时期效应的影响。采用式（8-7）进行面板数据回归，结果如表8-3所示。

表8-3　　　　海洋产业企业资本配置效率时期固定效应回归结果

变量	公式	变量	公式
α	0.122 *** [0.0000]	D₃	0.364 *** [0.0000]
η	0.023 *** [0.0000]	D₄	0.124 *** [0.0000]
D₁	0 [0.0000]	D₅	0.052 *** [0.0000]
D₂	0.023 *** [0.0000]	D₆	0.380 *** [0.0000]
adj. R-sq		0.0806	
AIC		392.3	
BIC		392.3	

注：*** 表示在1%的水平上显著，方括号上方数为系数值，方括号中为 P 值。

在考虑时期效应的影响下，海洋产业总体资本配置效率为0.122，低于行业固定效应模型下的资本配置效率，说明海洋产业行业性质对资本配置效率的影响比时期的影响程度高。

（4）海洋产业子行业资本配置效率。

以样本公司占比大于50%的主营业务收入的行业性质为依据，将这些公司划分成7个行业。运用每年子行业样本公司的截面数据估计式（8-4），采用 Eviews 8.0，测试结果如表8-4、图8-1所示。

表8-4　　　　海洋产业子行业企业资本配置效率

行业代码	2015 年	2016 年	2017 年	2018 年	2019 年	均值	方差
1	0.067	0.124	0.124	-0.321	2.581	0.515	1.368
2	-0.035	-0.081	-0.569	-0.015	-0.057	-0.151	0.055
3	-0.011	0.496	-0.051	0.114	-0.035	0.103	0.053
4	-1.536	-0.329	0.345	0.642	0.670	-0.042	0.860
5	-0.468	0.058	2.564	0.186	0.400	0.548	1.372

续表

行业代码	2015 年	2016 年	2017 年	2018 年	2019 年	均值	方差
6	0.367	− 0.027	0.647	0.015	0.113	0.223	0.080
7	1.178	0.148	− 0.079	3.694	0.222	1.033	2.445

注：1~7 分别代表海洋渔业、海洋油气业、海洋交通运输业、海洋科研教育管理服务业、海洋工程建筑业、海洋相关产业、海洋船舶业。

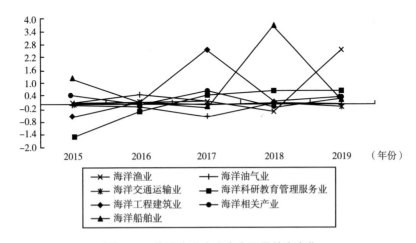

图 8 - 1　海洋产业企业资本配置效率变化

测试结果显示，除了海洋油气业、海洋科研教育管理服务业的资本配置效率均值为负值外，其他行业都为正值，因而表明资本配置表现出一定的有效性，社会资金支持海洋产业的过程中基本做到促进大多数子行业的资源从低效率领域流向高效率领域，从而推动了海洋产业发展。方军雄（2006）测算 1997~2003 年中国工业企业的资本配置效率均值为 0.564，而在表 8 - 4 中，除了海洋船舶业的均值为 1.033 外，其他行业的均值都低于 0.564，说明当前海洋产业资本配置效率不高，迫切需要采取有效措施提高资本配置效率，促进海洋产业的高质量发展。从海洋产业各行业看，各行业的资本配置效率具有一定的差异性，按资本配置效率的高低排列的行业顺序为海洋船舶业、海洋工程建筑业、海洋渔业、海洋相关产业、海洋交通运输业、海洋科研教育管理服务业和海洋油气业，海洋船舶业的资本配置效率最高（均值达到1.033），海洋油气业最低（均值为 - 0.151）。另外，各行业的资本配置效率也表现出一定的波动性，海洋渔业、海洋工程建筑业、海洋船舶业具有较大方差，其中海洋船舶业的方差最大（高达 2.445），这也反映了金融机构支持这几个行业发展时资本配置和优化机制在不断强化。

8.3.2 海洋产业资本配置效率影响因素

8.3.2.1 平稳性检验

在进行回归之前，需要做平稳性检验，避免伪回归对后期结果产生影响。先对式（8-4）截面回归结果 AE、式（8-10）估计的技术效率 TE 及式（8-13）估计的融资约束指数 CFS 分别进行单位根检验，结果如表 8-5 所示。结果表明，变量 AE、TE、CFS 均平稳，因此可以直接对式（8-14）进行回归。

表 8-5 平稳性检验结果

变量名	HT 检验	P 值	Fisher-PP 检验	P 值	是否平稳
AE	−0.6217	0.004 ***	−7.0903	0.000 ***	是
TE	−0.4768	0.026 ***	−5.9737	0.000 ***	是
CFS	−0.9297	0.000 ***	−10.1952	0.000 ***	是

注：*** 表示在 1% 的水平上显著。

8.3.2.2 实证结果分析

通常情况下，在选择最小二乘法估计回归模型参数估计式（8-14）时，先要进行 Hausman 检验。经检验，其 P 值为 0.9012，固定效应与随机效应模型有显著差异。在固定效应模型、随机效应模型和混合最小二次估计模型之间进行选择，结果表明，选择混合回归比较合适。根据异方差检验，使用 Stata 进行怀特检验，其 P 值为 0.046，表明异方差的存在。此时仅仅用混合回归时，结果可能就会存在偏差。因此，采用 PCSE（面板校正标准误差）估计，PCSE 不仅可以修正异方差，也可以修正自相关和截面相关的问题。表 8-6 为 PCSE 估计的结果。

表 8-6 参数估计结果

项目	常数项	β_1	β_2	R-squared
PCSE 估计	−0.0697 （−0.29）	−1.6003 *** （−6.92）	0.7464 ** （2.33）	0.6329

注：** 、*** 分别表示在 5%、1% 的水平上显著，小括号中为 t 值。

运用 PCSE 估计式（8-14）的参数 β_1 是 -1.6003，β_2 是 0.7464，分别在 1% 和 5% 的置信水平上显著。β_1 的符号与之前的假设相同，表明海洋产业面临的融资约束压力的确对资本配置效率提升造成一定限制，假设 H_1 得到验证。这说明，一方面，海洋产业的发展对外部融资有一定的依赖性，当外部融资进入海洋产业时，大多都会通过签订合约来约束企业对资金的使用，以确保资金提供者的权益。为了缓解融资约束，进入海洋产业企业的资金必须严格遵守合约的规定，不可能完全满足企业自身使用的意愿，会对企业的资本配置效率产生一定的影响。另一方面，海洋产业本身的技术风险和市场风险较高，并有可能带来较高的财务风险，这会成为阻碍海洋产业资本配置效率提高的重要因素。

β_2 的系数为 0.7464，表明技术效率能提升海洋产业的资本配置效率，资金供给者对海洋产业的高新技术如何运用并转化成现实生产力的关注度较高，假设 H_2 得到验证。金融机构通过对产业技术效率较高或者将高新技术变成现实生产力的海洋产业进行有效的资本配置，来提升海洋产业资本配置效率和促进海洋产业发展。

8.4　研究小结

利用 92 家海洋产业上市公司 2015～2019 年数据，运用 Wurgler 弹性系数法测算海洋产业资本配置效率，并结合海洋产业自身特点实证检验技术效率与融资约束对海洋产业资本配置效率的影响。结果表明，海洋产业资本配置基本有效，总体资本配置效率不高，各行业的海洋产业资本配置效率具有一定的差异性和波动性；技术效率能提升海洋产业资本配置效率，而融资约束会降低海洋产业资本配置效率。应主要从以下三个方面提升海洋产业资本配置效率。

第一，海洋产业的融资约束会限制产业资本配置效率，缓解海洋产业面临的融资约束是重大的政策举措。针对海洋产业风险大、可抵押资产偏少的不足，一些中小型涉海企业应适宜考虑由政府进行担保。商业银行特别是大型国有商业银行是海洋产业企业筹集外部资金的主要来源，应使商业银行适当减少海洋产业企业贷款约束，祛除"规模歧视、所有制歧视"，提供扶持性优惠利率贷款，给海洋产业企业缔造更加公平的融资环境，积极拓展海洋产业融资渠道，鼓励民间投资海洋产业，发展海洋产业链融资，鼓励符合条件的中小企业通过创业板、中小板上市融资，还要积极鼓励符合条件的企业发行债券。

第二，技术创新是海洋产业高质量发展的核心，其技术效率的提高能促使海洋产业资本配置效率相应提高。只有进行足够的投资，才能持续有效地促进技术创新，因此对于海洋产业企业，要加大资本投入。要防止资本投入过程中发生浪费情况，需建立完善的预算机制，以此保证在资本投入分配的各个环节中做到有效分配。企业拥有专业化队伍是科技创新的必要条件，应当加强对专业技术人才的引育，在维持现有技术水平的同时重视发展先进技术。从企业的管理制度、企业文化、企业的生产组织科学化等方面提升海洋产业企业的高技术产业化水平，促进技术效率提高。

第三，有效发挥政府引导作用，促进海洋产业资本的有效配置。海洋产业不同的行业具有特性差异，需要根据现阶段各行业的发展情况制定不同的支持政策，实现资金的高效利用以推动资本配置效率的提升，需要提供针对性的政策支持，对拥有高新技术的海洋产业企业更要加大支持力度，在提供税收优惠政策的同时，通过政府的直接财政扶持引导银行信贷等社会资本投入，有效提升资本配置效率，促进海洋产业高质量发展。

第 9 章

海洋产业信贷配给
及其经济后果实证研究

推动海洋经济的发展，建设海洋强国，是中国未来发展的重要战略。在此背景下，作为海洋经济载体的海洋产业发挥着举足轻重的作用，海洋产业企业则是推动海洋经济高质量发展和实现海洋强国战略目标的关键因素。海洋产业企业发展资金需求量较大，对资金常常出现超额需求，易遭受信贷配给，而信贷配给会滞阻海洋产业发展，因此有必要分析海洋产业信贷配给的程度及其经济后果。本章以银行信贷这种主要的融资方式为研究对象，以信贷配给相关理论为基础，选取 2012~2020 年 72 家海洋产业上市公司为样本，分析海洋产业信贷配给的程度，并运用面板数据模型对信贷配给与公司绩效的关系进行实证检验，为银行信贷政策的运用适当以满足海洋产业融资需求并推动海洋产业高质量发展提供决策依据。

9.1 理论分析与研究假设

在中国特殊的金融背景下，学者们在对海洋经济的研究中发现海洋经济发展方面存在资金短缺现象，并探究其根源和解决之道。在资金短缺方面，徐质斌（1994）在对海洋经济的研究中发现，在海洋经济发展方面资金严重短缺。周昌仕和宁凌（2012）认为，随着现代海洋产业的快速发展，原有的融资渠道已无法满足发展需求。张健（2016）认为，海洋经济直接融资比重低，金融市场结构明显失衡，多数海洋产业公司难以满足股权债券的融资要求。在根源方面，姜旭朝、张晓燕（2006）认为，涉海产业上市公司普遍存在着一些不利因素，例如，股权结构独特，破产机制不完善，控制权市场无法充分发挥其功能。周昌仕和郇长坤（2015）研究发现，海洋产业公司整体融资水平较低，其影响因素是宏观经济形势、公司规模和公司治理机制。在解决措施方面，孙健、林漫（2001）认为，应通过金融制度创新、市场创新、服务创新以及产品创新四个方面的研究来促进海洋高新技术产业化的发展。唐正康（2011）从海洋产业的特征、国有商业银行和国家财政三个方面对海洋产业融资问题进行探讨并提出改进措施。显然，现有研究主要是从资金需求方去研究海洋产业融资问题，尽管这些文献为解决海洋产业资金不足问题提供了一定参考，但如果不从资金供给方去思考，也就是不考虑信贷配给问题，则难以找到海洋产业资金不足问题的根本原因，以此为依据指导企业融资实践会导致企业管理层短视化行为倾向，从而增加海洋产业发展的不确定性。

从供求理论上看，所有产品在供需双向影响之下都应该达到市场均衡，信贷市场也是如此。根据此逻辑，在资金供给和需求共同决定的均衡利率之下，信贷市场也应该是能达到出清状态。然而实践中人们发现，在信贷市场上，只有一部分公司或人能够获得银行贷款，即使是愿意支付更高的利率水平也无法获得足额的信贷资源，也就是存在信贷配给现象，即借款人即使支付高昂成本也无法获得全部贷款。信贷配给主要体现于信贷期限结构、规模和成本，信贷期限越短，信贷规模越小，信贷成本越高，则信贷配给越严。海洋产业的高投入特性决定了海洋产业企业发展资金需求量较大，对资金常常出现超额需求，应该存在较为明显的信贷配给现象，并影响海洋产业企业的经营绩效。实际上，银行信贷作为企业的主要资金获得方式，与资本市场上其他借款形式有所不同，其主要差异体现在对公司绩效影响方面。不少学者从资金供给方角度出发研究信贷期限结构、规模和成本对企业的影响，从另一个侧面看，也是信贷配给对公司的影响。在这一点，海洋产业也不例外。基于上述分析，分别从信贷期限结构、规模及成本三个主要因素，考虑实证检验海洋产业上市公司信贷配给对公司绩效的影响。

第一，关于信贷期限结构。企业贷款期限结构会受到信贷配给的约束，使债务期限缩短，这会给企业经营决策带来负面影响，甚至导致经营状况恶化。宋淑琴（2013）以契约理论为基础进行研究，发现长期信贷能够显著提高公司绩效。沈立和倪鹏飞（2019）以中国省际面板数据为研究样本，发现信贷期限结构长期化有助于工业的发展，而信贷期限结构短期化会抑制工业的发展。以上述研究为借鉴，可以推断，海洋产业企业信贷配给会约束期限结构，缩短还款时间，影响公司长期经营决策的有效实施，降低公司绩效甚至阻碍公司的长期健康发展。由此提出假设 H_1：海洋产业企业信贷期限延长与公司绩效显著正相关。

第二，关于信贷规模。在信贷活动中，信贷配给导致企业无法获得全部贷款，企业会因资金总量不足而无法持续健康发展，从而导致经营绩效下降。曲小刚和罗剑朝（2013）研究发现，信贷规模的增长会改善企业绩效。海本禄等（2020）以自主创新示范区企业为样本，发现信贷融资规模的增加强化了公司财务绩效。李青原和章尹赛楠（2021）认为，扩大信贷市场规模，不仅可以缓解企业信贷融资约束，提升公司绩效，还可以促进经济增长。程昔武等（2021）运用 2015～2019 年沪深 A 股非金融类上市公司数据，发现适度的信贷规模可以提升公司的营运能力。现有研究大体上支持信贷规模扩大能改善企业绩效的正效应观点，反过来看，也就是信贷配给有损企业经营绩效。总之，受信贷配给的影响，海洋产业企业在信贷活动中无法获得所需要的全部贷款，影响经营状况。由此提出假设 H_2：海洋产业企业信贷规模与公司绩效显著正相关。

第三，关于信贷成本。信贷配给使得财务费用提高，信贷成本高于市场平均成本，增加还款负担，减少公司利润。李建军和马思超（2017）等发现，较高的信贷成本对其公司绩效指标会产生负向影响。由此提出假设 H_3：海洋产业企业信贷成本增加与公司绩效显著负相关。

9.2 研究设计

9.2.1 样本与数据

选取海洋产业上市公司作为研究样本，采用面板数据。我们将金融界（stock. jrj. com. cn）中公布的沪深主板和中小板市场中涉及海洋业务的公司定义为海洋产业类上市公司[1]。截至2020年12月，初步筛选出95家海洋产业上市公司，采用2012～2020年的上市公司数据，因此须删除2012年以后上市的海洋产业类上市公司，同时删除ST、退市以及数据不全的公司后，选择数据较为完整的72家海洋产业类上市公司为最终研究样本，数据主要来源于RESSET数据库，部分来自金融界、东方财富网等网络公布的数据。

9.2.2　指标选择

（1）被解释变量。

被解释变量为公司绩效（CFP）。汪旭晖和徐健（2009）、万里霜（2021）、倪艳和胡燕（2021）等认为，国外资本市场较为完善，可以采用托宾Q值来衡量公司经营业绩，然而，中国资本市场尚待完善，公司股价与实际绩效水平仍存在较大的不对称性，托宾Q值的适应性还存在一定问题。净资产收益率和销售净利率是衡量公司绩效中投入产出水平、资产营运及其公司管理水平的重要指标。闫举纲和杨颖（2017）、王玉霞等（2021）认为，资产净利率或者销售净利率是财务分析的重要比率，反映公司利用资产获取利润的能力，可以用来分析公司盈利的稳定性和持久性，指标越高说明企业盈利能力越强。因此，选取净资产收益率（ROE）和销售净利率（ROS）作为公司绩效衡量指标。

（2）解释变量。

选取信贷配给作为主要解释变量。叶宁华和包群（2013）使用企业利息支出来衡量企业的信贷成本，以信贷利息支出的大小来衡量受到信贷配给的程度。邓建平和曾勇（2011）、沈洪涛和马正彪（2014）、周于靖和罗韵轩（2017）等使用新增借款作为信贷期限来衡量信贷配给。如前所述，本书选用信贷规模（MAT）、信贷期限（CRE）、信贷成本（COS）作为信贷配给的衡量指标。

（3）控制变量。

参考已有研究和结合现实情况，选取公司规模（SIZE）、公司性质（OWN）、每股收益（EPS）、权益乘数（ALR）、销售现金比率（CTM）、总

---

[1]　严格意义上应该称为涉海上市公司。按理，企业海洋产业收入占营业收入总额之比达到一定标准时才能被称为海洋产业企业。从实践上看，不少涉海企业的营业收入难以区分是否属于海洋产业。

资产现金回收率（OP）、年度变量（Year）和行业变量（Industry）作为控制变量。

9.2.3　模型构建

面板数据模型以固定效应模型（fixed effect model）和随机效应模型（random effect model）、混合效应模型（pooled effect model）为主。面板数据模型定义为：

$$y_{it} = \alpha + x_{it}^T \beta + \varepsilon_{it}, i = 1, 2, 3, \cdots, N; t = 1, 2, 3, \cdots, T \qquad (9-1)$$

其中，y_{it} 表示特定的个体 i 在时间 t 上的因变量观测值，α 为截距，t 表示时期，x_{it} 为第 i 个个体在 t 时期上的自变量观测值，待估参数 β 表示 x_{it} 对 y_{it} 的边际影响，ε 为随机干扰项。

当各个截面估计方程的截距和斜率都一样时，则是混合效应模型。当 α_i 是不随时间变化，一般称为"个体效应"，如果是不随时间变化而发生变化的固定因素，在同一界面上存在确定不变的截距项，则模型为固定效应模型。当 α_i 是不随时间变化，但是其可以表示个体的异质性并且是不可观测的，且 $\alpha_i \sim i. i. d(\alpha, \sigma_s^2), Cov(\alpha_i, x_{it}) = 0$，则模型为随机效应模型。F 检验可以用来检验固定效应模型是否显著，主要用于区分面板数据适合混合效应模型还是固定效应模型。也就是，假设：$H_0: \alpha_i = \alpha_0$，其中 α_0 为常数，即为混合效应模型；$H_0: \alpha_i \neq \alpha_0$，其中 α_0 为常数，则为固定效应模型。

F 统计量定义为：

$$F = \frac{RSS_r - RSS_{it}}{(NT - K) - (NT - N - K)} \bigg/ \frac{RSS_{it}}{NT - N - K} = \frac{RSS_r - RSS_{it}}{N} \bigg/ \frac{RSS_{it}}{NT - N - K}$$

$$(9-2)$$

其中，RSS 为混合效应模型的残差平方和，RSS_{it} 为个体固定效应模型的残差平方和，约束条件 N、K 为混合模型中的回归参数数量。当 H_0 成立时，F 统计量服从 F 分布，若用样本计算 $F \leq F_\sigma (N, NT - N - K)$，则不能拒绝原假设 H_0，因而选择使用混合效应模型，反之则拒绝原假设，选择固定效应模型。固定效应模型和随机效应模型采用豪斯曼检验，该检验构造的统计量只是对斜率进行系数比较，原理就是比较在两个效应下，参数估计之间是否存在差异，如果存在，则选择用固定效应模型，反之选择随机效应模型。

以 ROE 和 ROS 为被解释变量，建立信贷配给与公司绩效固定效应模型如下：

$$ROE_{it} = \alpha + \beta_1 CRE_{it} + \beta_2 MAT_{it} + \beta_3 COS_{it} + \beta_4 Size_{it} + \beta_5 OWN_{it}$$
$$+ \beta_6 EPS_{it} + \beta_7 ALR_{it} + \beta_8 CTM_{it} + \beta_9 OP_{it} + \beta_{10} Year_{it}$$
$$+ \beta_{11} Industry_{it} + \varepsilon_{it} \tag{9-3}$$

$$ROS_{it} = \alpha + \beta_1 CRE_{it} + \beta_2 MAT_{it} + \beta_3 COS_{it} + \beta_4 Size_{it} + \beta_5 OWN_{it}$$
$$+ \beta_6 EPS_{it} + \beta_7 ALR_{it} + \beta_8 CTM_{it} + \beta_9 OP_{it} + \beta_{10} Year_{it}$$
$$+ \beta_{11} Industry_{it} + \varepsilon_{it} \tag{9-4}$$

其中，α 为截距，i 代表某个公司，t 表示年份，分析软件为 Stata15.1。

9.3 实证结果及分析

9.3.1 描述性分析

表 9-1 列示的是本章模型分析中所涉及的被解释变量、解释变量以及主要控制变量的描述性分析结果。

表 9-1　　　　　　　　　描述性统计分析

变量	均值	方差	最小值	最大值
ROE	0.020	0.431	-6.776	8.441
ROS	0.037	0.648	-14.360	4.419
CRE	0.076	0.083	0.001	0.412
MAT	-0.029	0.370	-3.641	0.361
COS	1.777	4.181	-26.750	26.410
SIZE	4.516	0.869	0.869	9.476
EPS	0.178	0.497	-6.691	4.256
ALR	2.432	2.000	1.081	50.180
CTM	9.705	0.201	-2.276	1.222
OP	3.751	6.360	-36.020	32.460

（1）公司绩效。海洋产业上市公司净利润收益率（ROE）最大值为 8.441，最小值为 -6.776；公司销售净利率（ROS）最大值为 4.419，最小

值为 -14.360。从以上数据可以看出，海洋产业类上市公司之间的业绩活动差异性较大，究其根源，可能是不同海洋产业的产业性质、经营范围和规模、外部环境不同所致。

（2）信贷配给。信贷期限（CRE）最大值为 0.412，最小值为 0.001，均值为 0.076，信贷期限较短；信贷规模（MAT）最大值为 0.361，最小值为 -3.641，信贷规模较小；信贷成本（COS）最大值为 26.410，最小值为 -26.750，均值为 1.777，信贷成本较高。可见，整体上海洋产业上市公司存在一定程度的信贷配给。从方差上看，信贷期限的方差（sd）为 0.083，结构较为均衡，而信贷规模（sd 为 0.370）和信贷成本（sd 高达 4.181）的变动范围较大。这可能是由于不同公司的融资方式以及面临的信贷配给不同，导致不同类型的海洋产业公司在外部融资时，所获得的信贷配额和支付利息费用不同。当然，总体上海洋产业公司所获信贷配额并不高，这也说明了海洋产业公司存在信贷配给现象。

9.3.2　相关性分析

由表 9-2 可知，除净资产收益率（ROE）与每股收益（EPS）的相关系数为 0.59，销售现金比率（CTM）与销售净利率（ROS）的相关系数为 0.47，以及销售现金比率（CTM）与总资产现金回收率（OP）的相关系数为 0.68 外，变量间相关性较低。采用方差膨胀系数检验（即 VIF 检验），该检验是衡量多元线性回归模型中多重共线性的一种度量，若 VIF 值小于 10，则说明不存在多重共线性。代入数据运算，结果显示 VIF 值均在 1~2，所以解释变量之间不存在多重共线性问题，可以建立面板数据模型。

表 9-2　　　　　　　　　　变量相关性分析

变量	ROE	ROS	CRE	MAT	COS	SIZE	EPS	ALR	CTM	OP
ROE	1									
ROS	0.40	1								
CRE	0.00	0.04	1							
MAT	-0.20	-0.06	0.06	1						
COS	-0.14	-0.18	0.18	-0.01	1					
SIZE	-0.00	0.09	0.05	0.20	0.04	1				

变量	ROE	ROS	CRE	MAT	COS	SIZE	EPS	ALR	CTM	OP
EPS	0.59	0.36	-0.04	0.01	-0.23	0.14	1			
ALR	-0.01	-0.03	0.07	0.04	0.16	0.11	0.05	1		
CTM	-0.02	0.47	0.07	-0.01	0.12	0.11	0.05	-0.04	1	
OP	-0.17	0.01	0.04	-0.05	0.01	0.04	0.07	-0.04	0.68	1

9.3.3 面板模型结果分析

对模型进行 F 检验和 Hausman 检验，结果如表 9-3 所示。可以看出，以净资产收益率为被解释变量的模型中，F 检验拒绝原假设，说明采用固定效应模型优于混合效应模型；Hausman 检验拒绝原假设，表明固定效应模型优于混合效应模型。以销售净利率为被解释变量的模型中，F 检验也是拒绝原假设，采用固定效应模型较好；Hausman 检验同样拒绝原假设，进一步肯定了采用固定效应模型较优。根据 F 检验和 Hausman 检验两个检验结果，检验模型应采用固定效应模型。

表 9-3　　　　　　　　　　　F 检验和 Hausman 检验结果

检验项目	被解释变量	检验结果	结论
F 检验	净资产收益率	F (18, 558) = 36.18, Prob > F = 0.0000	拒绝
Hausman 检验		chi2 (11) = 69.44, Prob > F = 0.0000	拒绝
F 检验	销售净利率	F (18, 558) = 59.38, Prob > F = 0.0000	拒绝
Hausman 检验		chi2 (11) = 33.77, Prob > F = 0.0004	拒绝

从固定效应模型回归结果来看（见表 9-4），两个代表公司绩效的被解释变量净资产收益率（ROE）、销售净利率（ROS）均与信贷期限（CRE）、信贷规模（MAT）呈显著正相关关系，即信贷期限的延长和信贷规模的增加对海洋产业上市公司绩效有着积极影响；而与信贷成本（COS）呈显著负相关关系，即信贷成本增大会对公司绩效带来消极影响。这说明海洋产业上市公司在信贷活动中，信贷配给使其无法获得发展所需的全部贷款，约束其贷款期限以及带来高昂的财务成本，造成该类公司缺乏发展资金，给公司经营状况带来不利影响，也就是，信贷配给对公司绩效的影响是负面的，假设 H_1、H_2 和 H_3 均得到证实。

表 9 − 4　　　　　　　　　　　　固定效应模型回归结果

变量	CFP	
	ROE	ROS
CRE	0. 575 ** (2. 19)	0. 962 ** (3. 08)
MAT	0. 385 *** (5. 46)	0. 156 * (1. 86)
COS	− 0. 011 ** (− 2. 32)	− 0. 042 *** (− 7. 06)
SIZE	− 0. 010 (− 0. 28)	0. 0730 (1. 71)
OWN	− 0. 04 (0. 85)	− 0. 297 (− 1. 16)
EPS	0. 501 *** (19. 2)	0. 316 *** (10. 11)
ALR	0. 012 ** (1. 99)	0. 013 * (1. 83)
CTM	0. 00468 *** (4. 36)	0. 0356 *** (27. 78)
OP	− 0. 269 *** (− 8. 33)	− 0. 0746 *** (− 19. 30)
Year	Yes	Yes
Industry	Yes	Yes
N	648	648
R^2	0. 5385	0. 6570
F	36. 18	59. 38

注：* 、** 、*** 分别表示在10%、5%、1%的水平上显著，括号中为 t 值。

公司绩效与信贷期限显著正相关的结果说明，海洋产业在信贷活动中，银行等资金供给者基于海洋强国战略和国家政策的需要而延长还款期限，有利于公司合理进行资产配置和营运，改善公司经营管理及财务状况，有效提高投入产出效率。公司绩效与信贷规模显著正相关的结果说明，海洋产业发展潜力大，是不少地方新的利润增长点，需要大量资金支持，随着信贷资金增加，科技含量充足的海洋产业绩效也随之上升。公司绩效与信贷成本显著负相关，是由于海洋产业上市公司在信贷活动中较难获取银行信贷资金，受到信贷配给的影响而无法满足发展所需要的资金需求，即使愿意支付高昂利息也不能如愿获得资金需求额度。面对此情况，海洋产业公司只能通过金融中介机构或者民间信贷获得资金，从而需要付出高于市场价格的信贷成本，给公司经营和财务状况带来不利结果，这其实也反映出海洋产业因受到信贷约束产生的信贷配给情况。实际上，海洋产业常常面临信贷配给，其抵押品海洋专用特征明显，不容易获得更多的贷款，从而只能增加抵押品数量，增重企业负债压力。

从公司财务杠杆来看，权益乘数（ALR）与净资产收益率（ROE）、销售净利率（ROS）两个被解释变量均显著正相关，说明适度负债有助于调整资本结构和提升公司业绩。从资金使用率和资产利用率的角度来看，不论是在资产利用还是主营业务方面，都有着显著关系，体现了海洋产业信贷资金来之不易，为推动公司绩效提升，在资金使用方面十分慎重；在资产利用方面显著负相关，可能是因其抗风险能力低、专用性强的特征，为了减少不良贷款，银行会降低放贷量。

9.3.4 稳健性检验

9.3.4.1 变量替换法

本书衡量公司绩效采用的是净资产收益率（ROE）和销售净利率（ROS），但根据以往文献，还有其他可作为衡量公司绩效的指标，这里使用资产报酬率（ROA）替换净资产收益率（ROE），以投入资本回报率（ROIC）替换销售净利率（ROS）进行检验。ROA 是反映资产利用效率，计算息税前利润与平均资产总额的百分比。ROIC 是衡量投入资金的使用效果，计算息前税后经营利润与投入资本的百分比，它决定着企业的未来。从回归结果可以看出（见表 9－5），信贷期限（CRE）与资产报酬率（ROA）、投入资本回报率（ROIC）显著正相关；信贷规模（MAT）与 ROA、ROIC 显著正相关；信贷成本（COS）与 ROA、ROIC 显著负相关。在进行替换变量之后，公司绩效与信贷期限、信贷规模仍然显著正相关，与信贷成本依然显著负相关，与前面结论一致，说明结果是稳健的。

表 9-5   信贷配给对 ROA、ROIC 的影响

变量	CFP	
	ROA	ROIC
CRE	0.568 ** (2.20)	2.804 ** (2.23)
MAT	0.380 *** (5.47)	0.780 ** (0.22)
COS	-0.001 ** (-2.06)	-0.106 *** (-4.49)
SIZE	-0.010 (-0.30)	-0.013 (-0.08)
OWN	-0.056 (-0.27)	0.628 (0.61)
EPS	0.493 *** (19.19)	1.649 *** (13.14)
ALR	0.012 ** (2.08)	0.021 (0.75)
CTM	0.468 *** (4.43)	-0.385 (-0.75)
OP	-2.664 *** (-8.36)	-0.659 (0.42)
Year	Yes	Yes
Industry	Yes	Yes
N	648	648
R^2	0.5371	0.3356
F	35.97	15.66

注：**、*** 分别表示在 5%、1% 的水平上显著，括号中为 t 值。

9.3.4.2 Tobit 回归法

为进一步检验模型的稳健性，使用 Tobit 回归法进行检验，结果如表 9-6 所示，信贷配给衡量指标与公司绩效的相关性总体上并没有改变，表明海洋产业信贷配给与公司绩效密切相关，也说明前述研究结果是稳健的。

表 9 – 6   信贷配给与公司绩效 **Tobit** 回归结果

变量	CFP	
	ROE	ROS
CRE	– 0. 028 (– 1. 50)	0. 767 *** (3. 14)
MAT	0. 374 *** (8. 40)	0. 160 *** (2. 75)
COS	– 0. 001 ** (– 2. 30)	– 0. 40 *** (– 8. 28)
SIZE	– 0. 007 (– 4. 62)	0. 001 (0. 04)
OWN	0. 009 (2. 01)	0. 014 (0. 25)
EPS	0. 110 *** (29. 39)	0. 321 *** (11. 20)
ALR	0. 001 (0. 48)	0. 015 ** (2. 27)
CTM	0. 050 *** (4. 00)	3. 393 *** (27. 52)
OP	– 0. 174 *** (– 5. 67)	– 7. 121 *** (19. 69)
Year	Yes	Yes
Industry	Yes	Yes
Wald chi2（20）	1180. 19	556. 56
Prob > chi2	0. 000	0. 000
F	35. 97	15. 66

注：** 、*** 分别表示在 5% 、1% 的水平上显著，括号中为 t 值。

9.4　研究小结

本章以银行信贷这种主要的融资方式为研究对象，以信贷配给相关理论为基础，选取 2012～2020 年 72 家海洋产业上市公司为样本，从信贷期限、信贷规模和信贷成本三个方面，分析海洋产业信贷配给的程度，并运用面板数据模型对信贷配给与公司绩效的关系进行实证检验。结果发现，海洋产业存在一定程度的信贷配给，海洋产业上市公司信贷配给与公司绩效有着密切联系，其中，公司绩效与信贷期限、信贷规模呈显著正相关，与信贷成本呈显著负相关，信贷配给对公司绩效造成显著的负面影响。

信贷问题是影响海洋产业上市公司绩效的主要原因之一，主要体现在以下四个方面：第一，有关海洋产业方面的资金不足。虽然海洋强国战略提出以后，各个沿海城市纷纷响应，出台相关政策扶持海洋产业，但海洋产业风险高、回收周期长，与其他产业相比需要持续性大规模资金投入，而现有的信贷资金规模无法满足海洋产业发展的需求；第二，海洋产业公司容易受自然环境影响，经营过程中所面临的阻碍较多，不容易受到信贷银行的青睐，不利于公司绩效的提升；第三，海洋金融信贷方面不发达，缺乏海洋特征和创新性，很难满足海洋产业"高融资风险"的发展需求；第四，中国资本市场尚待完善，银行信贷成为海洋产业公司获得资金的主要渠道，但因其自身特征，常与银行存在信息不对称，导致海洋产业在银行信贷过程中存在信贷配给，制约海洋经济发展。

在海洋产业公司信贷活动中，信贷期限延长、信贷资金规模增加和信贷支付成本减少，能够缓解还款压力，提供资金支持，减轻还款负担，给公司绩效带来积极影响。因此，随着金融供给侧改革和海洋强国战略的提出，应大力推动海洋金融业发展，提高有效贷款，增加市场上海洋信贷的比率，提升信贷资源配置效率，增强信贷服务海洋经济的能力。对于海洋产业企业而言，构建合理的信贷融资结构，会降低公司信贷成本和融资风险，并且如何有效、最优地运用信贷资金也成为影响公司发展的关键。

第 10 章

海洋产业政府补贴
及其经济后果研究

政府为促进经济发展，发挥其在资源配置中的作用，往往通过直接或间接的形式向市场主体提供无偿的政府补贴。海洋产业作为实现海洋强国战略的基石，各级政府理应采取措施对相关企业特别是龙头企业进行必要的补贴。作为海洋产业企业的一种融资方式，政府补贴的类型、资金来源、补贴效果及改进措施等问题皆值得深入研究。统计数据表明，针对海洋产业的政府补贴多数集中在渔业，而针对渔业的政府补贴则多集中于水产品加工业。立足水产品加工业政府补贴，见微知著，力求勾勒出海洋产业政府补贴的发展情况。

10.1　政府补贴类型

中国对水产品加工业的补贴形式主要有财政转移、税收优惠、贷款贴息和管理费用减免四大类。

10.1.1　财政转移

第一类是直接的财政转移。这一类补贴的主要对象多为国内水产龙头企业或国有大型企业，具体措施有对相关企业项目予以拨款支持、对其品牌进行奖励等。资金的主要用途为改造与水产品加工业相关的基础设施和生产技术，除此之外，还有部分专门用于支持渔民转产转业的财政划拨。

10.1.2　税收优惠

第二类是税收优惠。优惠税目主要包括燃油税、关税和增值税，以及水产品加工出口企业的出口退税等，其目的是降低水产品加工成本。根据《中华人民共和国企业所得税法》第二十七条相关规定，对于从事农、林、牧、渔业业务的企业收入，其企业所得税可以获得减征或免征政策优惠。在此基础上，企业所得税法实施条例进一步规定，对从事农产品初加工、农、林、牧、渔服务业项目和远洋捕捞的企业免征企业所得税。另外，《财政部、国家税务总局关于发布享受企业所得税优惠政策的农产品初加工范围（试行）的通知》《财政部、国家税务总局关于享受企业所得税优惠的农产品初加工有关范围的补充通知》《国家税务总局关于实施农、林、牧、渔业项目企业所得税优惠问题的公告》在征收农、林、牧、渔业项目企业所得税方面再次拓宽了优惠的范围，根据企业所得税法实施条例的规定，部分企业通过"公司＋农户"形式开展农、林、牧、渔业项目的，同样可以享受减免企业所得税的优惠政策。

10.1.3　贷款贴息

第三类是贷款贴息。补贴对象大多是龙头企业和知名品牌，多用于扶持水产企业的科研项目。2001 年仅浙江省对宁波市的水产龙头企业贷款贴息便高达 1000 万元（肖勇，2005）。沿海省份如广东、山东、辽宁和福建等地陆续发布支持海洋经济发展的资金管理办法，有采取贷款贴息的方式支持基础设施建设、传统海洋产业转型升级、海洋战略性新兴产业发展、海洋生态环境保护等。

10.1.4　管理费用减免

第四类是管理费用减免。根据中国《渔业资源增殖保护费征收使用办法》的规定，凡在中华人民共和国的内水、滩涂、领海以及中华人民共和国管辖的其他海域采捕天然生长和人工增殖水生动植物的单位和个人，必须依照本办法缴纳渔业资源增殖保护费。自2001年起，上海市海洋资源增殖保护费在原有基础上减免60%。《渔业资源增殖保护费征收使用办法》（2011年修正本）规定，从事外海捕捞、有利于渔业资源保护或者国家鼓励开发作业的，其渔业资源费征收标准应当低于平均征收标准，可以在一定时期内免征渔业资源费。

10.2　政府补贴范围

将中国水产品加工业补贴范围分为对象范围和领域范围。对象范围涵盖与水产品加工业相关的所有部门，包括为水产品加工企业提供资源的养殖户、捕捞者，以及进行市场营销的水产品加工企业等。领域范围主要涉及：生产销售领域，鼓励水产品加工企业购买先进生产设备，更新加工技术与工艺，不断提高劳动生产率与销售技能；生态控制领域，采取一系列措施保护生态环境、养护渔业；风险保障领域，建立完善的保险制度，帮助养殖户、从业者暂时度过难关，保证水产品加工业原料供应；公共服务领域，对水产品加工业的数量、年产量、销售量等进行调查统计，加快促进研发新产品，推广新技术。

10.3　资金来源

在中国，政府对产品加工企业的补贴政策主体主要分为中央和地方两级，以及部分以政府为背景的公共服务机构。

10.3.1　中央来源

中央一级，形成了以农业农村部（渔业局）为主，包括财政部、科技部、国家发改委、交通运输部（海事局）、生态环境部、自然资源部（海洋局）等在内的多部门、多领域、多层次共同协作的补贴体系。针对水产加工企业的资金补贴，中央一级的投入主要包括：（1）中央财政专项资金，主要用于水产品加工业的各项基础设施建设；（2）非经营性基本建设资金，主要用于科研、教育等非经营性建设项目；（3）中央级专项事业费用，主要用于水产品加工的上游产业如渔业资源的保护与调查、航标的维修与养护等方面；（4）中央拨给地方的专项资金，多用于水产种苗、病害防治等方面；（5）农业综合开发专项资金，有无偿和有偿两种形式，虽然通常情况下数量较少，但有逐年增加的趋势（尤其是有偿资金）；（6）渔民转产转业的专项资金，是为退出捕捞的渔船、鼓励渔民转产转业、改善生态环境的项目而补贴的资金。

10.3.2　地方来源

地方一级，同样形成了以农业（海洋、渔业）主管部门为主，财政、环保、科技、地方发改委等多部门协同开展工作的补贴体系。地方各级对水产品加工业的补贴政策主要包括以下三个方面。

（1）出台相关政策规定。如广西防城港在 2010 年出台了《关于加快水产品加工业发展意见》；2011 年舟山出台政策规定将水产品加工机械中的冻结机、清洗机、去（剥）皮机、蒸煮机等水产品加工机械与渔业捕捞机械列入补贴目录，缓解企业资金压力；新冠疫情过后，为鼓励水产品加工企业开足马力复工复产，海南省农业农村厅与财政厅于 2020 年 3 月 3 日联合出台了《2020 年海南水产品采购收储应急补贴方案》，统筹部门预算内资金4000 万元，对采购海南省罗非鱼和对虾 100 吨以上的加工企业进行补贴，每吨补贴标准为 1000 元。

（2）支持地方龙头企业发展。2012 年福建省政府出台《支持和促进海洋经济发展九条措施》，促进发展海洋特色品牌，对省级以上的知名品牌、著名商标给予 30 万 ~ 100 万元的现金奖励，对能上市成功的企业，政府给予 100 万元的奖励；2013 年福建省政府再次出台《促进海洋渔业持续健康发展十二条措施》，明确提出要发展壮大海洋龙头企业。2020 年 8 月，厦门市海洋发展局出台了《促进海洋经济高质量发展的若干措施》《海洋与渔业发展专项资金管理办法》等一系列政策举措，着力推动海洋新兴产业落地，提出支持海洋龙头企业建设，构建现代化的海洋产业新体系，截至 2020 年，厦门共有省级海洋产业龙头企业 4 家、市级龙头企业 22 家，在 A 股上市海洋企业 9 家①。

（3）推动水产品加工业实现转型升级。中国是水产品生产大国，产量占全球总产量的 30% 左右。水产品加工业虽起步较晚，但发展迅速。据《中国渔业统计年鉴》记录，中国水产品加工生产量已跃居世界前列。虽然生产总量领先，但不容忽视的是，中国水产品加工业目前仍处于比较初级的阶段，仍存在亟待解决的问题：一是原料综合利用率低；二是精深加工技术有较大的提升空间。

2017 年 2 月，农业部印发《全国渔业发展第十三个五年规划》，将推进水产加工业转型升级纳入重点任务，进而推进一二三产业融合发展。在中央的号召下，各省相继出台政策。2017 年 3 月，山东省正式印发了《山东省"十三五"海洋经济发展规划》，该规划遵循新发展理念，坚持创新引领、统筹协调、人海和谐、开放合作、共建共享，以供给侧结构性改革为主线，着力优化海洋产业结构，提高海洋科技创新能力，扩大开放合作水平，努力打造具有国际竞争力的海洋经济强省。2017 年 8 月，江苏省正式印发出台《江苏省"十三五"海洋经济发展规划》，明确提出加大海洋产业支持力度，壮大发展海洋产业。

10.4　政府补贴效果

虽然在市场经济条件下，政府对水产品加工业的补贴并不是企业发展的关键推动力，但在不违背 WTO《SCM 协议》规定的前提下，通过一系列税费减免、政策优惠，稳步提升水产品加工业的加工能力、产品种类多样性和对外贸易能力，显著加强其国际竞争力，推动水产品加工业高质量发展。

10.4.1　水产品加工能力稳步提升

中国对水产品加工业的补贴政策，促使水产品加工企业数量不断增加。如表 10 - 1 所示，2019 年，中国共有水产品加工企业 9323 家，与 2001 年相

---

① 资料来源：厦门市海洋发展局官网（xm. gov. cn）。

比，共计增加 1675 家，增幅为 21.90%。2001～2019 年，中国水产品加工能力增长 172%，加工总量增长了 2 倍多，水产品加工总产值增幅大于加工总量增幅，水产品加工业产品附加值显著提升。

表 10－1　　　　　　2001～2019 年中国水产品加工业发展状况

年份	水产品加工企业数（家）	水产品加工能力（吨）	水产品加工总量（吨）	水产品加工总产值（万元）	水产品加工增加值（万元）	水产品出口总值（亿美元）
2001	7648	10610217	6908623	5493045	2171390	41.8
2002	8140	12246833	7044560	7611080	2472313	46.9
2003	8287	13063364	9120925	9154425	2670360	54.9
2004	8745	14266332	10319943	11075957	3295794	69.7
2005	9128	16961589	11954842	13211910	4008918	78.9
2006	9548	17994226	13324807	15431767	4752243	93.6
2007	9769	21240383	13378498	18011271	6178765	97.4
2008	9971	21974753	13677581	19713704	6363130	106.7
2009	9635	22091650	14773334	20265994	6641285	107.9
2010	9726	23884991	16332475	23586028	8635369	138.3
2011	9611	24293673	17827840	26880549	9525542	177.9
2012	9706	26380416	19073913	31476752	10997962	189.8
2013	9774	27453094	19540173	34356043	12512314	202.6
2014	9663	28472396	20531593	37127021	13481822	217.0
2015	9892	28103260	20923127	38805768	14025860	203.3
2016	9694	28491124	21654407	40902319	2096550	207.4
2017	9674	29262317	21962522	43050766	2148477	211.5
2018	9336	28921556	21568505	43367909	317142	224.4
2019	9323	28882019	21714136	44646079	1278170	206.6

资料来源：2001～2019 年《中国渔业统计年鉴》。

10.4.2　加工种类与产量快速增长

近 20 年来，水产品加工业由于受到国家资金、政策等方面的大力支持，

建立并完善了鱼、虾、贝、藻、中上层鱼类等加工体系，冷冻品、罐制品、
鱼油制品以及其他加工品产量也不断增多（见表 10-2），同时大规模开发
了品种繁多的小包装产品（如鱿鱼丝、紫菜、烤鳗等），水产品加工业的加
工种类与产量迅速增长，深加工比例不断提高，产业结构得到优化，经济
效益向好。

表 10-2　　　2007~2019 年中国水产品加工种类和产量增长状况

年份	水产品冷冻能力 （万吨）	罐制品 （万吨）	鱼油制品 （万吨）	饲料 （万吨）	其他加工产品 （万吨）
2007	806.6	18.3	3.6	188.1	62.4
2008	850.9	22.0	9.2	148.0	144.2
2009	941.1	22.0	2.4	136.4	61.2
2010	1005.0	24.3	3.8	149.2	113.5
2011	1103.7	26.5	4.8	182.1	108.8
2012	1174.9	35.5	6.1	195.2	120.7
2013	1229.9	37.4	7.7	99.5	189.6
2014	1317.0	39.9	10.1	75.9	194.1
2015	1376.4	41.3	7.3	71.1	188.6
2016	1404.9	45.1	6.9	70.6	208.4
2017	1487.3	41.2	6.8	63.9	160.9
2018	1515.0	35.6	7.3	65.0	115.4
2019	1532.3	35.4	4.9	69.9	110.4

资料来源：2007~2019 年《中国渔业统计年鉴》。

10.4.3　贸易总量不断攀升

如图 10-1 所示，2014~2019 年，中国水产品进出口贸易总量由
844.43 万吨上升至 1053.32 万吨，进出口贸易总额由 308.84 亿美元上升至
393.59 亿美元，水产品贸易总量不断攀升，截至 2019 年，水产品进出口贸
易顺差达 19.57 亿美元。

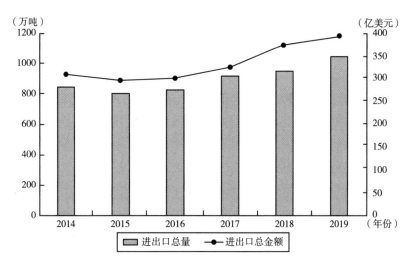

图 10 - 1　2014 ~ 2019 年中国水产品进出口贸易总体情况

资料来源：2014 ~ 2019 年《中国渔业统计年鉴》。

10.4.4　出口贸易发展迅速

　　以出口为导向的水产品加工业已逐步成为中国水产品出口贸易稳步增长的主要动力。水产品出口增长率总体呈上升态势（见图 10 - 2），2019 年中国水产品出口总量达到 426.79 万吨，出口额为 206.58 亿美元，约占中国农产品出口总额的 26.04%，位居大宗农产品出口首位。中国水产品销往世

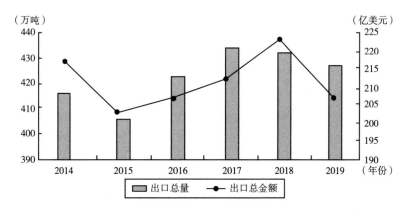

图 10 - 2　2014 ~ 2019 年中国水产品出口情况

资料来源：2014 ~ 2019 年《中国渔业统计年鉴》。

界各地，主要出口市场有日本、韩国、美国和欧盟，销往上述四个国家和地区的数额约占中国水产品出口市场总额的 80%。

10.5　政府补贴存在的问题与改进措施

10.5.1　存在的问题

（1）补贴总量不足。中国对如何加快水产品加工业发展的重视仍然不够。虽然有关海洋产业的优惠政策相继推出，但这些政策多集中于养殖业与捕捞业，在水产品加工业上投入甚少。水产品加工及流通在贷款、税收等方面无法享受与其他行业的同等待遇，水产品加工业资金缺口较大。全球每年对渔业的补贴总额曾达到 200 亿美元，相当于世界总体捕捞值的 25%（牛哲莉，2009），美国 1996～2002 年平均每年投入补贴总量达到 10.6 亿美元，日本平均每年投入的补贴额曾达到 26.6 亿美元（赵晓宏和马兆庆，2006）。据 WTO 统计，当前每年全球发放约 350 亿美元的渔业补贴，其中 2/3 给了商业渔民，在水产品加工业上的投入较少，世贸组织成员中主要的渔业补贴成员分别是中国、欧盟、美国、韩国和日本，其补贴合计约占全球渔业补贴总额的 58%。中国的渔业水产品加工业正处于产业转型的关键时期，有效的补贴政策尤为重要。

（2）补贴对象单一。在选择水产品加工业的补贴对象上，多集中于龙头企业或国有大型企业，对于中小型企业的补贴较少。其目的是通过龙头企业和国有大型企业的壮大，有效带动当地水产品加工业发展，进而促进地区经济增长。对龙头企业或国有大型企业进行支持与补贴，固然能增加资本流入，在一定程度上起到促进当地经济发展的作用，但值得注意的是，对龙头企业和国有大型企业的长期支持与保护，易使其形成对政府补贴的依赖性，这不仅不利于企业发展积极主动性的提高，还将降低企业抵御风险的能力。当某些"深化补贴"的保护对象是生产效率较低、市场竞争力较弱、已经亏损或即将亏损的企业时，甚至会反过来对当地经济发展造成阻碍（邵敏和包群，2011）。补贴支持市场竞争力较弱的企业，实质上是对市场优胜劣汰竞争机制的一种破坏，易降低市场活力，导致经济发展受阻。政府对中小企业缺乏重视，将加剧中小企业融资渠道狭窄、融资困难等问题，使其陷入用工成本上升、难以维持经营的局面，长此以往，将严重影响水产品加工业整体实力的提高。

（3）补贴种类易引发反补贴诉讼。纵观政府补贴种类，可以发现可诉性补贴比例过高，不可申诉补贴比例较低，可诉性补贴力度掌握不当、处理不妥便会引发国际贸易诉讼，对海洋产业、水产品加工业可持续发展造成负面影响，虽然多年来中国一再试图进行调整优化，但结果仍不理想。从过去发生的国际反补贴案件中不难看出，补贴的认定越发容易，原因是反补贴调查不仅针对出口补贴，还在逐渐向生产领域蔓延，即在企业生产过程中，只要政府实施提高企业产品生产能力、出口能力的补贴，无论是否直接涉及产品出口，都划归为可诉性补贴的范畴。中国水产品加工出口企业享受的优惠政策，既包括出口补贴，也包括生产补贴，往往在不知不觉中已脚踏"雷池"。另外，过度的补贴政策往往也会导致水产品在国际市场上的售价偏低，加剧反倾销与反补贴的国际诉讼风险。随着中国综合国力的提升与经济发展速度的加快，水产品贸易总量和出口额与日俱增，中国正面临更多、更复杂的水产品贸易纠纷和裁定。

（4）补贴主体执行不力。政府补贴政策的落实涉及多环节多部门，中国针对补贴政策的法律法规尚不完善，专门针对水产品加工业补贴的法律法规欠缺，国家对于水产品加工业的补贴政策往往作为中央或地方产业政策的短期配套措施，并非长远性和整体性的规划。补贴资金和政策的不可持续性导致责任追究和相关监督机制缺失，无法对各级政府进行约束，导致补贴政策执行不力，补贴资金被挤占或挪用，进而降低补贴资金的利用效率。尤其是当反补贴诉讼发生时，政府因职责不明或协调不力，难以给予企业相应的帮助与支持，导致企业消极应对，错失诉讼良机。

10.5.2　改进措施

（1）注重渔业补贴，稳定水产品加工业生产原料的来源。由表 10 - 3可知，2016 ~ 2019 年，中央财政对渔业的支持力度呈下降趋势，但下降幅度逐年递减，证明政府逐渐意识到渔业补贴的重要性。在避免过度捕捞、发展远洋渔业、促进渔业可持续发展、调整渔业产业结构、转变渔业经济增长方式等方面，渔业补贴都起到了重要作用。

表 10 - 3　　　　　　　　2016～2019 年中国渔业补贴情况

年份	惠农补贴 （元/人）	其中：渔业补贴 （元/人）	渔业补贴比上年增长 （%）
2016	2498.95	2432.80	—
2017	1797.67	1721.75	-29.2
2018	1486.29	1413.61	-17.9
2019	1464.84	1368.67	-3.2

资料来源：2016～2019 年《中国渔业统计年鉴》。

（2）制定专项补贴政策，引导水产品加工企业转型升级。国家经贸委在 2002 年国债技改项目和"双高一优"的技改项目计划中，首次添加了农产品加工专项，批准立项的农产品加工国债技改项目共 98 个，项目总投资 141.2 亿元，国债贴息为 11.8 亿元，其中共有 4 家水产品加工企业，分别为中水远洋渔业有限公司、浙江欧诗曼集团公司、湖北鄂州武昌鱼集团有限公司和山东日照水产（集团）总公司。① 同年，《关于促进农产品加工业发展的意见》《全国主要农产品加工业发展规划》《农产品加工业发展行动计划》等文件的出台，为进一步加强农产品加工业指明工作方向、提供政策支持。其中，《全国主要农产品加工业发展规划》指出，应把产品精深加工与综合利用作为水产品加工业的发展重点，注重建立涉及苗种、养殖、加工等环节的一体化出口基地，引导水产品加工龙头企业的转型，升级生产技术和加工工艺，不断优化调整产业结构。2020 年 2 月 18 日，在新冠疫情暴发的大背景下，农业农村部着手推动符合条件的水产品加工和冷链物流企业享受国家专项再贷款和政策，农业农村部渔业渔政管理局副局长江开勇在国新办举行的发布会上表示，针对水产品压塘问题，一是将推动水产品的加工和冷链物流企业尽快复工复产，推动符合条件的水产品加工和冷链物流企业享受国家专项再贷款、补贴和贴息政策，帮助企业解决用工问题和防护物资需求；二是推动畅通运输和销售的渠道，落实好将鲜活水产品纳入生活必需品的应急运输保障范围政策，充分发挥产业协会、流通企业、电商平台等作用，推进水产品主产区和大中城市批发市场的联系，推动物流和销售终端建立起稳定的销售对接关系。

---

① 资料来源：原国家经贸委办公厅文件《国家经贸委关于印发第三批国家重点技术改造"双高一优"项目导向计划的通知》。

（3）加强质量监控体系建设，提高产品国际竞争力。为提高水产品质量，应尽力推动打破国际贸易壁垒。2003 年根据《出口水产品优势养殖区域发展规划》，农业部渔业局投入 2000 万元国债资金用于帮助和支持水产品加工企业购置原料监控、产品检验等仪器设备。经各级省组织申报，共有 62 家企业提出申请，按照申报条件经严格筛选，最后选定 40 家作为补贴对象。根据企业申报的仪器设备清单组织招标采购，向每家企业投资 50 万元，该项目推动了建立健全水产品质量监控体系和检测体系的进程。除此之外，2010 年中国拨付渔业补贴预算内专项资金 27561 万元，主要用于资源保护、渔政管理和海难救助。2018 年，大连市海洋与渔业局与某企业紧密合作，建立全程可追溯、互联共享的信息平台，加强标准体系建设，健全风险监测评估和检验检测体系的要求，以互联网、物联网、防伪码、大数据、云计算等技术为依托，建立了《大连市水产品物联网监控平台》《大连市水产品质量安全追溯管理系统》《大连市水产品生产单位数据管理系统》为核心的大连市水产品质量安全追溯体系。

第 11 章

典型海洋产业企业融资分析

产业发展的主体是企业，海洋产业的发展也是如此。商场如战场，企业要在"没有硝烟的战争"中生存和发展，必须有充足的资金保障，或者说资金是企业的"血液"。本章以创业板上市公司××水产开发股份有限公司（以下简称"××水产"）作为海洋产业企业的典型①，梳理公司股票发行、股权交易融资、债务融资和政府补贴等融资活动实践及其对公司发展的重要影响，总结其经验和启示，以期为海洋产业企业融资提供参考。

11.1 公司基本情况

××水产成立于 2001 年，是一家以"为人类提供健康海洋食品"为使命，以水产食品研制为龙头，集对虾、罗非鱼、小龙虾、深水网箱"育苗—养殖—水产饲料—水产科研—食品加工生产—贸易"为一体的全产业链大型水产公司。公司推行对虾工厂化养殖、海水鱼深水网箱养殖、小龙虾虾稻共作生态养殖等标准化、可复制、可持续的养殖模式，注重"从养殖水产品到餐桌"的质量安全管控体系建设，引入自动化智能化加工技术，加强综合水产品类精深加工，力图实现水产品从厨房食材到预制菜品

---

① 本案例是根据该公司公布的报告资料，经过统计、整理和分析而成。

168

工业化量产的转变，开拓餐饮、流通、商超、电商等市场，将工厂打造为餐饮企业和家庭的"中央厨房"，是农业产业化国家重点龙头企业，是全球两家之一、亚洲唯一一家输美对虾反倾销零关税企业。2010 年 7 月 8 日，该公司在深圳证券交易所挂牌上市，成为中国对虾产业中首家成功上市的企业。

××水产以水产种苗、饲料、养殖以及产品的初加工、精深加工和销售为主营业务，其销售模式包括直营和经销模式，水产饲料、种苗主要销售给在××水产备案在册的养殖户，而初加工与深加工产品则主要供给国内外的分销商，最终销售到消费者手中。公司的业务包括水产食品、饲料和其他（包括种苗）等三大板块，2021 年营业收入 44.74 亿元，其中，水产食品销售收入所占比例超过 90%，国内国外两大市场的销售额相近，毛利率为 15.30%（见表 11 – 1）。

表 11 – 1　　　　　　　　××水产 2021 年业务构成分析

项目		营业收入（万元）	收入比例（%）	营业成本（万元）	成本比例（%）	毛利率（%）
行业	水产食品	405836.62	90.71	339238.15	89.52	16.41
	饲料	31104.25	6.95	28620.44	7.55	7.99
	其他	10476.12	2.34	11083.43	2.92	– 5.80
地区	国内	223381.52	49.93	181846.26	47.99	18.59
	国外	224035.48	50.07	197095.75	52.01	12.02
合计		447417.00	100.00	378942.01	100.00	15.30

资料来源：2021 年××水产年度报告。

11.2　公司融资组织

××水产制定了《××水产开发股份有限公司筹资管理办法》，对岗位分工、发行股票筹资、债务性筹资和筹资的监督等方面进行了规定。在岗位分工上，发行股票、债券等筹资业务由公司证券部、财务部分别在各自的职责范围内办理；日常银行融资、信托等筹资业务由公司财务部负责办理。在发行股票（包括公开发行和非公开发行）筹资上，由证券部起草方案，经董事会、股东大会审议通过并取得有关政府部门的批准文件后，证券部负责开展筹资活动。在发行债券上，由证券部和财务部共同提出方案，经董事会、股东大会审议通过并取得有关政府部门的批准文件后，证券部组织公司相关部门配合中介机构按照相关法律法规要求开展债券发行工作。在银行借款上，公司根据生产经营情况，在年度预算借款计划之外，需要临时增加借款的，借款金额在公司最近一期经审计净资产的 5% 以内的由公司总经理批准，并在年度财务决算中进行报告；借款金额占公司最近一期经审计净资产的 5%～10% 的由公司董事长批准，并在年度财务决算报告中进行报告；借款金额占公司最近一期经审计净资产的 10%～30% 的，应提交董事会审议通过后执行；借款金额超过董事会审批权限的应提交股东大会审议通过后执行。

融资情况主要体现为企业的融资渠道，主要包括内源融资和外源融资两种，××水产也不例外。××水产是国家重点龙头企业，在中国对虾出口美国的市场总额中占据较大份额，位居国内对虾出口的首位，自有资金较为充足，内源资金是其重要的资金来源。外源融资主要有股票融资、银行贷款、发行债券、商业信用和政府补助等。2010 年 7 月 8 日，××水产在深圳证券交易所挂牌上市，此次首次公开募股（IPO）实际募集资金净额 10.83 亿元，为公司的进一步发展奠定阶段性基础。××水产还通过银行借贷来盘活资金，2016 年其银行贷款达 10.67 亿元，2017 年第三季度更是达到 12.40 亿元，是公司第一大资金来源渠道。在商业信用方面，××水产的融资力度也很大，2011 年后基本维持在 1 亿～2 亿元，2014 年达到 2.4 亿元，成为继银行贷款后的第二大融资方式，有力地保障了其贸易活动的正常开展。政府部门对××水产给予较大力度的财政补贴，以便加强、提升中国水产行业在国际市场上的竞争力。这些都是××水产融资历程上重要的节点，为公司发展壮大提供了坚实的物质基础。

11.3　股票发行和股权交易融资

11.3.1　IPO

2010 年 4 月 30 日，××水产深圳创业板 IPO 申请获证监会审核通过。该公司于 2010 年 6 月 25 日举行 IPO 网上路演，并于 2010 年 6 月 28 日进行网上申购。采用网下法人配售与网上定价发行相结合的发行方式，面向符合资格的询价对象和在深圳证券交易所开户的境内自然人、法人等投资发行。发行股数 8000.00 万股，其中，网上实际发行数量 6400.00 万股，网下实际配售数量 1600.00 万股。多家企业参与了主要认购。发行价格为 14.38 元/股，实际募集资金总额 115040.00 万元，扣减承销费、保荐费等发行费用后，实际募集资金净额 10.83 亿元，超额认购 12300.00 倍，每股发行费 0.84 元，发行后摊薄市盈率 57.52 倍，每股净资产 4.84 元。本次发行募集资金拟投向水产品加工扩建、国内市场营销网络建设、水产品加工副产品的综合利用建设和科研中心建设四个项目，其余将用于其他与主营业务相关的营运资金项目。

11.3.2　增发

跟踪公司的上市融资情况，发现直到 2019 年才有增发股票。股票增发是需要企业达到一定条件才可以，证监会对上市公司增发股票的一般条件有明确规定。第一，组织机构健全，运行良好。最近 36 个月内未受到过中国证监会的行政处罚，最近 12 个月内未受到过证券交易所的公开谴责；上市公司与控股股东或实际控制人的人员、资产、财务分开，机构、业务独立，能够自主经营管理；最近 12 个月内不存在违规对外提供担保的行为。第二，盈利能力应具有可持续性。上市公司最近三个会计年度连续盈利。最近 24 个月内曾公开发行证券的，不存在发行当年营业利润比上年下降 50% 以上的情形。第三，财务状况良好。最近 3 年及一期财务报表未被注册会计师出具保留意见、否定意见或无法表示意见的审计报告；最近 3 年资产减值准备计提充分合理，不存在操纵经营业绩的情形；最近 3 年以现金或股票方式累计分配的利润不少于最近 3 年实现的年均可分配利润的 30%。第四，财务会计文件无虚假记载。第五，募集资金的数额和使用符合规定。第六，上市公司不存在下列行为：本次发行申请文件有虚假记载、误导性陈述或重大遗漏；擅自改变前次公开发行证券募集资金的用途而未作纠正；上市公司最近 12 个月内受到过证券交易所的公开谴责；上市公司及其控股股东或实际控制人最近 12 个月内存在未履行向投资者作出的公开承诺的行为；上市公司或其现任董事、高级管理人员因涉嫌犯罪被司法机关立案侦查或涉嫌违法违规被中国证监会立案调查；严重损害投资者的合法权益和社会公共利益的其他情形。

增发除符合前述一般条件之外，还应当符合下列具体要求：第一，最近 3 个会计年度加权平均净资产收益率平均不低于 6%。扣除非经常性损益后的净利润与扣除前的净利润相比，以低者作为加权平均净资产收益率的计算依据。第二，除金融类企业外，最近一期期末不存在持有金额较大的交易性金融资产和可供出售的金融资产、借予他人款项、委托理财等财务性投资的情形。第三，发行价格应不低于公告招股意向书前 20 个交易日公司股票均价或前一个交易日的均价。

从公司 2010～2021 年的加权平均净资产收益率（见表 11-2）中发现，2014 年以前其任意 3 个会计年度加权平均净资产收益率平均低于 6%，这是××水产没有增发资格的原因之一。××水产自 2010 年 7 月初登陆创业板后，与创业板股应有的高成长特征相悖，业绩持续下滑。上市第 8 天即预告 2010 年中期净利润同比下降 15%～35%。2011 年年报及 2012 年一季报显示业绩颓势延续，2011 年净利润为 1172 万元，同比下降 85.12%，每股收益为 0.033 元；2012 年第一季度净利润亏损 2953 万元，同比下降 778.97%，其下降幅度为当时创业板公司之最。××水产 2012 年利润总额为 -2.24 亿元，资产减值准备大幅计提了 8946.2 万元，近 4 成亏损为大幅计提资产减值准备造成，这是公司最大规模的资产减值准备，其中计提最多的存货跌价准备，从 2011 年的 196.6 万元增加至 8190.5 万元。公司的解释是之前签订的未履行订单，当时毛利率还不错，但后期因原材料价格大幅上涨，导致可变现净值低于存货成本。而同样蹊跷的是，新投产的某水产公司和新收购的 SSC 公司也被计提资产减值准备 597.6 万元。需要注意的是，SSC 公司 2012 年当年被收购就计提减值准备。国美水产是××水产上市后最大的募投项目，投资总额超过 1.8 亿元，按常规当年不能计提减值准备。这些都与增发条件"最近 3 年资产减值准备计提充分合理"不符。

表 11-2　　　　　　　　××水产加权平均净资产收益率　　　　　　单位:%

项目	2010 年	2011 年	2012 年	2013 年	2014 年	2015 年	2016 年	2017 年	2018 年	2019 年	2020 年	2021 年
比率	8.20	0.71	-14.96	3.81	13.59	1.32	5.30	7.66	11.23	-18.94	-12.49	-0.69

资料来源：根据××水产年度报告汇总整理。

中国证监会广东监管局于 2011 年 8 月 19 日发出整改通知，××水产违反《公司法》《证券法》《深圳证券交易所创业板股票上市规则》相关法

规，违规行为包括内部控制、公司治理、财务核算、信息披露、现金分红
等方面。2015 年 12 月 21 日，深圳证券交易所颁布《关于对××水产开发
股份有限公司及相关当事人给予通报批评的决定》，查明××水产及相关当
事人存在以下违规行为：2015 年 1 月 16 日，××水产披露 2014 年年度业绩
预告，预计 2014 年度归属于上市公司股东的净利润约 15000 万～20000 万
元。2 月 27 日，××水产披露 2014 年度业绩快报，预计净利润为 14600.98
万元。4 月 15 日，××水产发布 2014 年度业绩快报修正公告，将净利润修
正为 22618.14 万元。4 月 30 日，××水产披露 2014 年年报，确认净利润为
22501.02 万元。××水产披露的 2014 年度业绩快报的财务数据与 2014 年年
报披露的财务数据相比，净利润相差 7900.04 万元，且业绩快报修正公告的
披露时间严重滞后。

　　××水产上述行为违反了《创业板股票上市规则（2014 年修订）》第
2.1 条、第 11.3.4 条、第 11.3.8 条的相关规定。董事长、董事兼总经理、
董事兼副总经理（时任财务总监）未能恪尽职守和履行诚信勤勉义务，违
反了《创业板股票上市规则（2014 年修订）》第 2.2 条和第 3.1.5 条的相关
规定，对××水产的违规行为负有重要责任。鉴于上述违规事实和情节，
依据《创业板股票上市规则（2014 年修订）》第 16.2 条和第 16.3 条的相关
规定，经证券交易所纪律处分委员会审议通过，对××水产给予通报批评
的处分；对公司董事长、董事兼总经理、董事兼副总经理（时任财务总监）
给予通报批评的处分。上诉违规限制了××水产的增发申请，无法满足增
发条件，直到 2018 年才有了增发资格。

　　为建设健康海洋食品智造及质量安全管控中心项目、对虾工厂化养殖
示范基地建设项目并补充流动资金，2017 年 9 月××水产发布《××水产
开发股份有限公司 2017 年度非公开发行股票预案》，拟通过非公开发行股
票筹集资金 131697.95 万元并进行了可行性分析，其中，海洋食品智造及质
量安全管控中心项目 2018 年 8 月 20 日经中国证监会发行审核委员会审核通
过。2018 年 9 月 27 日，中国证监会出具《关于核准××水产开发股份有限
公司非公开发行股票的批复》，核准××水产非公开发行不超过 13000 万股
新股。本次非公开发行新增股份 125773195 股普通股（A 股），于 2019 年 2
月 22 日在深圳证券交易所上市，上市之日起 12 个月内不转让。发行人和主
承销商根据本次发行的申购情况，通过簿记建档方式，按价格优先、金额
优先、时间优先等原则，最终确定发行价格为 4.85 元/股。发行价格相当于

发行底价的100%，是发行期首日前20个交易日均价的90%。发行对象为4名投资者。本次非公开发行股票募集资金总额为6.10亿元，发行费用共计801.28万元，扣除发行费用的募集资金净额为6.02亿元，总股本由783083120股变更为908856315股。新增注册资本人民币1.26亿元，余额计人民币4.76亿元转入资本公积。

公司董事会2021年9月8日发布《××水产开发股份有限公司向特定对象发行A股股票预案》，尚待深圳证券交易所核准。计划向特定对象（不超过35名）发行不超过275867644股新股，拟筹资10亿元，用于广东某水产食品有限公司中央厨房项目（2亿元）、××（益阳）食品有限公司水产品深加工扩建项目（5亿元）、补充流动资金（3亿元）。

11.3.3　出让股权

2013年12月27日，××水产发布《拟转让所持有的湛江国发投资发展有限公司30%股权项目资产评估报告》。湛江国发投资发展有限公司（"国发投资"）前身为湛江国发房地产有限公司，是由××水产出资组建的有限责任公司，首期注册资本为100万元。账面资产为14152.37万元，评估价值为44021.61万元，增值额为29869.24万元，增值率为211.05%；××水产于2013年12月27日发布公告，公司以13163.583万元的价格转让国发投资30%的股权给湛江市华信房地产开发有限公司。2014年1月5日前湛江市华信房地产开发有限公司以现金形式向公司支付股权转让款5000万元，2014年2月28日前向公司支付股权转让款5000万元，余款在公司投入国发投资的土地交付国发投资使用前付清。

2017年12月22日，××水产拟以21936.6万元的价格转让国发投资30%的股权给深圳市中港伟业投资有限公司，目的在于增加公司自有运营资金，提升资源利用效率，优化公司资产结构，聚焦主业，更好地推进公司主营业务的发展，促进公司整体发展战略的实现，实现公司利益最大化。本次交易完成为公司带来净收益7400万元，对公司2018年度经营成果产生重要的积极影响。

11.3.4　质押股权

股权质押又称股权质权，是指出质人以其所拥有的股权作为质押标

的物而设立的质押。按照目前世界上大多数国家有关担保的法律制度的
规定，质押以其标的物为标准，可分为动产质押和权利质押。股权质押
就属于权利质押的一种。因设立股权质押而使债权人取得对质押股权的
担保物权，为股权质押。通俗地说，股权质押就是把"股票持有人"持
有的股票（股权）当作抵押品，向银行申请贷款或为第三者的贷款提供
担保。

自××水产上市后，出现多次股权质押事件，例如，第一，2010 年 12
月 25 日，国通水产将其持有的××水产限售流通股 2000 万股质押给东莞信
托有限公司，质押期限自 2010 年 12 月 29 日起至国通水产办理解除质押登
记手续之日止。国通水产共持有××水产 144825600 股股份，占××水产总
股本的 45.26%，其中已质押股份 2000 万股，占国通水产持有××水产股
份总数的 13.81%，占××水产总股本的 6.25%。

第二，2011 年 8 月 17 日，国通水产将其持有的××水产限售流通股
8800 万股质押给陕西省国际信托股份有限公司，并已于 2011 年 8 月 15 日通
过中国证券登记结算有限责任公司深圳分公司办理了股权质押登记手续，
质押期限自 2011 年 8 月 15 日起至国通水产办理解除质押登记手续之日止。
至当日，国通水产共持有××水产 159308160 股股份，占总股本的
45.26%，其中已质押股份 14300 万股，占国通水产持有××水产股份总数
的 89.76%，占××水产总股本的 40.63%。

第三，2011 年 12 月 13 日，国通水产和冠联国际分别将其持有的××
水产限售流通股 1600 万股和 3200 万股质押给东莞信托有限公司，并已于
2011 年 12 月 12 日通过中国证券登记结算有限责任公司深圳分公司办理了
股权质押登记手续，质押期限自 2011 年 12 月 12 日起至办理解除质押登记
手续之日止。国通水产共持有××水产 159308160 股股份，占××水产总股
本的 45.26%，其中已质押股份 15900 万股，占国通水产持有××水产股份
总数的 99.81%，占××水产总股本的 45.17%。冠联国际共持有××水产
66960960 股股份，占××水产总股本的 19.02%，其中已质押股份 3200 万
股，占冠联国际持有××水产股份总数的 47.79%，占××水产总股本
的 9.09%。

第四，××水产于 2012 年 1 月 3 日接到控股股东国通水产的通知，其
于 2011 年 12 月 12 日质押给东莞信托有限公司的 1600 万股限售流通股已于
2011 年 12 月 30 日解除质押，国通水产将持有公司的 1000 万股限售流通股

继续质押给东莞信托有限公司，本次质押期限自 2011 年 12 月 30 日起至办理解除质押登记手续之日止。国通水产共持有××水产 159308160 股股份，占××水产总股本的 45.26%，其中已质押股份 15300 万股，占国通水产持有××水产股份总数的 96.04%，占××水产总股本的 43.47%。

第五，国通水产质押给东莞信托有限公司的 2200 万股限售流通股于 2012 年 4 月 10 日解除质押，并于 2012 年 4 月 12 日继续质押 2200 万股限售流通股给东莞信托有限公司；冠联国际质押给东莞信托有限公司的 3200 万股限售流通股于 2012 年 4 月 12 日解除质押，质押期限自 2012 年 4 月 12 日起至办理解除质押登记手续之日止。国通水产共持有××水产 159308160 股股份，占××水产总股本的 45.26%，其中已质押股份 15850 万股，占国通水产持有××水产股份总数的 99.49%，占××水产总股本的 45.03%。冠联国际共持有××水产 669.61 万股股份，占××水产总股本的 19.02%，无质押股份。

第六，2012 年 12 月 25 日，冠联国际将其持有××水产的 6000 万限售流通股质押给东莞信托有限公司，质押期限自 2012 年 12 月 24 日起至冠联国际办理解除质押登记手续之日止。冠联国际共持有××水产 669.61 万股股份，占××水产总股本的 19.02%，其中已质押股份 6000 万股，占冠联国际持有××水产股份总数的 89.60%，占××水产总股本的 17.05%。

第七，2013 年 1 月 18 日，国通水产质押给东莞信托有限公司的合计 3250 万股限售流通股于 2013 年 1 月 17 日解除质押，并于 2013 年 1 月 17 日继续质押 3250 万股限售流通股给东莞信托有限公司；冠联国际质押给东莞信托有限公司的 3250 万股限售流通股于 2013 年 1 月 18 日解除质押，质押期限自 2013 年 1 月 17 日起至办理解除质押登记手续之日止。至当日，国通水产共持有××水产 159308160 股股份，占××水产总股本的 45.26%，其中已质押股份 15850 万股，占国通水产持有××水产股份总数的 99.49%，占××水产总股本的 45.03%。冠联国际共持有××水产 66960960 股股份，占××水产总股本 19.02%，其中已质押股份 2750 万股，占冠联国际持有××水产股份总数的 41.07%，占××水产总股本的 7.81%。

新余国通投资管理有限公司于 2018 年 2 月 14 日将其持有的 1800.00 万股股份质押给中银国际证券股份有限公司。冠联国际投资有限公司于 2018 年 6 月 1 日将其持有的 600 万股股份质押给广东省融资再担保有限公司。

11.4　债务融资

11.4.1　企业借款

　　尽管××水产通过 2010 年的 IPO 和 2019 年的定向增发筹集到共计 16.85 亿元的股权资金，但相对于其资产规模（2021 年末为 51.19 亿元）和收入规模（2021 年为 44.74 亿元）而言，总量不大，难以满足资金需求特别是短期资金周转和结算的大量有效需求，通过向银行等金融机构和企业获得借款是重要的融资渠道。从表 11-3 可以看出，××水产历年借款总体呈上涨趋势，公司上市后 12 年每年末借款累计额 111.86 亿元，其中短期借款 97.10 亿元，长期借款 14.76 亿元。显然，企业借款的资金量远大于股权资金量，是××水产最大的资金来源。

表 11-3　　　　　　　　　××水产历年借款情况　　　　　　　　　单位：亿元

项目	2010 年	2011 年	2012 年	2013 年	2014 年	2015 年	2016 年	2017 年	2018 年	2019 年	2020 年	2021 年	合计
短期	2.20	2.59	3.67	6.02	5.86	5.39	7.06	9.72	12.88	11.71	14.98	15.02	97.10
长期	1.25	1.25	1.25	0.69	0.30	0.30	1.81	1.98	1.98	2.21	1.50	0.24	14.76
合计	3.45	3.84	4.92	6.71	6.16	5.69	8.87	11.70	14.86	13.92	16.48	15.26	111.86

资料来源：××水产年度报告。

　　××水产的借款主要来自公司所在地的国有银行，特别是中国银行。2009~2014 年××水产以部分土地使用权、机器设备及南美白虾加工项目作抵押取得中国银行湛江分行 3.25 亿元银行授信额度。从 2010 年、2011 年的短期借款明细来看，中国银行是××水产最大的信贷支持者。××水产 2010 年末的 2.2 亿元短期借款中，有 1.19 亿元来自中国银行湛江开发区支行，0.34 亿元来自中国银行湛江分行，中国银行提供的资金共占 69.54%，只有 0.29 亿元来自中国工商银行湛江开发区支行，0.38 亿元来自中国建设银行湛江市分行。2011 年末的 2.59 亿元短期借款中，有 1.14 亿元来自中国银行湛江分行，占 44.02%，来自中国工商银行湛江开发区支行的只有 0.37 亿元，来自中国建设银行湛江市分行的只有 0.68 亿元。当然，也有少量向其他企业的借款，例如，公司董事会 2020 年 5 月 14 日发布

《关于向控股股东借款暨关联交易的公告》，向公司控股股东新余国通投资管理有限公司申请借款额度不超过 1 亿元，有效期至 2020 年 12 月 31 日，有效期内借款额度可以循环使用，借款年化利息率为 5%，按照借款实际使用天数计息。

11.4.2 公司债券

公司债券也是直接融资的重要渠道，××水产曾经发行了一期公司债券筹集公司生产经营之所需。××水产于 2016 年 12 月 13 日和 12 月 28 日召开第三届董事会第十二次会议与 2016 年第一次临时股东大会，审议通过面向合格投资者公开发行不超过人民币 6 亿元的公司债券，获得中国证券监督管理委员会核准后，2017 年 8 月 3 日公司实施完成了第一期债券公开发行。债券名称：××水产开发股份有限公司 2017 年面向合格投资者公开发行公司债券（第一期）；发行总额：2.4 亿元人民币；债券期限：三年期；票面利率：6.20%。截至 2017 年 8 月 3 日，实际募集资金总额为 2.4 亿元，扣除承销费 216 万元后，实际到位资金有 2.3784 亿元。2017 年公司年报显示，本期债券所募集资金 2.3784 亿元已用于补充公司营运流动资金，尚余 1 万余元。

本次债券发行制定了严格的增信机制、偿债计划与保障措施。由实力雄厚、经验丰富的深圳市中小企业信用融资担保集团有限公司提供无条件不可撤销的连带责任保证担保。深圳担保集团与发行人三大股东及发行人签订保证反担保合同，发行人股东以其拥有合法处分权的财产为发行人向深圳担保集团提供保证反担保，三大股东作为独立的保证人提供无限连带责任。偿债计划规定本期债券的起息日为公司债券的投资者缴款日，即 2017 年 8 月 3 日。本期债券的利息自起息日起每年支付一次，最后一期利息随本金的兑付一起支付，付息日期为 2018~2020 年每年的 8 月 3 日。偿债资金主要来源于公司日常经营所产生的现金流，公司较好的主营业务盈利能力将为本期债券本息的偿付提供有力保障，并制定了流动资产变现、银行大额未用授信额度、设立专户并严格进行信息披露等保障措施来保障债券的安全与偿还。2020 年 7 月 28 日，公司董事会发布公司第一期债券 2020 年兑付兑息及摘牌公告，随后随着本息的付清而顺利摘牌。

11.4.3　贸易融资

××水产作为进口商,从银行获取了不少与进出口贸易结算相关的短期资金。公司年报显示,2016 年短期借款从年初的 5.39 亿元增长到年末的 7.06 亿元,增量主要来自用于补充营运资金的 1.6 亿元贸易融资款。2017 年公司筹资活动现金流入从年初的 11.13 亿元大幅增长到年末的 19 亿元,增长了 71%,增量主要来自公司债券发行募集的 2.4 亿元与限制性股票 600 万股的股金,其余的也大多来自贸易融资。贸易融资已成为公司获得资金补充的重要手段,主要方式分为三种:(1)贸易发票融资,即出口商业发票融资(简称发票融资),指出口商在汇款(TT)结算方式下向进口商赊销货物或服务时,出口商按照合同规定出运货物或提供服务后,将出口商业发票及相关单据提交给借款银行,由借款银行提供一定比例的融资;(2)贸易押汇融资,押汇又称买单结汇,是指议付行在审单无误的情况下,按信用证条款买入受益人(外贸公司)的汇票和单据,从票面金额中扣除从议付日到估计收到票款之日的利息,将余款按议付日外汇牌价折成人民币,拨给外贸公司;(3)订单融资,是指企业凭信用良好的买方产品订单,在技术成熟、生产能力有保障并能提供有效担保的条件下,由银行提供专项贷款,供企业购买材料组织生产,企业在收到货款后立即偿还贷款的业务,在物流金融实践中,它往往被视为预付款融资。基于企业业务订单的融资模式是近年来针对企业融资难现象而出现的新型金融业务创新品种。

11.4.4　商业信用

商业信用是××水产融资的重要手段之一。商业信用是一种自然融资方式,是在工商企业之间互相信任的基础上企业之间相互提供的、与商品交易相联系的信用形式。它包括企业之间的赊销、分期付款等形式提供的信用,以及在商品交易的基础上以预付现金或者延期付款等形式提供的信用。它可以直接用商品提供,也可以用货币提供,但是信贷主体必须发生真实的商品或服务交易,是现代信用制度的基础。在实际应用中,商业信用的主要形式有企业应付账款、应付票据、预收货款等。××水产上市后 2010~2021 年每年年末商业信用累计额为 41.45 亿元,其中应付票据 1.07 亿元，应付账款 37.62 亿元，预收货款 2.76 亿元（见表 11 - 4）。从表 11 - 4 中可以看出，××水产历年商业信用金额总体呈上涨趋势，2012 年达到 4.77 亿元，成为银行贷款之后的第二大融资方式。从 2018～2021 年的数据来看，近几年商业信用融资金额虽然有所浮动，但总体上维持在高水平位置，从侧面反映出××水产近年来资金流动较活跃。

表 11 - 4　　　　　　　××水产历年商业信用情况　　　　　　单位：万元

项目	2010年	2011年	2012年	2013年	2014年	2015年	2016年	2017年	2018年	2019年	2020年	2021年	合计
应付票据	0.04	0.00	0.00	0.01	0.15	0.31	0.08	0.06	0.42	0.00	0.00	0.00	1.07
应付账款	1.06	0.76	4.31	1.68	2.19	1.23	2.03	2.22	5.44	5.62	4.67	6.41	37.62
预收货款	0.10	0.13	0.46	0.20	0.30	0.22	0.29	0.29	0.23	0.54	0.00	0.00	2.76
合　计	1.20	0.89	4.77	1.89	2.64	1.76	2.40	2.57	6.09	6.16	4.67	6.41	41.45

资料来源：××水产年度报告。

11.5　政府补助

11.5.1　支持政策

　　××水产的主要融资方式为银行贷款、商业信用和股权融资，但作为农业产业化国家重点龙头企业，××水产通过财政直接补贴、税收优惠、财政贴息收入等方式获得国家、省和市各级政府的重点扶持。自公司成立以来，××水产享受的优惠政策主要有以下三类。

11.5.1.1　直接补助

　　政府补助是公司从政府无偿取得货币性资产和非货币性资产，不包括政府以投资者身份并享有相应所有者权益而投入的资本。自成立以来，××水产获得了各级政府各种各样的直接补助，包括海洋战备实施、产业园建设、精准扶贫、乡村振兴等政策资金支持，这些补助对于公司的发展起到了重要的引导和支持作用。横向看，政府补助按补助方式分为与资产相关的政府补助和与收益相关的政府补助；按补助时间分为事前下拨和事后奖补；按补贴对象有专门针对海洋产业的补助，如深水网箱养殖、渔民转产转业、水产良种体系建设等补助，也有普惠式的，如出口促进、企业技术改造、重点领域研发计划、制造强国、流通体系建设等补助。纵观之，给予××水产补贴的政府直接主体主要是农业农村部、国家海洋局、科技部，广东省原海洋与渔业厅、商务厅、农业农村厅、科技厅、工信厅等，以及湛江市原海洋与渔业局、农业农村局、工信局和科技局等，接受的补贴项目大多是作为龙头企业的贴息补贴、深水网箱养殖、水产良种体系建设、科技开发、救灾减灾、渔民转产转业、促进农产品贸易项目资金等。政府通过支持农业综合开发项目、工厂建设项目、农业产业化项目、"三高"农业基地建设项目、重点技术改造项目、贷款贴息补贴、支持渔民转产转业等项目，大力支持××水产这样的企业发展。

11.5.1.2　税收优惠

税收是引导和支持产业发展的政策工具，××水产也享受了许多税收优惠。2011 年起××水产被评定为国家级高新技术企业，享受税率为 15%的企业所得税优惠政策。根据《享受企业所得税优惠政策的农产品初加工范围（试行）》中的相关规定，企业销售初级制品（如水产动物整体或去头、去皮、去壳、去内脏、去骨（刺）或切块、切片，经冰鲜、冷冻等保鲜防腐处理以及包装等简单加工）的收入，可免征企业所得税。自 2008 年 1 月 1 日起，××水产就开始享受该项优惠政策。2005 年 12 月 16 日，××水产种苗科技有限公司成立，主要经营水产种苗的引进、繁育、养殖、销售以及繁育水产种苗所需的饲料（海蛎、鱿鱼等）、燃料（木柴）的收购业务，其业务与企业所得税法中"企业从事海水养殖业务减半征收企业所得税"优惠政策中的规定相符合，享受该项优惠政策。根据《关于饲料产品免征增值税问题的通知》的规定，××饲料有限公司所产饲料产品属于该通知中所规定的免税农产品范围，并享受免征增值税的优惠。《中华人民共和国增值税暂行条例》规定，农业生产者销售自产农产品免征增值税，××水产种苗科技有限公司所生产并对外销售的种苗符合这两份文件中的规定，享受免征增值税的优惠。××水产的出口额较大，一直享受出口退税政策，获得大量出口退税资金。

11.5.1.3　服务平台

除此之外，××水产受到广东省与湛江市的平台建设支持政策，尤其是湛江市坚持扶优扶强，提出全力打造全国一流水产品精深加工基地的战略规划，着力建设中国水产预制菜美食之都，加快推进湛江市水产产业高质量发展，为××水产的发展壮大提供了良好的政策环境和发展机遇。湛江市政府非常注重水产品加工业的各类公共服务平台的建设，通过一系列的政策指导和帮助，建立和完善了产品研发、检验检测等各种公共服务平台，主要措施有：帮助整合成立水产业协会，制订水产业自律标准，构建信息交流平台，加强交流与沟通，组织企业参加展会，并与大型连锁超市对接，防止企业间恶性竞争，促进水产业健康有序发展；为提高行业的创新能力，推动品牌建设，湛江市政府主动引导产学研相结合，加强湛江各高校与企业的合作关系，鼓励新产品的研发；在水产品装备工业方面继续加快建设步伐，帮助其做大做强以更好地服务水产品行业。另外，湛江市积极提供各种融资渠道和信息，为促进湛江水产品加工业的快速发展，在《国务院关于促进海洋渔业持续健康发展的若干意见》的指引下，湛江市原海洋与渔业局和中国邮政储蓄银行股份有限公司湛江分行开展合作，共同签订了金融服务合作框架协议，推出了渔船质押、抵押贷款等全新的金融产品服务，帮助解决了造船的资金困难问题，实现了建新船、造大船的目的，切实保证××水产资源的供应。

11.5.2　补贴情况

11.5.2.1　总体统计

先看××水产获得政府补贴的总体情况，据不完全统计①，2003～2021年19年间，××水产共获得政府补贴20868.66万元，年均1098.35万元，并总体上呈现逐年增长趋势（见表11-5），这也体现出国家对农业龙头企业的支持力度和国家产业政策导向。尽管政府补贴金额占公司资金总需要的比例不大，也远小于股权融资、企业借款和商业信用等融资方式，但到目前为止接近公司债券的融资量，也是公司必要的资金来源。将其分为上市之前（2003～2010年）和上市之后（2011～2021年）两个阶段来看，上市之前有8年的统计数据，共获得政府补贴6071.90万元，年均758.99万元；上市之后11年，共获得政府补贴14796.76万元，年均1345.16万元。上市之后获得的政府补贴大幅增加，年平均数增长了77.23%。

---

①　××水产成立于2001年，除成立之初的两年外，统计数据涵盖了公司所有年份。其中，2003～2011年政府补贴数据由××水产提供，2012～2021年数据来源于公司年度报告。

表 11 – 5　　　　　　　　××水产历年政府补贴情况　　　　　单位：万元

项目	2003 年	2004 年	2005 年	2006 年	2007 年	2008 年	2009 年	2010 年	2011 年	2012 年
金额	200.00	145.00	2229.00	1666.00	319.50	420.00	305.00	787.40	1130.86	857.81
项目	2013 年	2014 年	2015 年	2016 年	2017 年	2018 年	2019 年	2020 年	2021 年	合计
金额	1593.57	1709.51	1441.72	1152.64	542.18	1193.48	810.34	2723.65	1641.00	20868.66

资料来源：2012~2021 年数据来源于××水产年度报告，2003~2011 年数据由××水产提供。

从支持项目上看，××水产获得的政府支持主体主要是农业农村部、国家海洋局、科技部，广东省原海洋与渔业厅、科技厅、农业农村厅、商务厅等，以及湛江市原海洋与渔业局、农业农村局、工信局和科技局等，其接受的补贴项目大多是作为龙头企业的科技计划项目、促进农产品贸易、贷款贴息、渔民转产转业等。当然，这些补贴是符合 WTO《SCM 协议》补贴规则的。

纵观各年数据发展趋势，2005 年、2006 年、2020 年共 3 年的政府补贴显得相对突出，分别为 2229 万元、1666 万元和 2723.65 万元。2005 年和 2006 年正是在公司"输美对虾反倾销案"中胜诉之后的出口"黄金时期"，公司借助输美冻虾"零关税"和输美 5 种水产品自动扣检解禁的东风而迅速发展，亟需大量的资金支持。各级政府通过农业综合开发、工厂建设、农业产业化、"三高"农业基地建设、重点技术改造、贷款贴息补贴、渔民转产转业等项目，分别共支持公司 2229 万元和 1666 万元。而在 2020 年的 2723.65 万元的补贴中，主要是当年设在湖南省益阳市的子公司××（益阳）食品有限公司和湖南××饲料有限公司获得了 2175.65 万元的特别政府支持，占当年的 79.88%，包含益阳冷链物流系统高效制冷绿色改造工程项目 1385.00 万元、益阳农商互联完善农产品供应链项目 500.00 万元和虾稻共作养殖稻田标准化改造 290.65 万元。

虽然获得了大量的政府补贴，但仍不能缓解××水产自 2010 年上市之后经营不善、业绩亏损、股价跳水等问题。公司如何发展壮大，如何提高国际国内竞争力，依然需要依靠公司改善自身的经营管理和加强风险管控。

11.5.2.2　年度具体情况

××水产从 2014 年开始披露政府补贴具体项目，以下是 2014~2021 年每年政府补贴的主要项目和金额情况。各年的政府补贴主要是进出口促进、产业体系建设、科技开发、救灾减灾、贷款贴息、节能减排、制造强国和其他项目，当然，不同年份的具体构成有所不同，这与内外部环境变化和国家战略任务的实施有关。

2014 年政府补贴 21 项共 1709.51 万元，主要有 5 类①：（1）出口促进，这类项目最多，包括收购国际著名品牌及促进外经贸转型升级专项资金 400.00 万元、"走出去"以奖代补项目专项资金 300.00 万元、开拓国际市场专项资金 0.60 万元、"走出去"贷款贴息专项资金 88.83 万元、促进投保出口信用保险专项资金 28.74 万元、外贸转型升级示范基地培育专项资金 24.90 万元、出口信用保险专项资金 20.11 万元、加工贸易转型升级专项资金 13.60 万元、推动加工贸易转型升级专项资金 3.00 万元、境内外展览项目 2.00 万元和广东省外贸公共服务平台建设资金 74.77 万元；（2）产业体系建设，包括现代农业产业体系（虾体系）50.00 万元、水产良种体系（凡纳滨对虾良种选育）80.00 万元、水产良种体系（罗非鱼良种选育）17.31 万元、南美白对虾养殖基础建设 100.00 万元、罗非鱼出口原料示范基地建设 129.96 万元、对虾繁育与健康示范园建设 34.09 万元；（3）贷款贴息，即省级重点龙头企业贷款贴息 33.00 万元；（4）技术研发，即省级企业技术中心专项资金 100.00 万元；（5）其他项目，如增拨解决企业发展资金（土地转让扶持资金）260.00 万元等。

2015 年政府补贴 23 项共 1441.72 万元，同样有 5 类：（1）出口促进，包括省级扶持企业收购国际著名品牌及促进外经贸转型升级项目 300.00 万元、外贸进出口增长和应对贸易壁垒有贡献的相关单位的奖励金 12.00 万元、"走出去"贷款贴息专项资金 101.63 万元、"走出去"以奖代补专项资金 161.00 万元、促进投保出口信用保险专项资金（第二期）4.83 万元、出口企业开拓国际市场专项资金（企业参展项目）5.50 万元、促进投保出口信用保险专项资金（第三期）12.17 万元、外贸转型升级示范基地公共服务平台建设项目 84.00 万元；（2）产业体系建设，包括现代农业产业技术体系建设专项资金（虾体系）50.00 万元、水产良种体系（罗非鱼良种选育）20.00 万元，省级产业结构调整专项资金 10.00 万元，××对虾繁育与健康示范园建设项目 31.79 万元；（3）贷款贴息，即省级重点龙头企业贷款贴息 20.00 万元；（4）技术研发，即省级企业技术中心专项资金 57.13 万元；（5）其他项目，如水产品生产质量视频监控系统 185.47 万元、省级现代农

---

① 根据××水产年报披露的政府补贴项目性质分类，挑选金额在 10 万元以上的重要项目或者同类型较多的项目列示。

业经营主体培育建设专项资金 180.00 万元、对外经济技术合作专项资金 116.00 万元、节能专项资金 72.90 万元等。

2016 年政府补贴 33 项共计 1152.64 万元，有 6 类，增加了救灾减灾类：（1）进出口促进，包括促进进口专项资金消费品进口贴息项目 31.10 万元、"走出去"专项资金（贷款贴息和直接资助）10.99 万元、湛江市外贸转型升级示范基地培育专项资金 40.85 万元、外经贸发展专项资金具体项目（促进产业转型升级事项）—区域品牌培育 187.00 万元、促进投保出口信用保险专项资金（第一期）20.05 万元、广东省外经贸稳增长调结构专项资金 70.00 万元、外贸进口奖励专项资金 0.93 万元、内外经贸发展与口岸建设专项资金促进投保出口信用保险事项 7.69 万元、新增外贸专项资金 3.75 万元、扶持外贸大户专项资金 5.00 万元；（2）产业体系建设，包括吴川良种场购买罗非鱼亲本和种苗复产 5.00 万元、日本囊对虾良种选育 80.00 万元、坡头区财政局机器人补贴 7.00 万元；（3）救灾减灾，主要是补助因 2015 年第 22 号超强台风"彩虹"带来的毁损，包括修复南三基地受损深水网箱设施 100.00 万元、工业企业救灾复产贷款贴息资金 59.51 万元、坡头区财政局台风应急资金补助 200.00 万元；（4）科技开发，包括引进高层次产业人才资助资金 120.00 万元、湛江市财政科技专项竞争性分配项目资金 20.00 万元、坡头区财政局高薪企业补贴 64.91 万元；（5）贷款贴息，坡头区财政局贷款贴息补贴 90.86 万元；（6）其他项目，如节能专项资金 71.41 万元等。

2017 年政府补贴 16 项共计 542.18 万元，有 6 类：（1）进出口促进，包括内外经贸发展与口岸建设专项资金 19.27 万元、经贸发展专项资金 141.00 万元；（2）产业体系建设，只有现代农业产业技术体系建设专项资金（虾体系）50.00 万元；（3）救灾减灾，农业生产救灾资金 60.00 万元；（4）科技开发，国家科技创新基地（体系）能力建设专项体系 50.00 万元、坡头区财政局科技竞争性项目资金 19.20 万元、高新技术企业培育库入库奖金 30.00 万元、坡头区财政局高新技术企业补贴 25.00 万元；（5）贷款贴息，广东重点农业龙头企业贷款贴息专项资金项目 60.00 万元；（6）其他项目，如农业发展和农村工作专项资金 60.00 万元、政府质量奖奖励 10.00 万元等。

2018 年政府补贴 36 项共计 1193.48 万元，可分 5 类：（1）进出口促进，包括内外经贸发展与口岸建设专项资金 18.32 万元、内外贸发展专项资金 55.00 万元、湛江开发区财政局外经贸发展专项资金 187.00 万元、湛江开发区财政局外贸稳增长扶持资金 59.61 万元、湛江扶持外贸发展与口岸建设信用保险 11.32 万元、吴川市促进外贸进出口发展奖励 30.00 万元、湛江促进经济发展专项资金 19.07 万元、坡头区外贸扶持资金 33.00 万元；（2）产业体系建设，现代农业产业技术体系建设专项资金（虾蟹体系）50.00 万元；（3）科技开发，引进高层次产业人才专项资金 60.00 万元，对虾全产业链大数据分析与管理云服务平台构建及大规模应用 300.00 万元，省级企业技术中心专项资金 15.35 万元，湛江市新认定高新技术企业、省级创新型企业补助 20.00 万元，湛江开发区财政局开发区高新技术企业认定和培育补助资金 10.00 万元、高新企业补贴 10.00 万元，湛江市科技创新券 20.00 万元，湛江扶持企业发展和技改专项资金 63.00 万元，广东省科技发展专项资金 34.16 万元；（4）节能减排，节能专项资金 56.83 万元、治污保洁和节能减排专项资金 24.00 万元，这类项目的实施与中国"双碳"目标的实现密切相关；（5）其他项目，湛江开发区财政局农业发展和农村工作专项资金 60.00 万元，这与精准扶贫工作密切相关。

2019 年政府补贴 28 项共计 810.34 万元，可分 4 类：（1）进出口促进，包括促进经济发展专项资金（促进投保出口信用保险）项目资金 78.04 万元、市级外贸转型升级示范基地建设专项资金 16.00 万元、外贸进出口冲刺专项资金 30.00 万元、省级促进经济发展专项资金 140.00 万元、吴川市出口增长奖励资金 11.25 万元、促进经济高质量发展资金 15.26 万元；（2）产业体系建设，现代农业产业技术体系建设专项资金（虾蟹体系）30.00 万元；（3）科技开发，包括广东省科技创新战略专项资金 20.00 万元、湛江市第二批市级企业技术中心研发奖励资金 30.00 万元、吴川市新认定高新技术企业补助资金 20.00 万元、吴川市市级科技发展专项资金 30.00 万元、财政局高新区分局创新资金 60.00 万元、科技创新战略专项资金 50.00 万元、市企业技术中心奖励 30.00 万元、广东省科技发展专项资金 44.00 万元、省创新型企业试点奖励 10.00 万元、创新券补贴 10.00 万元；（4）其他项目，如湛江市扶持企业发展和技改专项资金 72.00 万元、广州市商务局奖励金 16.00 万元、企业上规模补贴 12.00 万元等。

2020 年政府补贴 6 项共计 2723.65 万元，有 2 类项目：（1）湖南益阳资助项目，包括益阳冷链物流系统高效制冷绿色改造工程项目 1385.00 万元、益阳农商互联完善农产品供应链项目 500.00 万元、虾稻共作养殖稻田标准化改造 290.65 万元；（2）产业体系建设，包括阳江高新区水产品加工市级现代农业园资金 268.00 万元、深海网箱养殖现代农业产业园资金 250.00 万元、小龙虾健康养殖与深加工关键技术研究与示范项目 30.00 万元。

2021 年政府补贴 8 项计 1641.00 万元，有 3 类项目：（1）产业体系建设，包括深海网箱养殖混合饲料新型生产线建设 350.00 万元、湛江市深海网箱养殖专项 850.00 万元、深海网箱养殖优势产区产业园项目 150 万元、国家现代化农业产业园财政奖补资金 40 万元；（2）科技开发，包括新一代水产养殖精准测控技术与智能装备研发 11 万元、省重点领域研发计划项目 120 万元、吴川市海洋生物产业人才发展项目资金 20 万元；（3）制造强国，专项 100 万元。

可见，政府补贴不仅年年都有，而且项目越来越多，金额越来越大，这些补贴实质上是国家实施海洋强国、制造强国、精准扶贫、乡村振兴、科教兴国等战略的具体措施，是国家产业政策的具体导向，具有很强的战略性、基础性、公益性和政策性特点。可以预计，未来随着国家相关战略的进一步深入实施，这样的补贴也会增多。当然，这些补贴往往实行的是项目式管理，管理会越来越规范，依法依规、讲求绩效。

11.6　经验和启示

11.6.1　拓展筹资渠道，深耕资本市场

××水产成立时间有 20 余年，发展到今天的规模是很不容易的，其中融资是重要的物质基础。公司主营业务水产品加工相关的原材料采购、进出口贸易产生的往来款项较大，加上近年来产业结构持续升级对智能化、网络化、产品深加工的投入不断增加，对营运资金尤其是流动资金的需求十分急迫。公司广开银行信贷资金、非银行金融机构资金、其他企业资金、国家财政资金、企业内部资金等融资渠道，深耕资本市场，充分利用 IPO、增发、借款、债券、贸易融资、商业信用、政府补贴等融资方式，多管齐下，多措并举，及时筹集公司所需要的资金。资金充足、持续的供应为公司的发展提供了坚实的保障，有利于快速抓住包括海洋产业互联网、远洋

渔业、水产养殖、种苗繁育、海洋生物科技、海洋生物医药、滨海旅游、海洋装备制造等海洋产业相关领域发展的有利时机，优化公司的产业布局；有利于构建国外水产品消费市场终端网络，优化产业链价值管理并以自主品牌迅速进入美国消费市场终端，提高公司在全球水产行业的竞争优势和地位；同时也有利于公司及时获知国际市场供求信息并及时反馈，拓展采购渠道，丰富国内水产品消费品种，拓宽公司发展空间。

11.6.2　间接融资为主，直接融资为辅

经过 30 多年的发展，特别是经过 2005 年股权分置改革后阻碍资本市场发展的制度性痼疾得到根除，随着创业板、科创板和新三板市场的推陈出新，IPO 提速和债券发行的"井喷"，中国证券市场已经取得了长足的进步，为有所作为的企业提供了直接融资的有效渠道。该公司正是利用这个难得的历史机遇，在证券市场上实际筹集到 19.63 亿元资金，其中 IPO、增发和债券分别为 10.83 亿元、6.02 亿元和 2.78 亿元。当然，证券市场上开展融资的门槛和成本是比较高的。一方面，需要遵循资本市场的规则，这方面该公司有过被通报批评从而导致迟迟不能增发的教训；另一方面，中国当前的国情是市场和企业巨大的资金需求与作为稀缺资源的资金供给特别是作为直接融资主渠道的证券市场的资金供给之间存在矛盾，在较长的期限内，以银行信贷资金为主的间接融资仍然是包括××水产这样的上市公司在内的企业的主要融资方式，以间接融资为主、直接融资为辅的融资格局短期内在绝大多数企业是不会得到根本改变的，企业更为便捷的资金供应渠道还是银行信贷资金。该公司上市后 2010～2021 年每年年末借款累计金额为 111.86 亿元，间接融资的资金量远大于直接融资的资金量。

11.6.3　寻求财政补贴，助力企业发展

2003～2021 年××水产获政府补贴 20868.66 万元，年均 1098.35 万元。虽然，政府补贴的资金量相对其他融资方式而言不太大，但它不仅具有持续供给、无风险和成本较低的优点，而且在关键时期还可以发挥重要作用，助力企业发展。例如，2005 年、2006 年共计 3895 万元的政府补贴大力促进了公司输美冻虾等水产品的出口，公司得以迅速发展。2020 年湖南益阳方

面的政府资助金额达 2175.65 万元，这对于公司发展预制菜、开拓国内特别是中南地区的广大市场发挥了至关重要的作用。更为重要的是，如前所述，政府补贴毕竟代表政府产业导向，获得政府补贴意味着与政府信息的有效沟通，甚至是产业发展方向与国家和民族命运的同频共振。因此，企业应紧跟形势和政策，积极申报，主动作为，真抓实干，讲求绩效。当然，各级政府应加大支持力度，理顺各部门间的协调处理机制①，为政府补贴真正发挥作用创造条件。

11.6.4　妥善使用资本，提高配置效率

虽然在资本市场上取得了一定的融资成绩，但是自 2010 年上市之后，该公司时而传出经营不善、业绩亏损、股价跳水、股利发放偏少等问题，2012 年、2019 年、2020 年和 2021 年分别亏损 2.07 亿元、4.99 亿元、2.83 亿元和 0.17 亿元，经营绩效很不稳定，这反映出资本配置存在问题。作为一家上市公司，该公司拥有其他非上市公司所没有的面向资本市场直接筹资的优势，获得了难得的资本扩张权。但股东对企业投资是要求回报的，上市公司股票的流通性和股票价格的不断变化，意味着上市公司在面向资本市场直接筹资的同时，也要承担市场竞争的压力和风险。上市公司需要承担的风险是多方面的，既有经营风险，又有财务风险，同时还要考虑股票价格的变化及公司股利政策对公司发展、投资人和债权人的影响。要使企业在多变的资本市场中稳步发展，企业必须充分考虑各方面的风险，运用现代化的财务管理理论和方法进行科学的筹资决策和投资决策，制定切实可行的企业内部财务管理和控制制度，促使企业稳中求进，有效配置资本，提高资金效率。企业如何发展壮大，如何提高国际国内竞争力，依然需要依靠企业自身的经营管理和风险规避。

---

①　当初反贸易壁垒政策的缺失，为其应诉带来了极大的困难。虽然美国发起的进口虾反倾销行动（2004 年）以及暖水虾产品反补贴调查行动（2013 年）的最终裁决结果，使××水产成为输美对虾反倾销、反补贴"零税率"的企业，为整个水产品加工行业、农业以及其他行业应诉"双反"调查提供了宝贵的经验，但××水产的胜诉无疑也付出了巨大的代价。据××水产董事长介绍，在反补贴应诉中，虽然当时中国各部门已给予极大的帮助与支持，但仍明显感到反补贴应诉机制的不健全。与发达国家相比，我国反补贴应诉部门在人力、物力、财力等方面较为欠缺。有必要加强对反补贴应诉机制的构建，加大人力资源方面的投入，理顺各部门间的协调处理机制。

第 12 章

海洋产业企业融资结构
及其经济后果的实证分析

　　海洋产业是海洋强国战略实施的载体，而包含融资结构在内的融资问题是海洋产业发展的核心之一。企业各类资本的价值组成及其比例关系构成了企业的融资结构，不少研究发现企业融资结构与企业绩效有着密切的关系，但相关研究还需要更多的经验数据进行佐证，其中包括海洋产业企业融资结构与企业绩效的关系。研究海洋产业融资结构问题的文献还不多，提供的经验数据更少，有必要对海洋产业融资结构问题进行实证研究。以融资结构理论为基础，本章选取 2007 ~ 2020 年 86 家海洋产业上市公司为样本，分析海洋产业企业融资结构及其对公司绩效的影响。

12.1　研究假设

　　现代海洋产业的高技术特性决定其资金投入巨大，在我国仍以银行信贷资金等间接融资为主的现实金融体系下，海洋产业企业的融资结构应该是偏负债型的，即资产负债率相对其他产业企业较高。至于融资结构对企业的影响，理论和经验文献颇为丰富。在完善的市场中，MM 理论揭示融资结构与企业价值无关。将 MM 理论的基本假设放宽后，得知权衡理论、代理理论、信号传递理论、控制权理论等都阐明融资结构与公司绩效存在着互动关系。例如，优序融资理论表明，当企业拥有良好的经营业绩时，企业大概率会优先利用内部资金来满足资金需求。由此可知，业绩良好的公司会具有较低的资产负债率，该理论提出了财务杠杆与公司业绩是负相关关系的结论。国内外关于融资结构对公司绩效影响的实证文献也比较多，检验结果不一，有融资结构对公司绩效的影响呈现显著负相关、显著正相关和相关性不显著三种观点。其中，显著负相关的结论相对多一些，在我国呈现负相关的可能性更大，对此主要的解释有负债成本刚性、不能获得更多范围经济等。在海洋产业中也是如此，这也为姜旭朝和张晓燕（2006）所证实①。由此提出以下假设 H：海洋产业上市公司融资结构与企业绩效呈显著负相关关系。

12.2　研究设计

12.2.1　样本选择

选取海洋产业上市公司作为研究样本，采用混合截面数据。根据金融界（stock. jrj. com. cn）公布的沪深主板和中小板市场中涉及海洋业务的公司，将其定义为海洋产业上市公司②。考虑到 2006 年会计准则变更的影响，选择了 2007 ~ 2020 年涉海产业上市公司的数据。截至 2020 年 12 月，初步筛选共有 95 家海洋产业上市公司，删除 ST、退市以及数据不全的公司后，选择数据较为完整的 86 家海洋产业类上市公司为最终研究样本，有 969 个观测值。为避免歧异值影响，对所有变量在 1% 水平上予以 Winsorize 处理。数据主要来源于国泰安（CSMAR）数据库和锐思金融（RESSET）数据库，部分来自金融界、东方财富网等网络公布的数据。

12.2.2　变量定义

（1）被解释变量。被解释变量为企业绩效，采用净资产收益率（ROE）

---

①　当时样本量有限，需要结合当前制度背景，收集更多的样本来支撑研究结果的稳定性和可靠性。

②　严格意义上应该称为涉海上市公司。按理，企业海洋产业收入占营业收入总额之比达到一定标准时才能被称为海洋产业企业。从实践中看，不少涉海企业的营业收入难以区分是否属于海洋产业。

作为衡量上市公司财务绩效的指标。

（2）解释变量。Debt 为融资结构，采用资产负债率，即用"负债总额/资产总额"度量。

（3）控制变量。在研究公司融资结构与公司绩效的关系中，一般会选择企业规模（Size）、企业成立年限（Age）、成长性（Growth）、董事会规模（Board）、第一大股东持股比例（Top1）、管理层持股比例（MSH）以及高管薪酬（Salary）等作为控制变量。此外，本章还控制了年度效应和行业效应。

以上变量定义如表 12 - 1 所示。

表 12 - 1　　　　　　　　　　　变量定义

变量类型	变量名称	变量符号	变量定义
被解释变量	企业绩效	ROE	净利润/所有者权益
解释变量	融资结构	Debt	负债总额/资产总额
控制变量	企业规模	Size	资产总额的对数
	成立年限	Age	公司成立年限
	成长性	Growth	（当期的营业收入 - 上期营业收入）/当期营业收入
	董事会规模	Board	董事人数的自然对数
	第一大股东持股比例	Top1	第一大股东持股数量/总股数
	管理层持股比例	MSH	管理层持股数/总股数
	高管薪酬	Salary	薪酬排名前三的高管薪酬之和的自然对数
	行业哑变量	IND	控制行业差异的影响
	年度哑变量	Year	控制年度差异的影响

12.2.3　模型构建

为了验证融资结构对企业绩效的影响，构建如下模型进行检验：

$$ROE_{it} = \beta_0 + \beta_1 \times Debt_{it} + \beta_2 \times Size_{it} + \beta_3 \times Age_{it} + \beta_4 \times Growth_{it}$$
$$+ \beta_5 \times Board_{it} + \beta_6 \times Top1_{it} + \beta_7 \times MSH_{it} + \beta_8 \times Salary_{it}$$
$$+ \beta_9 \times IND_{it} + \beta_{10} \times Year_{it} + \varepsilon_{it} \qquad (12 - 1)$$

其中，β_0 为截距，i 代表某个公司，t 表示年份。分析软件为 Stata15.1。

12.3　融资结构的特征分析

12.3.1　总体情况

2007～2020年我国海洋产业上市公司资产负债率平均为46.31%，稍高于全部上市公司的平均资产负债率（44.40%），但总体上保持较为合理的水平（见表12－2）。从公司绩效来看，海洋产业上市公司的平均净资产收益率为0.04元，低于全部上市公司的平均净资产收益率（0.06元），说明海洋产业上市公司净资产收益率相对较低。这也在一定程度上说明融资结构与公司绩效的负相关关系。

表12－2　2007～2020年海洋产业上市公司和全部上市公司的
资产负债率和净资产收益率

企业	变量	2007年	2008年	2009年	2010年	2011年	2012年	2013年	2014年
海洋	Debt	0.50	0.49	0.48	0.46	0.43	0.44	0.44	0.45
	ROE	0.13	0.08	0.05	0.09	0.06	0.04	0.05	0.04
全部	Debt	0.51	0.50	0.50	0.48	0.44	0.44	0.44	0.44
	ROE	0.09	0.05	0.07	0.10	0.08	0.07	0.06	0.06

企业	变量	2015年	2016年	2017年	2018年	2019年	2020年	平均	
海洋	Debt	0.450	0.46	0.46	0.48	0.48	0.49	0.46	
	ROE	0.02	0.01	0.05	0.03	0.01	0.04	0.04	
全部	Debt	0.44	0.42	0.42	0.43	0.43	0.43	0.44	
	ROE	0.05	0.06	0.07	0.04	0.04	0.04	0.06	

资产负债率超过70%"警戒线"的有27家，占86家海洋产业上市公司的31.40%，平均资产负债率为78.00%。资产负债率低于70%"警戒线"的有59家，占总体上市公司数量的68.60%，平均资产负债率为43.00%。最高的资产负债率为獐子岛2019年的98.01%，几乎达到资不抵债的程度，最低的为大金重工2011年的5.34%。杰瑞股份2010年的资产负债率为6.10%，也是比较低的。

12.3.2　年度特征

海洋产业上市公司资产负债率 2007～2011 年呈现逐年下降的趋势，这种下降趋势应该是由于 2008 年国际金融危机的影响。2011 年探底回升，2012～2020 年又呈现逐年上升趋势，接近于 V 型曲线（见图 12 - 1）。2007年资产负债率为 50.35%，2020 年为 48.64%。总体上波动不太大，说明我国海洋产业上市公司总体上融资结构较为稳定。2020 年新冠疫情并未对海洋产业上市公司产生较大影响。虽然我国海洋产业上市公司资产负债率降低，但是新冠疫情依然对我国捕捞渔业、水产养殖业和海洋旅游业造成较大影响，无疑也影响到海洋产业融资结构。

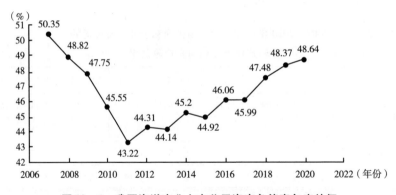

图 12 - 1　我国海洋产业上市公司资产负债率年度特征

12.3.3　行业特征

由表 12 - 3 可知，2007～2020 年度海洋第一、第二、第三产业平均资产负债率分别为 44.50%、46.56% 和 46.51%，第一产业的平均资产负债率较小，而第二、第三产业的资产负债率接近，各产业平均资产负债率均低于 70% 的"警戒线"，处于较为合理的水平。各次产业 2007～2020 年平均资产负债率变化较小，基本上不超过 3% 的变化幅度，说明海洋产业上市公司的各次产业融资结构较为稳定，进一步说明海洋各次产业运行和海洋经济发展的平稳性。

表 12 - 3   我国海洋产业上市公司三次产业的融资结构情况   单位:%

产业	年份	平均资产负债率	产业	年份	平均资产负债率	产业	年份	平均资产负债率
第一产业	2007	31.69	第二产业	2007	55.48	第三产业	2007	50.71
	2008	37.16		2008	55.98		2008	47.20
	2009	34.31		2009	54.08		2009	46.54
	2010	37.23		2010	44.01		2010	49.26
	2011	33.16		2011	40.04		2011	49.74
	2012	34.06		2012	42.78		2012	48.96
	2013	35.16		2013	43.99		2013	46.75
	2014	44.74		2014	44.66		2014	46.04
	2015	48.54		2015	45.04		2015	43.87
	2016	56.18		2016	45.41		2016	44.67
	2017	46.48		2017	47.03		2017	44.52
	2018	52.38		2018	48.33		2018	45.01
	2019	54.76		2019	49.59		2019	44.80
	2020	56.70		2020	47.90		2020	46.83
	平均	44.50		平均	46.56		平均	46.51

12.3.4 地区特征

海洋产业上市公司融资结构的地区特征，可在一定程度上反映该地区海洋经济发展的适宜性及发展程度。由表 12 - 4 可知，大部分地区的平均资产负债率为 41.96% ~ 59.80%，处于较为合理的水平。海南省海洋产业上市公司的平均资产负债率最低，为 38.38%，最高的为山西省，达到 78.72%。值得注意的是，河南省、湖南省和山西省 2020 年的海洋产业上市公司平均资产负债率均高于 70% 的"警戒线"，这可能是新冠疫情对公司融资结构造成的影响。沿海地区的海洋产业上市公司融资结构并未受到新冠疫情的显著影响，这与沿海地区完善的海洋产业链、完善的海洋经济产业结构以及成熟的市场有关。可见，内陆地区涉及海洋产业的上市公司具有地缘条件的劣势，发展海洋经济容易受到不利条件的影响。不同地区的海洋产业上市公司融资结构各不相同，沿海省份海洋产业上市公司融资结构较为合理，部分内陆省份海洋产业上市公司资产负债率偏高。

表 12 - 4　　2007～2020 年我国各地涉海产业上市公司平均资产负债率　　　　单位:%

省份	平均资产负债率	省份	平均资产负债率
辽宁	48.29	安徽	48.88
北京	43.00	福建	48.00
天津	49.43	广东	43.52
河北	44.09	广西	48.02
山西	78.72	海南	38.38
河南	50.17	湖南	51.31
山东	41.43	陕西	44.50
江苏	42.84	甘肃	39.95
上海	48.44	重庆	51.10
浙江	41.96	四川	59.80

12.4　回归分析结果与解释

对融资结构与企业绩效之间的关系进行了经验检验，结果如表 12 - 5 所示。其中，在列（1）单独考察 Debt 对 ROE 的影响，研究发现 Debt 的系数为 -0.13，且在 1% 的水平上显著，初步说明债务融资降低了企业绩效。在列（2）中，进一步加入了相关的控制变量，结果表明，Debt 的系数为 -0.16，且在 1% 的水平上显著；在列（3）中进一步考虑年份虚拟变量和行业虚拟变量后，结果发现 Debt 的系数为 -0.22，且在 1% 的水平上显著。上述结果表明，债务融资与企业绩效之间存在显著的负相关关系。因此，假设得以验证。

表 12 - 5　　　　　　　　多元回归分析结果

变量	(1)	(2)	(3)
Debt	-0.13 *** (-5.53)	-0.16 *** (-6.76)	-0.22 *** (-8.27)
Size		0.00 (-0.38)	0.01 (1.08)
Age		0.00 (-0.96)	0.00 ** (2.06)
Growth		0.13 *** (11.23)	0.11 *** (9.52)

续表

变量	（1）	（2）	（3）
Board		0. 06 * （2. 32）	0. 02 （0. 64）
TOP1		0. 05 * （1. 79）	0. 077 ** （2. 49）
MSH		− 0. 13 *** （− 2. 65）	− 0. 03 （− 0. 51）
Salary		0. 025 *** （4. 23）	0. 031 *** （5. 16）
Cons	0. 10 *** （8. 89）	− 0. 34 *** （− 3. 93）	− 0. 43 *** （− 4. 45）
IND	NO	NO	YES
YEAR	NO	NO	YES
N	969	969	969
Adj − R^2	0. 03	0. 19	0. 27

注：*** 、** 和 * 分别表示在 1% 、5% 和 10% 的水平上显著。

在控制变量方面，发现企业的成立年限（Age）与企业绩效正相关，说明成立时间较长的企业更熟悉行业的经营方式，并能够维持较高的市场势力，最终提升了企业绩效；企业成长性（Growth）与企业绩效正相关，说明市场规模的扩张也有助于企业形成垄断势力，最终提升企业绩效；第一大股东持股比例（TOP1）与企业绩效正相关，说明大股东持股水平的提升有助于对管理层实施有效监督，从而降低第一类代理成本，提升企业绩效；高管薪酬（Salary）与企业绩效正相关，说明薪酬激励有助于提升高管的工作努力程度，最终提升企业绩效。

12. 5　稳健性检验

12. 5. 1　滞后期回归

公司绩效与融资结构之间可能存在一个互动关系。因此，为了弱化互为因果的内生性问题，采用滞后期回归，即 ROE 滞后一期，考察上一年融资结构对下一年公司绩效的影响。最终结果如表 12 - 6 中列（3）所示，研究发现 Debt 的系数为 - 0.14，且在 1% 的水平上显著，不存在与上述结果的明显差异。

表 12 - 6　　　　　　　　　滞后期多元回归结果

因变量	(1) ROE$_{t+1}$	(2) ROE$_{t+1}$	(3) ROE$_{t+1}$
Debt	- 0.10 *** (- 4.07)	- 0.13 *** (- 4.86)	- 0.14 *** (- 4.45)
Size		- 0.00 (- 0.18)	0.00 (- 0.18)
Age		0.00 (- 0.18)	0.00 (- 1.03)
Growth		0.07 *** (- 5.36)	0.07 *** (- 5.01)
Board		0.04 (- 1.44)	0.02 (- 0.64)
TOP1		0.06 * (- 1.84)	0.09 ** (- 2.45)
MSH		- 0.19 *** (- 3.36)	- 0.03 (- 0.42)
Salary		0.02 ** (- 2.26)	0.01 ** (- 2.00)
Cons	0.08 *** (- 6.71)	- 0.21 ** (- 2.10)	- 0.19 * (- 1.73)
IND	NO	NO	YES
YEAR	NO	NO	YES
N	876	876	876
Adj - R^2	0.02	0.08	0.18

注：*** 、** 和 * 分别表示在 1%、5% 和 10% 的水平上显著。

12.5.2　分样本回归

如果更换样本容量之后，结果仍然表明融资结构显著降低了企业绩效，

则前面实证研究的结论可能是稳健的。为此，将样本划分为国有企业和非
国有企业，考察企业融资结构对企业绩效的影响在非国有企业和国有企业
中是否存在差异。在表 12 - 7 中列（1）考察非国有企业的债务融资对企业
绩效的影响，发现 Debt 的系数为 - 0.321，且在 1% 的水平上显著；在列
（2）考察国有企业债务融资对企业绩效的影响，发现 Debt 的系数为 - 0.169，
且在 1% 的水平上显著。上述结果表明融资结构对企业的影响是比较广泛的，
也在一定程度上说明了回归结果的稳健性。

表 12 - 7   分样本多元回归结果

变量	非国有企业 （1）	国有企业 （2）
Debt	- 0.321 *** （- 5.44）	- 0.169 *** （- 5.28）
Size	- 0.011 （- 0.70）	0.005 （- 1.07）
Age	0.003 （- 1.11）	0.002 （- 1.48）
Growth	0.141 *** （- 5.65）	0.083 *** （- 6.35）
Board	0.127 * （- 1.9）	- 0.008 （- 0.27）
TOP1	0.113 （- 1.22）	0.046 （- 1.3）
MSH	0.047 （- 0.6）	0.39 （- 0.65）
Salary	0.038 * （- 1.69）	0.029 *** （- 4.96）
Cons	- 0.481 * （- 1.68）	- 0.412 *** （- 3.47）
IND	YES	YES
YEAR	YES	YES
N	332	613
Adj - R^2	0.327	0.213

注：*** 、** 和 * 分别表示在 1%、5% 和 10% 的水平上显著。

12.5.3　固定效应模型

在公司绩效的影响因素中，有些因素既影响公司绩效又影响融资结构选择。因此，为了控制个体层面不随时间变化的个体层面的遗漏变量问题，采用个体固定效应。结果如表 12 - 8 中列（3）所示，发现 Debt 的系数为 - 0.24，且在1%的水平上显著，表明融资结构仍然对企业绩效产生了显著影响，上述结果表明我们的回归结果是稳健的。

表 12 - 8　　　　　　　　　　固定效应模型回归结果

变量	（1）	（2）	（3）
Debt	- 0.25 ** (- 7.49)	- 0.20 *** (- 6.19)	- 0.24 *** (- 6.65)
Size		- 0.04 *** (- 5.01)	- 0.05 *** (- 5.03)
Age		- 0.00 (- 0.42)	0.01 (- 1.01)
Growth		0.10 *** (- 9.27)	0.10 *** (- 8.83)
Board		0.09 ** (- 2.04)	0.08 * (- 1.80)
TOP1		0.12 * (- 1.89)	0.17 ** (- 2.48)
MSH		0.03 (- 0.40)	0.04 (- 0.41)
Salary		0.03 *** (- 4.61)	0.03 *** (- 4.09)
Cons	0.16 *** (- 10.01)	0.40 ** (- 2.09)	0.58 ** (- 2.40)
IND			YES
YEAR			YES
Firm	YES	YES	YES
N	969	969	969
Adj - R^2	0.06	0.213	0.269

注：***、** 和 * 分别表示在1%、5%和10%的水平上显著。

12.6　研究小结

　　以融资结构理论为基础，选取 2007～2020 年 86 家海洋产业上市公司作为样本，实证研究海洋产业上市公司资本结构的基本特征以及资本结构对公司绩效的影响。统计显示，我国海洋产业上市公司资本结构具有以下基本特征：（1）总体特征。2007～2020 年我国海洋产业上市公司资产负债率平均为 46.31%，稍高于全部上市公司的平均资产负债率（44.40%），但总体上保持较为合理的水平。（2）年度特征。2007～2020 年我国海洋产业上市公司资产负债率接近于"V"型曲线，2007～2011 年因受到 2008 年国际金融危机的影响而逐年下降，2011 年探底回升，2012～2020 年又逐年上升。（3）行业特征。2007～2020 年海洋第一、第二、第三产业平均资产负债率分别为 44.50%、46.56% 和 46.51%，第一产业的平均资产负债率较小，而第二、第三产业的资产负债率接近。（4）地区特征。大部分地区的平均资产负债率在 41.96%～59.80%，处于较为合理的水平，不同地区的海洋产业上市公司资本结构各不相同，沿海省份海洋产业上市公司资本结构较为合理，部分内陆省份海洋产业上市公司资产负债率偏高。多元回归分析发现，海洋产业上市公司资本结构与公司绩效之间显著负相关，此结论在进行一系列稳健性检验后依然成立。结果表明，海洋产业上市公司的债务融资显著降低了公司绩效。政策建议是，降低资产负债率水平，增强偿债能力，完善高管薪酬评估体系，减轻资产担保价值依赖度。

第 13 章

国外海洋产业融资经验借鉴

从全球范围来看，当今大多数发达国家都是海洋强国，其繁荣的海洋经济离不开海洋金融的支持，可以说海洋金融是海洋经济发展的核心动力。他山之石，可以攻玉。如何借鉴国外先进经验，以海洋金融的创新发展来带动海洋产业的高质量发展，从而争取早日实现海洋强国战略，引起业界广泛关注。本章通过分类梳理国外产业融资类型，分析不同国家海洋产业融资的成功做法，总结有关经验和启示。

13.1　产业融资体系

产业企业融资方式的选择是在一定的金融环境与风险偏好下进行的，每一个国家或地区的企业融资方式往往具有某种共性特征。发展中国家和发达国家的国情差异较大，特别是其资本市场的发展程度不同，这就决定了在产业融资模式的选择上有很大差异。国外产业融资总体上可以划分为以下三种基本类型：以日德为代表的银行主导型融资体系、以英美为代表的市场主导型融资体系及以新型工业化国家和地区为代表的政府主导型融资体系（刘振和宋献中，2007）。这三种体系并没有绝对的优劣之分，每种体系不仅有其独特的历史渊源和存在依据，更有适应经济和社会发展的现实特点。

13.1.1　银行主导型融资体系

银行主导型融资体系是以日本和德国等战后重新发展起来的发达国家为代表，是主要通过银行间接融资方式来配置金融资源的融资体系。该融资体系是在当时日本和德国两国特定的历史背景与金融环境下孕育的，二战前两国已经有一定的银行融资基础和经验，战后在赶超战略背景下集国家主要财力发展起来的日德银行财团实力雄厚，在储蓄吸纳、资金配置、高管监督、风险管理等涉及投融资决策上发挥主导作用，为企业提供流动资金、长期贷款、认购企业债券和风险资本，帮助企业承销债券和股票，并对企业有较强的控制力。其突出特点是，融资以银行信贷间接融资为主，以发行证券直接融资为辅，银行在金融体系中居于核心地位，银企保持着长期、紧密、稳定的信贷和持股关系。

在日本和德国，从事海洋产业贷款的银行可分为三种类型：一是行使政府部门职能的政策性银行，可以向海洋产业企业提供低息贷款、无息贷款或比正常偿还期限长的贷款，例如日本在 20 世纪 50 年代曾通过政策性银行扶植海洋产业的发展；二是专门服务海洋产业特别是船舶制造业的专业银行（例如德意志银行），可以以市场或者非市场化的利率对海洋产业企业特别是造船企业提供贷款；三是商业银行，一些商业银行有为海洋产业提供信贷的意愿，甚至部分商业银行内部设有专门负责海洋信贷的业务部门（例如德国北方银行），一般按市场利率为海洋产业企业提供贷款。德国政府还时常提供能降低贷款风险的贴息、担保等支持方式，鼓励商业银行向海洋产业企业发放贷款。

实际上，除了日本和德国，其他国家的银行也是助推产业发展的重要资金提供者。海洋产业也都离不开银行的支持，世界各国海洋产业的外部融资来源仍以银行信贷为主。根据富通银行的调查，在传统的融资渠道中，航运企业外部融资大约 80% 的资金来自银行贷款，其中，银团贷款占40.2%，其他贷款占 36.2%，欧资银行长期占据全球船舶融资市场60% ~70% 的份额。根据 2013 年 11 月全球银行有船舶和海工的资产排名，前十位的银行中有七家欧洲银行、三家亚洲银行（分别来自中国、韩国和日本），挪威银行、德国商业银行、中国银行、德国复兴开发银行和德国北方银行分别以 300 亿美元、216 亿美元、190 亿美元、180 亿美元和 175 亿美元排在前五位。①

从公司治理视角看，日本和德国企业特别是大型企业中，银行财团、家族、供应商、客户和内部职工可能不仅只是简单的利益相关者，也有可能是企业的重要股东，往往通过公司的董事会、监事会等渠道，参与公司治理事务并发挥监督作用。在日本和德国，由提供资金的银行和主要的法人股东所组成的力量往往被称为"内部人集团"；企业之间以及企业与银行之间形成了长期稳定的资本关系和贸易关系，并对经营者进行监控和制约，由此构成一种内在机制，这被称为内部治理模式。其优点在于股权高度集中在内部人集团（如银行、家族、工业企业联盟和控股公司），机构投资化程度低；通过公司内部的直接控制机制对管理层进行监督。其主要缺陷是，公司相互交叉持股率较高，股权流动性较弱，市场监督的功能难以有效发挥，管理层可以逃避来自外部资本市场的压力而不受小投资者的约束，影响公司的经营效率。

尽管中国政府在产业融资中发挥了重要的作用，证券市场也取得跨越式发展，但在中国产业企业的融资体系中，银行仍然占据主导地位，产业融资体系的类型接近于银行主导型。

13.1.2 市场主导型融资体系

英美等老牌资本主义发达国家资本市场高度发达，奉行"大市场、小政府"的经济政策，国家干预较少，市场自由化程度高，企业、金融机构与政府之间关系较为松散，包括融投资决策在内的企业行为基本上由市场决定，企业融资更多地表现为市场行为。除自我积累外，企业发展所需要的长期资金和风险资本的主要来源渠道是发达的外部资本市场。当然，银行的作用也不可替代，但只是用于满足企业进行适度负债经营需要，包括提供临时周转性贷款、中短期贷款和数量较为有限的长期贷款。也就是说，主要依靠市场进行资本配置，政府只是保证金融市场健康运作的基本要素，一般不直接干预企业的融资行为，形成了以直接融资为主、间接融资为辅的市场主导型融资体系。

从公司治理角度看，英美等国企业的股份较为分散（这样的公司被称

---

① 资料来源：Petrofin Research. An Overview of the Global Ship Finance Industry, 2013.

为公众公司），这些公众公司往往被企业内部管理者掌控，需要外部监控机制发挥主要的监控作用，资本市场和经理市场自然就会得到充分发育，并形成公开的流动性很强的股票市场和健全的经理市场，显然，这些外部市场对持股企业有直接影响。股权分散在个人和机构投资者手中，机构投资者日趋主动地参与公司的运作。股东以发达的资本市场为基础对公司管理层进行约束和监督，而公司管理层则面临较大的来自外部资本市场的压力。若公司经营不善，或者在利益分配上忽视股东利益，理性的投资者可能会选择"用脚投票"，即通过出售股票作出反应，引起公司股价下跌，使公司面临敌意收购的危险，进而威胁到高管的位置。这种治理模式被称为"外部治理模式"或"外部人系统"。

市场主导型融资体系能充分发挥市场这只"无形之手"的积极调节作用，企业能够有效地行使经营自主权。其理论依据在于，市场是资源有效配置的决定因素。由于有效的资本市场具有信息归集、信号传递、价值评估和风险分散等功能，将融投资等企业行为与绩效挂钩，市场机制将有助于降低与银行体系有关的内在低效率问题并带动经济增长（贝政新，2008）。在经济发展之初，银行主导的金融体系能够充分发挥其动员储蓄、促进经济增长的功能。但是，随着经济发展到储蓄缺口已经不再是经济发展的主要矛盾之时，金融体系的首要任务就发生了改变，在确保风险分散和金融体系安全的前提下，能将储蓄资源充分和有效地运用到未来具有不确定性的投资项目中。此时，市场主导型融资体系就应该取代风险高度集中、识别新投资项目能力有限的银行主导型融资体系。当然，市场主导型融资体系也存在固有缺陷，其主要不足就在于股东对企业分红的意愿强烈，企业管理层为了迎合股东高股息的心理偏好，不惜采取有损企业长期竞争力和企业价值的短期化行为。

13.1.3　政府主导型融资体系

在大多数新型工业化国家和地区，虽然各种要素资源整体上是按市场经济原则进行配置，但政府以强有力的计划和政策对资源配置施加重要影响，以达到某种经济短期和长期增长的目标。例如，东南亚各国大多是后起的发展中国家，在资本市场起步晚、发育尚不充分的情况下，经济发展在一定程度上依靠政府的直接干预，用行政手段影响资金配置，聚集资源扶持民族工业的发展，以增强本国经济实力和核心竞争力，实现本国产业发展战略。在产业资本配置过程中政府发挥主导作用而资本市场发挥的作用比较小的融资体系就是政府主导型融资体系。

政府干预是这种融资体系的主要特征，企业集团的组建和发展，甚至是企业融资等经营活动，政府都有所介入。与日本、德国等国家一样，这些国家银行与企业间的融资行为也属于关系型融资，银企关系比较紧密，银行通过企业内部的直接控制机制对管理层进行监控。在这种体系内，中央银行可以说是为政府产业政策服务的一个准政府机构，政府控制贷款规模和方向，政府指定的银行垄断企业融资活动，银行融资的依据是政府确定的优先顺序和额度控制，重点支持优先发展的部门和企业，民间融资活动是被限制的。这种体系内的国家居民收入储蓄率高，银行贷款是企业融资的主要方式。长期执行人为低利率甚至负利率政策，一旦被确定为扶持对象即可源源不断地获得低成本资金。

13.2   海洋产业融资的成功做法

每个海洋经济发达国家或地区必定会有成功的海洋产业融资做法，如日本的"计划造船"、德国的 KG 融资体系、欧美资产证券化、美国海洋产业投资基金、新加坡海事信托基金以及港口并购融资等，在促进所在国家或地区的海洋产业发展方面都发挥了重要作用。

13.2.1   日本"计划造船"

第二次世界大战使日本国内经济凋敝，民生艰难，如何恢复经济发展，成为战后日本政府急需解决的问题。日本陆地面积小，发展海上航运业是日本经济复苏的必由之路。振兴造船工业成为日本政府经济复苏计划中的重中之重。日本只用了短短七年时间，一跃成为船舶大国，这主要归功于日本建立了一整套支持船舶业发展的制度，也就是以"计划造船"为核心，并以相关金融政策、法律政策为支撑的一整套产业发展政策。日本政府通过"计划造船"政策对造船工业的发展提供了雄厚的资金支持。

所谓"计划造船"，是指在船舶建造中投入国家资金，同时通过银行协调融资。计划造船制度自 1947 年开始实施，先由政府制定年度的船舶生产计划和资金预算，根据船主提供的生产方案，结合当时航运业发展的状况和预算情况择优选择。被政府批准造船的船东将获得政策性银行提供的优惠贷款及一定的利息补贴。当时正值日本造船业资金缺乏，计划造船制度大大减轻了船东生产的资金压力。政府在发放贷款之前要对船东进行择优筛选，只有"优质订单"才能被分配到有限的生产资源和政策贷款，在客观上不断推动了日本船舶制造业的技术升级和结构优化。日本的战后计划造船可分为五个不同时期：数量优先时期（1947～1948 年，第 1～4 次），效益优先时期（1949～1952 年，第 5～8 次），技术更新时期（1953～1959年，第 9～15 次），规模扩张时期（1960～1972 年，第 16～28 次）及结构调整时期（1973 年至今，第 29 次以后）。计划造船制度是战后日本政府对航运企业采取的最大优惠政策，是战后日本发展船队的主要支持方式（张帆，2009）。

为了保障"计划造船"政策的顺利实施，日本政府陆续出台了一系列法律法规，直接针对船舶工业的法律就多达 30 多部，主要包括《造船法》《临时船舶建造调整法》《小型船造船业法》《造船业基盘整备事业协会法》《远洋船建造贷款利息补贴法》《防止外国船舶制造业者不正当廉价造船合同法》等，其中前三部是 20 世纪 50 年代短短十年间制定的（分别于 1950年、1953 年和 1960 年出台）。这些法律体现了日本当时的产业政策导向，为日本造船业的快速发展奠定了良好的制度环境，确保船舶业在国民经济中的优先发展地位以及后来的主导产业地位。

在财税金融支持方面，日本政府对新建造船厂、造船设备购置等扩大船舶自主生产能力的行为实行财政补贴。日本政府通过政策性银行给造船企业提供利率为 5.1%、偿还期长达 15 年的优惠贷款，并且给予 2.5%～3.5% 的利息补贴。1947～1980 年，日本政府提供的贷款总额将近 26000 亿日元，利息补贴超过 3000 亿日元。日本政府对本国船东实行税收豁免和加速折旧的税收优惠等财税刺激措施，以极大地调动国内船舶工业生产和扩张的积极性。同时，对进口船舶征收高额关税，关税壁垒则为本国船舶业提供了宽松的成长空间。直到 2000 年，日本仍有 1.5 亿美元用于计划造船政策的贷款补贴，当然更多的是转向对船舶业的科研补贴（罗猛和李刚，2010）。

"计划造船"政策给缺少资金的船东提供了大量资金，政府在其中进行了有效的宏观调控，减少了造船企业在生产投资上的盲目性，推进了造船业的高质量发展。日本造船业强劲的发展势头也带动了其他相关产业的发展，煤炭、电力和钢铁工业经过战后初期的倾斜投资而在 1950～1955 年成为日本第一次成长部门，电机、汽车等机电工业在 1955～1961 年成为第二次成长部门。

13.2.2　德国"KG 融资体系"

德国人首创 KG 基金模式，KG 是德语 Kommandit Gesellschaft（英文为 limited partnerships）的缩写，在中国通常称为"两合公司"。一般按照信用基础是投入资本或个人信用，德国企业可以分为"资合公司"和"人合公司"。两合公司是船东和投资人之间的一种新型合作方式，最初在航运业产生。德国的 KG 融资体系，就是成立这种新形式的公司，募集资金建立 KG 基金，为航运以及其他相关产业提供资金的融资模式。船舶融资中的 KG 基金就是通过 KG 公司模式募集的基金。德国的 KG 模式实际上是一种典型的船舶基金，曾经成为国际上最主流的船舶融资平台之一（金鑫，2008）。根据德国法律，KG 基金为购买和拥有船舶这一特定的目的而成立，不能从事其他任何商业活动，船舶出售即代表这只 KG 基金宣告结束。KG 基金是封闭式基金，一旦有限责任股东部分的股份认购完毕，基金即不再接受新投资者（刘旭，2009）。在 KG 基金的各项安排中，券商往往设立一只基金来购买船舶。它的主要特点就是：无限责任股东融通资金，负责企业经营，承担无限责任；有限责任股东则提供投资资金，不参与企业经营，获取企业经营利润，承担有限责任。

基金大部分来自银行贷款（约占 50%～65%），以对船舶的头等抵押作为担保，小部分来自私人投资者（约占 35%～50%）。收益使用人从基金公司租赁船舶，投资回报率一般在 20%～30%。KG 基金的运作过程是：首先，两合公司设立之前，公司投资人（即有限责任股东）通常会投入少量自有资金，之后通过募集方式吸引其他有限合伙人投入资金，设立一家专门以拥有新船为目的的 KG 公司；其次，通过自有资本的投入和银行贷款获得新船；最后，将新船租给从事航运业的收益使用人投入运营并获得收益（赵文杰，2012）。在支付营运成本和偿付贷款本息后，收益的剩余部分即可用于发放红利。

　　KG 模式能够满足船东和投资人双方的不同要求，有效控制运营风险，为两合公司的发展提供强大的内在动力。参与各方通过 KG 基金这种特殊的融资机制都能得到很大的益处。对于船舶租赁人，这种通过 KG 基金进行的特殊形式的融资租赁属于表外业务，与传统融资方式相比，更有利于控制资产负债率，这对于上市公司和预备上市或者争取大规模贷款的航运公司来说至关重要。对于基金投资者，一方面，在分享航运业利润的同时投资的总体风险也得以降低，因为基金运营由对航运业有丰富经验的无限责任股东负责，而作为有限责任股东的投资人只需以自己所出的资金份额为限承担有限责任；另一方面，投资 KG 基金还有利于投资人避税，由于 KG 基金有寿命限制，因此投资买下的新船可以加速折旧（德国法律规定投资固定资产的标准年折旧率是 8.33%，而 KG 基金则允许在 5 年内再提取新建船成本的 40% 作为加速折旧），导致投资者出现财务账面上的亏损，进而抵销应缴税额，合理避税。对于基金的管理者，即无限责任股东来说，其益处就在于能够不出资或者少量出资，就可通过自己的管理投入获得分红。

　　KG 基金的兴起带动了德国航运业快速发展，但受全球金融危机和航运业滑坡影响，KG 基金日渐式微，德国许多 KG 基金资不抵债，纷纷破产或重组。2012 年初，德国三大 KG 基金公司——HCI Capital、MPC Capital 和 Lloyd Fonds 旗下多只基金破产。KG 基金脆弱性根源在于，很多 KG 基金都是单船投资，由于经营对象单一、风险集中，在出现系统性风险的情况下，没有办法化解或分散风险。

13.2.3　美国海洋信托基金

　　海洋产业的发展离不开有效的海洋管理，海洋管理提供的是公共服务，具有显著的外部性特征，需要公共财政的支持。利用财政资金撬动，设立国家海洋信托基金，无疑会成为政府支持海洋经济发展的重要手段。不少国家都设有这样的基金，如美国设立的海洋信托基金。

　　2000 年美国《海洋法》建议建立国家海洋信托基金（IWF），希望通过收取海洋使用费建立基金，返还性地用于海洋管理。2004 年 12 月，由布什总统成立的海洋政策委员会发布美国国家综合海洋政策规划报告——《21 世纪海洋蓝图》，提出了以信托方式，在美国财政部设立海洋政策性信托基金的构想。该报告指出，联邦基金应为此目的每年拨给沿海各州 10 亿美元，这笔拨款由海洋信托基金支付，用于解决现有的一些海洋和沿岸计划经费不足问题。基金的资金主要来自针对商业用途利用海洋和海岸资源的收费，主要是外大陆架油气开发收入中尚未指定用途的部分。为此，美国政府将限制海洋使用和海上油气等不可再生资源的开发所收取的费用建立基金，返还性地用于海洋管理的改进工作上。基于公平原则，用于公益是 IWF 的唯一目的，即确保海洋和沿海管理（包括可再生资源的可持续管理）有专门的经费来源。IWF 资金由近海资源商业利用税收构成，其中包括尚未拨付给其他项目的外大陆架油气开采收入和今后所有来自经批准的联邦水域利用的税收。外大陆架油气税收在扣除水土保持基金、国家历史遗迹保存基金等收益项目（这些收益分配给向海一侧 3 海里内海区不受影响的沿海州）后，其余的资金纳入信托基金（周怡圃等，2014）。公共财政资金性质决定了其公益目的的正当性。IWF 还配备专项评估程序和协调一致的近海管理制度等一整套较为完善的实施细则和相关配套制度，有利于保障基金的执行效率。

2005～2007 年，美国海洋政策联合委员会行动组在评估美国海洋政策年度实施状况时均指出[①]，海洋政策实施过程中存在配套资金不足的问题，继续提议设立海洋政策信托基金。但是，伴随 2008 年全球金融危机的爆发，美国被国家债务问题所困扰，成立海洋信托基金的事情被搁置。2012 年，海洋联合委员会行动组在政策年度实施状况评估报告（US Ocean Policy Report Card 2012）中，再度强烈建议国会批准设立该信托基金。尽管到 2021 年底，美国海洋政策信托基金尚未付诸实践，但其基本理念与框架值得借鉴，即"取之于海洋，用之于海洋"的循环经济原则以及利用国家力量提供海洋公共产品的理念。

13. 2. 4　新加坡海事信托基金

新加坡是世界上著名的转运港，海运业发达，海事经济收入占国内生产总值的比重较高。1996 年新加坡成立海事及港口管理局（Maritime and Port Authority of Singapore，MPA），目的是推动新加坡海运业的快速发展，

---

① 2000 年美国《海洋法》规定，海洋政策委员会于 2004 年 12 月 19 日到期并停止运营，之后美国政府又成立海洋政策联合委员会行动组（Joint Ocean Commission Initiative），负责推动海洋政策规划的实施。

将新加坡打造成为全球性枢纽港。MPA 陆续制定了一系列以税收优惠为主的支持海洋经济发展的优惠政策，吸引国外企业特别是大型企业投资新加坡海洋产业，推进海洋经济快速发展，其中就包括以解决国内船舶融资为目的的海事金融激励计划（MFI），这直接促成了海事信托基金在新加坡的设立和发展（陆军荣，2014）。

2006 年 MPA 根据政府年初的税收管理政策以及当地海事机构与金融企业的建议，制定海事金融激励计划（maritime finance incentives scheme，MFI），船舶租赁公司、信托公司和基金公司因此而受益。经核准的船舶投资公司（approved ship investment vehicle，ASIV）的运营租赁和融资租赁业务收入均获全额免税。具体措施是，经核准的船舶投资管理人（基金管理公司或信托管理人）所获得的管理相关收入 10 年内可享有 10%的优惠税率；经核准的船舶投资公司（船舶租赁公司、海事基金和海事信托）从事的租赁业务收入，只要符合条件，相关船只被售出前均可豁免缴税。

13.2.5　欧美资产证券化

融资成本相对较低的企业债券和资产证券化债券融资是欧美发达国家企业乐于选择的融资工具。不过，由于海洋产业整体上看风险较高，而且部分重资产行业（如船舶、海洋工程装备等）的融资周期长，因而海洋产业企业所发行的债券评级往往较低（投机级或以下），这种债券被称为高收益债券。海洋集装箱公司（Sea Congainers）1992 年发行 1.25 亿美元的高收益债券，是世界上航运业发行的首只高收益债券。之后，美国、韩国、加拿大、法国的船舶、海洋工程和油服企业等重资产型海洋产业企业发行了大量的企业债券，作为银行信贷和投资基金的重要补充的海洋产业高收益债券市场得到进一步发展。另外，包括资产支持证券、夹层银团贷款和次级债券等在内的资产证券化也已经成为海洋产业的重要融资渠道，有力地推动船舶产业等海洋产业的发展。第一国际石油运输公司（First International Petroleum Transport Corporation）1994 年发行 2.35 亿美元资产支持证券用于建造船舶，这是船运业首例大规模资产证券化。之后，船舶、航运、海洋工程和油服企业等海洋产业企业可以通过资产证券化方式来筹集资金并降低融资成本（刘东民等，2015）。

13.2.6 英国港口融资

作为重要的甚至具有战略意义的交通运输基础设施，港口的服务供给一般具有自然垄断特征，国家港口的建设往往都是以公共财政投资为主，甚至政府相关部门会严格加以管制。20 世纪 70 年代以来，随着基础设施的自由化和私有化，以及港口自身产权结构和经济技术特点的变化，产生了公共部门和私人部门的投资相结合的模式，即通过股权改革将部分股权出让来引进社会资本，变公共所有制为混合所有制。

伴随着港口民营化安排，英国的港口股权改革先后经历了不相连的两个阶段。首先，英国 1981 年出台《运输法》，明确施行关于运输码头局（BTDB）的股权改革框架，改革的核心是成立英国港口联盟（ABP），作为控股公司来实施经营 BTDB 管理的公共港口，ABP 又由政府成立的另一家公司所控制。1983 年，PLC49％ 的股份由政府转让给私人投资者，一年后余下股份也被政府售出。其次，由于英国当时的港口主要是信托港，这种信托港具有不追求利润目标、不发行股票且受公共信贷额度限制等较为独立的特性，并非严格意义上的公共或私人企业，港口的运营效率低下。为改变这种局面，1991 年英国颁布《港口法》，陆续将 100 多家信托港转变为有限公司，对当年 14 家年营业额在 500 万英镑以上的主要信托港制定了两年内逐渐实行民营化的计划，其他的则是以自愿为原则制定股权改革方案。尽管对英国政府推动的港口股权改革政策是否成功有不同的看法，但英国政府自认为是成功的，终究港口的商业化经营也是一种有利于融取资金、提高港口服务质量并降低收费标准的帕累托改进（李南和刘文忠，2005）。

13.3 国外海洋产业融资的启示

中国海洋产业总量大，种类多，涉及区域广阔，发展程度参差不齐，需要大量的资金支持，海洋金融任重道远。他人之事，我事之师。国外海洋产业融资的先进经验可资借鉴，在加强政产研合作、引导融资工具创新、发展产业投资基金和引入社会资本等方面有所作为。

13.3.1　加强政产研合作

日本"计划造船"、美国海洋信托基金等融资工具的推行，其中政府引导下的政产研合作发挥着重要作用，新加坡"政产研互动机制"更是政产研成功合作促进海洋金融发展的典范。新加坡是个"弹丸之地"，国土面积虽小但却创造了许多经济奇迹，已经成为公认的亚洲海洋经济和金融中心，其海洋金融的地位非常重要。通过分析产业融资在其发展中的作用，可以看出政府为海洋产业发展提供了开发性的资金支持，政产研互动机制运行良好，形成"产业机构提出研究课题、政府提供研发资金、科研机构开展应用型研究"的运作模式。新加坡政府通过海事招标机构对海洋产业的研发提供资金支持，单个项目的资金支持从 500 万新元到 5000 万新元不等，而专项支持可达上亿新元。投标企业可以是在新加坡经营的任何国际企业，不只限于本土企业。政府每年都会下拨巨款支持基础设施建设，包括港口的前期建设和配套园区建设，也会大力扶持海洋科技的发展。当然，新加坡经济的主要驱动力还是来源于大企业、大项目的带动，以跨国公司的投资为重点大力引进国外资本的策略发挥了重要作用。新加坡裕廊工业区的迅速发展，就得益于新加坡政府大力引进跨国公司投资的策略实施。

13.3.2　引导融资工具创新

创新是引领发展的第一动力，是建设现代经济体系的战略支撑。[①] 处于经济前沿阵地的海洋产业特别是海洋金融的发展更加离不开创新的驱动。当今社会，金融工具特别是衍生金融工具层出不穷，海洋产业融资也可以充分利用这些新的金融工具。当然，海洋产业毕竟投入大、风险高，其融资也有其独特的地方，需要结合其特殊性质因地制宜地引导融资工具的创新和运用，如在建船舶抵押贷款。

在建船舶抵押贷款，是指船舶所有人或所有人授权的人将在建的船舶作为担保物抵押给抵押权人以融取资金的经营行为。在船舶制造业相对发

---

① 引自 2017 年 10 月 18 日习近平在中国共产党第十九次全国代表大会上的讲话。

达的欧美国家，抵押贷款是非常重要的融资模式，为各国船东广泛运用（中国人民银行舟山市中心支行课题组，2013）。抵押贷款在中国运用也具有可行性，作为资金密集型的船舶制造企业，预收货款的大幅减少使企业大量后续生产资金不得不依赖于银行融资。银行信贷资金的短缺，不仅影响企业正常生产经营，而且增加新接订单的签约难度。不少船舶企业已出现由于融资难而放弃订单签约的情况。在建船舶抵押融资能在较大程度上解决企业的融资难题，不仅保障企业船舶制造正常生产，还能积极提升其后续经营能力。在当前国际海运行业不景气，船舶市场价值处于低位的外部环境中，商业银行面临较大的信贷风险，而且造船业关联的参与者和环节较多，风险控制和防范的难度很大，导致银行贷款逾期出险情况时有发生。因此，采用在建船舶进行抵押可减少银行融资风险，增加信贷资金的安全度。

当然，需要创新性地解决抵押贷款实施过程中可能出现的问题。首先是在建船舶动态价值评估和操作难问题。船舶虽属于动产，但在建船舶由于还没有启用动力，只可参照不动产进行管理。然而在建状态船舶设备每日增减调试，资产处于动态变化阶段，对其价值评估难度大。银行办理相关业务审核时，存在信息不对称、专业性较强、手续较烦琐、办理时段较长等诸多不便。其次是银行对抵押资产处置难度较大问题。由于国际海运市场不景气，船舶市场价值受到了不利影响，造船过程中生产环节涉及供应商较多，风险控制和防范的难度较大，所以银行对在建船舶抵押贷款后期处置有所顾虑，担心船舶撤单或船厂由于种种原因无法完成船舶建造，造成无法足额还款的情况发生。如果设定在建船舶抵押，贷款一旦发生逾期，就会给银行贷后不良资产处置带来极大困难。如果已完工在建船舶发生逾期，银行需将船舶尽早折价处理，而资产处理需要专业市场和人员，银行难以直接监控处理时间和价格，因此资产管理风险较大。而未完工的在建船舶，其船舶资产仍属于动态管理，日常经营管理场所又在船厂等供应商管辖区域内，对其资产进行后期处置的成本更高，管理难度更大。最后是抵押环节和相关费用较高问题。在建船舶抵押过程中还会产生进一步拉高管理成本的新费用：一是保险费用，商业银行提供信贷时需要保险公司参与为船厂在建船舶的承保，对承保的资产给予保险，在建船舶只有经过保险后，才有可能得到银行的资金支持；二是抵押相关环节费用，包括抵押过程发生的一系列费用；三是相关部门的行政规费。

13.3.3　发展产业投资基金

产业投资基金是一种直接融资方式，依据"组合投资、专业理财、利益共享、风险共担"原则，发起人通过向特定的投资者发行基金份额设立基金公司，聘请专业团队进行管理，投资人以出资额为限享受投资收益并共同承担投资风险的集合投资方式。产业投资基金有助于优化资源配置，减少市场流动性过剩和信贷扩张压力，已经成为产业发展特别是战略新兴产业发展一种较为普遍的市场化融资机制，美国海洋产业投资基金属于战略性新兴产业投资基金的一种。

组建产业投资基金的关键在于明确其组织形式、资金来源、投资方向和退出机制等方面。国外产业投资基金的组织形式主要有公司制、契约制和合伙制三种，不同国家可能存在较大的差异，如美国等欧美老牌资本主义发达国家多采用合伙制，而德国、日本、澳大利亚等则以公司制为主要方式，当然，总体上看合伙制是当前产业投资基金的主流组织方式。在资金来源上，英美等老牌资本主义发达国家产业投资基金最主要的资金来源于养老基金与保险资金、企业、个人、社会捐赠资金、银行等，其中，出资比例约占70%的养老基金、保险资金和企业是主体。例如，美国海洋产业投资基金的最主要来源就是机构资本和民间资本，公共资金投入较少。在投资方向上，每个产业投资基金都会有自己的主要投资领域，这往往是由基金的主要股东在基金开办之际确定并列入基金的章程中。产业投资基金最为核心的投资领域是新兴产业，例如，美国产业投资基金主要集中在电子信息、医药生物与医疗服务、创新型消费服务等三大新兴战略产业（王成瑶，2015）。是否顺利退出对于产业投资基金而言是那"关键一跳"，建立有效的退出机制非常重要。通常，产业投资基金退出方式主要有公开上市、股权转让、公司回购、到期清算和破产清算等，具体采取哪种方式则取决于经济发展水平、金融市场发达程度和基金业务成熟度。其中，投资回报率极高的公开上市往往是大多数产业投资基金退出的首选方式，但公开上市的难度较大，真正采用这种退出方式的并不多，因此股权转让反而是最为普遍的方式。

在产业投资基金发展中，美国、日本等国家政府在法制建设、产业引导、机构建设和市场基础设施等方面发挥着重要的支持作用，这是在海洋产业投资基金建设中值得借鉴的重要方面。在法制建设方面，美国在 1958 年就制定了《中小企业投资法案》，日本政府还陆续颁布《投资实业有限责任组合法》《天使投资人税制》《新事业创出促进法》等相关法律，推动建立中小企业投资制度和促进产业投资基金发展。在产业引导方面，美国、日本政府积极引导产业投资基金重点投资于高端装备、电子信息、生物医药等战略新兴产业，提供研发资金、技术、税收优惠和公共服务等方面的支持，其目的就在于提高其在战略新兴领域的国际竞争力。在机构建设方面，日本政府建立专门的政府机构或准政府机构推动产业投资基金发展并引导产业投资。在市场基础设施上，为了促进产业投资基金实现高效的市场化运作，美国政府不断建立产业投资基金募集、运作和退出的市场设施，并与行业协会保持良好的沟通合作，积极支持其在战略规划、法规制度、技术研发、市场运作和风险管控等方面的改革建议（郑联盛，2015）。

13.3.4　引入社会资本

海洋产业资金需求量巨大，全部依靠公共财政资金的投入是不可能的。在一般性商业性海洋产业中，其资金需要主要还是引导社会资本进入，而在基础性、公益性海洋产业，即使可能需要政府的适度投入，也不排除社会资本的积极参与，这也是欧美发达资本主义国家海洋金融发展的典型特征和趋势，甚至在战略意义重要的港口建设上也是如此。一般而言，港口建设周期长，需要的资金量巨大，往往需要政府公共资金投入带动社会资本的进入，拓宽资金融通渠道、筹集低成本的资金已成为港口企业增强自身核心竞争力的关键。港口的发展有内部扩张和外部并购两种途径，内部扩张存在进展缓慢、成本高和不确定性强等不足，而外部并购则有可能实现低成本快速扩张目标，成为港口物流企业提高市场占有率、获得规模效益和实现战略目标的重要手段。通过引进社会投资人成为港口企业的战略股东甚至控股股东，改善企业股权结构、管理体制和经营效率。实际上，港口的战略地位决定了港口间激烈的竞争性，世界各国的港口曾大规模通过并购重组来谋求规模效益甚至是垄断地位，英国的港口同样存在这种情况。

第 14 章

现代海洋产业融资机制构建

海洋产业有效的融资必然要有社会有关方面的参与和协作，需要构建完整的产业融资机制。所谓机制，是指各要素之间的结构关系和运行方式。作为一种经营机制，融资机制是指在资本市场中，政府、金融机构、融资主体等构成要素之间相互联系和作用的关系及其功能。机制构建是复杂的系统工作，需要通过与之相应的体制和制度的建立（或者变革）来实现。也就是说，不仅需要有体制保证，即组织职能和岗位责权的调整与配置，也需要有包括国家和地方的法律、法规以及任何组织内部的规章制度等在内的制度保证，机制在实践中才能得到体现。以间接融资为主、直接融资比例相对较低的融资渠道和方式不能完全适应海洋产业高质量发展的需要，资金来源单一，制约了海洋产业的发展，需要设计海洋产业融资机制，包括融资体系、融资渠道和融资模式等相互关联的系统架构。

14.1　融资体系

体系，泛指一定范围内或同类的事物按照一定的秩序和内部联系组合而成的整体，是不同系统组成的系统。简言之，海洋产业融资体系就是各种海洋产业融资方式所组成的有机整体。为支持现代海洋产业的高质量发展，可充分利用现代融资工具，拓宽产业融资渠道，构建起以政府投入为引导，以金融信贷、行业互助、票证融资、上市融资为主体，以抱团增信和内部融资为基础，以创业投资、风险投资为补充的融资体系（见图 14 - 1），创建相互支持、互为补充、合作共赢的海洋产业生态金融（周昌仕和宁凌，2012）。

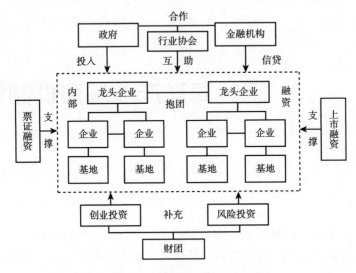

图 14 -1　现代海洋产业融资体系

14.2　融资渠道

14.2.1　政府引导

海洋产业具有高投入、高风险和回收周期长的特点，这决定了海洋产业融资更容易受到周期波动性影响，导致资金供给者不敢向海洋产业投资，因此，应发挥政府财政资金的引导作用，以保障海洋产业的基本需求为方针，政府财政资金主要起到引导和基本保障功能。其资金来源主要包括两个方面：一是政府财政专项拨款；二是取之于海的资金，包括项目业主单位上缴的滩涂、海岛、海域等使用出让费，对向海洋倾倒废弃物单位收取的倾废费以及征收的海洋开发费等（徐质斌，1997）。除了具有公共物品属性的港口、码头等基础设施外，政府对海洋产业的投入主要限于围绕海洋在生产、研发中急需解决的关键技术和瓶颈问题，组织实施重大科技兴海项目，并通过政企合作模式发挥政府投入的乘数带动效应。

14.2.2　金融主体

金融信贷特别是商业银行信贷始终是中国海洋产业融资的主渠道之一，应继续发挥商业银行在海洋产业融资过程中的主体作用，从银行信贷、公司保险资金等方面出发多渠道解决信贷配给难题。除海域使用权抵押贷款等信贷方式外，国内始于 2006 年的产业链金融服务也有助于海洋产业融资，如深圳发展银行的"产业链金融"、光大银行的"阳光供应链"、华夏银行的"融资供应链"、中信银行的"产业链融资"等。沿海省市可依托特色海洋资源、产业基础和技术优势，培育壮大竞争实力较强、信用过硬的龙头企业，利用其在生产领域、流通领域的优势，与提供产业链金融服务的机构合作，整合金融功能、信息功能、物流功能和营销功能，培植现代海洋产业集群，延伸产业链条，加快形成具有规模优势和竞争优势的现代海洋产业体系。

14.2.3　企业基础

制约海洋产业融资的瓶颈很多，其中海洋产业企业自身经营机制不完善也是其中重要的因素。优化自身的债务期限结构，逐步削减长期债务的比例，加大企业资金的流动；鼓励涉海优质企业通过在境内外资本市场上市融资发展壮大；推动企业股权深化改革进程，在企业内部形成良好的制约制度，以进一步提高公司的管理水平；从企业的治理结构着手，加大整个董事会对企业高层管理的监督力度，使企业内部逐渐形成一种优良的监督体制，推进企业在信息披露制度上的建设，大力促进与鼓励整个社会舆论对海洋产业企业财务信息的监督与披露，以此促进海洋产业企业逐步向透明化发展，提高投资者对其的信任度；引导企业加强自身建设的力度，不断提高经营与管理水平，逐步扩大企业规模，提升资产质量，以此提高自身抵御市场风险的能力，为企业在激烈的市场环境中获得资金创造一个坚实的基础；注重利用内源性融资，降低企业融资成本，提高融资速度和企业资本配置效率。

14.2.4　社会补充

通过非传统银行贷款渠道可以广泛筹集社会资金，社会资金是经济实体融资的重要补充形式，能够有效弥补单一银行融资渠道狭窄、资金量供不应求等方面的不足，有助于提升全社会融投资水平，提高资金利用效率，拉动经济快速增长。在保证政府资金、信贷资金、企业内部融资的基础上，创新海洋产业融资方式，将更多注意力放在对社会资金的筹集上，积极开拓新的资金来源渠道，为民间资本参与海洋产业发展提供更加完善的保障措施，建立回报补偿机制，简化对民营资本进入的审批程序、提高办事效率，激发市场和民间资本的活力。充分利用资本市场特别是证券市场的优势，增加企业股权融资，提高直接融资的比重，争取更多的海洋产业企业上市。积极发展债券市场，扩大资金供给规模，实现债券市场的互联互通，同时加强对其的监管力度。开拓利用外资渠道，积极参与国际性区域合作开发。引导海洋产业投资基金的建立。

14.3　融资模式

不同类型的企业融资模式侧重点有所不同。任何企业融资方式的选择都是在一定的市场环境背景下进行的。在特定的经济和金融市场环境中，单个企业选择的融资方式可能不同，但是大多数企业融资方式的选择却具有某种共性，即经常以某种融资方式为主，如以银行贷款筹资为主或以发行证券筹资为主，这就是融资模式问题。

14.3.1　政企合作模式

政企合作模式主要是指政府、银行、保险公司与企业加强合作，通过政府投入、银行信贷、公司保险资金等多渠道解决信贷配给难题，为企业发展提供必要的资金，采取这种模式的典型代表是青岛市对海洋产业发展的金融支持。根据青岛市海洋发展局统计，"十一五"期间青岛海洋产业重大建设项目为 78 个，投资额达 443.45 亿元，涉及港口、旅游业、海水淡化、船舶工业等产业领域。其中，政府出资约 133 亿元，引导青岛银行、保险等 20 余家金融机构通过开辟便捷的融资渠道、加大信贷资金支持力度、加强对创新企业的金融服务、建立产业投资基金、开发"银行通"和组织银团贷款等措施，为青岛海洋经济发展提供 310 亿元资金，解决企业融资难的困境，多管齐下助力青岛海洋经济发展，实现海洋经济快速发展与金融业产业升级的"双赢"。

14.3.2 行业互助模式

行业互助模式借助行业协会搭建融资平台，目前国内海洋产业发展中很少采用这种模式，但是，他山之石，可以攻玉，可以借鉴的典型代表是韩国庆北大邱酪农模式和湖南省浏阳花炮企业互助模式。韩国庆北大邱酪农协会是具有服务性经济实体性质的酪农联合组织，投资总额为30亿韩元，会员主体是酪农，2010年底有会员1000多户。协会入会门槛较低，只要饲养5头以上的奶牛便可入会，入股资金为10万韩元（折合人民币7500元）以上（陈新，2010）。韩国政府对酪农的补贴直接通过协会下达，因此协会组织具有较高的社会地位。站在政府的角度考虑，协会是必须依赖的中间组织，政府通常通过协会对酪农进行管理，并帮助他们渡过各种难关。湖南省浏阳市花炮企业互助发展协会以融资推动产业整合，向会员企业提供互助性融资支持，会员数已达几十家，2020年企业互助协会等融资平台为浏阳市经济开发区企业提供续贷和新增贷款1.05亿元①。其独到之处在于协会中的银行给会员的利率远低于普通银行利率。这种模式成为金融机构向企业提供融资的载体，有利于解决融资信息不对称问题。

14.3.3 抱团增信模式

抱团增信模式与行业互助模式近似，但不是由行业协会而是由关联企业、农户等利益相关主体联合搭建融资平台，可细分为商会、信用共同体、产业园区企业互助、产供销链条合作、产业链联保、创业互助资金、"龙头企业＋农户"融资等模式，海洋产业企业特别是中小企业可借助这种平台突破融资瓶颈。2007年重庆浙江商会12名会员单位联合出资，组建重庆浙商信用担保有限公司，成为国内商会联保贷款模式的先河。2009年长沙国家生物产业基地成立园区企业互助协会，吸纳"园区纳税20强"企业及园区成长性良好的优质企业入会。协会突破单一银行格局，与国家开发银行、

---

① 周斌，李艳玲. 浏阳经开区（高新区）：智造高地 金阳之光［N］. 长沙晚报，2021-06-03.

长沙银行、招商银行等结成合作伙伴，构建多元化融资渠道，联合湖南金信担保有限责任公司开发应急"绿色通道"贷款服务，克服单个企业抵押不足的弊端，为会员企业融资提供更多的选择，园区管委会对会员企业贷款进行贴息和风险补偿。该模式具有贷款成本低、申贷期限短、融资效率高的优点。

14.3.4　内部融资模式

融资优序理论认为企业偏好内部融资。大型集团企业往往通过并购形成内部资本市场，使公司从边际利润率较低的生产活动向边际利润率较高的生产活动转移，从而提高公司资本配置效率。广东恒兴集团是一家集种苗繁育、饲料生产、水产养殖、水产品加工、进出口贸易等于一体的大型民营企业集团，所属企业 40 多家，养殖基地 1 万多亩，年产值逾 60 亿元，资金实力雄厚。集团饲料加工业利润丰厚，经兼并收购在沿海省市建有 11 家饲料加工企业和 4 座水产品加工厂。通过注入资金和改善治理结构，缓解陷入困境企业的融资约束，扶持种苗繁殖，多元化经营以拓展产业链，充分发挥了集团公司内部融资的效率促进和风险控制功能。此模式具有灵活、及时、成本低、融资效率高的优点。

14.3.5　票证融资模式

这种模式主要是利用应收账款、国际票证、未来货权等融资工具进行融资，华为公司等大型企业利用应收账款等向海内外筹集大量资金。2008年华夏银行推出供应链金融服务品牌"融资共赢链"，品牌包括未来货权、货权质押、货物质押、应收账款、海外代付、全球保付、国际票证等融资链，可利用多种出口受益权，连通出口与采购，便利境内外采购需求。优点是：适用信用证、托收、汇款等结算方式，在备货、生产、发运、退税等环节均可申请办理；出口与采购一站式融资，只需提交一次申请；可提交新单据置换原单据，便利支用收汇款项；无须支付利息。

14.3.6　上市融资模式

公开发行股票或债券并上市融资是现代海洋产业的一条重要融资渠道。

××水产开发股份有限公司（股票代码300094）借助输美冻虾"零关税"和输美5种水产品自动扣检解禁的东风，迅速发展，急需大量资金支持。2010年6月××水产公司采用网下向询价对象配售和网上定价发行相结合的方式发行8000万股，每股发行价为14.38元，募集资金净额近11亿元，主要用于水产品加工扩建、水产品加工副产物的综合利用、国内市场营销网络、研发中心等项目建设，负债比率由53.33%下降至13.78%，低于42.52%的行业平均值，偿债能力明显增强，为养殖户提供虾苗、病虫害防治技术和资金支持，建立起了批发市场、连锁商超、餐饮及酒店三大渠道覆盖的营销网络①。

14.3.7 社会募集模式

社会募集融资渠道主要有风险投资和创业投资。风险资本通过购买股权、提供贷款或既购买股权又提供贷款的方式进入快速成长并且具有很大升值潜力的新兴公司。浙江中新力合融资担保有限公司构建信贷市场与资本市场的"桥梁"和"隧道"，使得高价值和高成长潜力企业的贷款申请通过担保公司的信贷担保和风险投资公司的相应承诺和操作提高相对应银行控制的要求，实现贷款融资，从而满足这些企业快速发展的需要②。中国创业投资基金发展较快，是现代海洋产业的新兴融资渠道。海洋产业投资基金是政府给予资金或政策支持，大量吸收风险投资和创业投资等民间资金进入，运行机制为"集体出资、组合投资、专家管理、收益共享、风险共担"（于谨凯和张婕，2008），直接投资于海洋产业的金融创新工具。产业选择是产业基金能否成功设立和运作的重要因素，海洋产业投资大，长期投资回报率高，是产业基金投资的重要方向。

考虑到中国海洋产业依赖银行信贷的现实，在逐步拓展融资渠道的基础上，未来中国海洋产业融资模式的选择可以分两步走。一是近期过渡式的融资模式，即以政府投入为引导、金融信贷为主导的间接融资为主体，以上市融资、票证融资和内部融资等主导的直接融资为辅助的多元融资模式。二是未来目标融资模式，即直接融资与间接融资并重、市场约束性强

---

① 资料来源：××水产开发股份有限公司2010年年度报告。
② 有学者称之为"桥隧模式"。在美国，硅谷银行与风险投资关系紧密，半数以上创业公司都获得过硅谷银行的贷款，这又被称为"硅谷银行模式"。

的多元化融资模式。在实施激励上，通过市场化的利益协调机制鼓励相关各方积极参与，强调各种融资方式相互支持、互为补充，形成海洋产业和金融市场共同发展、多方共赢的海洋产业生态金融。在政策支持上，强化政府资金引导，吸引民间投资，发展海洋产业链融资，支持海洋产业企业上市，扶持海洋产业投资基金，建立海洋开发风险担保体系，从而保障海洋产业发展的资金支持。

第 15 章

公共财政资金支持

市场是最有效率的资源配置方式，在资源配置中起决定性作用，从长远来看，通过市场配置资源可以达到市场出清的效果。值得注意的是，在某些特殊情况下，市场并非有效，需要包括财政资金支持等在内的政府适度干预。金融发展理论揭示，包括公共财政资金支持在内的融资政策支持是打破金融抑制并建立现代海洋产业多元融资体系的重要途径。政府财政投入对海洋产业投资具有风向标导向作用和对产出量具有乘数效应，可以吸引更多的民间投资、产业链金融、债券融资、产业基金和风险担保等资金，缓解海洋产业企业的融资约束，促进现代海洋产业的高质量发展。

15.1 公共财政资金支持动因的理论依据

财政资金是国家运用价值形式参与社会产品分配，形成归国家集中或非集中支配，并用于指定用途的资金，表现为国家通过无偿的方式或国家信用的方式筹集、分配和使用的货币资金，它是国家进行各项活动的财力保证。一般而言，社会投资主要有公益性投资项目、基础性投资项目和竞争性投资项目等三大领域。其中，公益性投资项目应该是财政资金项目投资方向的重点；基础性投资项目主要是利用财政投资，积极引导国内社会资本和外资参与投资；对于竞争性投资项目，财政资金应该退出。

15.1.1 "看不见的手"的局限

市场是一只"看不见的手"，通过价格机制来配置资源。在某些条件（包括完全竞争）下，市场经济会显示出配置效率（帕累托效率）。按照新古典主义的理论，市场是连续出清的，经济是帕累托效率的，没有定量配给、资源闲置，也没有超额供给或超额需求。要取得有效率的竞争均衡有许多严格的限制条件，不能有外部性和不完全竞争，消费者和生产者必须有完全信息，否则就会产生低效率配置的市场失灵。如果所有这些条件都能被满足，"看不见的手"就能带来完全有效率的国民产出的生产和分配，于是也就没有必要让政府介入来推进经济效率（萨缪尔森和诺德豪斯，1999）。现实情况是，资源有效配置的所有限制条件不可能同时满足，市场失灵是不以人的主观意志为转移的客观存在，因此，新凯恩斯主义和原凯恩斯主义都坚持非市场出清的假设，政府的适度干预就有了存在的客观基础。

15.1.2 不可避免的相互依赖

即使如布坎南（James Buchanan）所言，市场失灵并不是政府干预经济的充分条件，但市场失灵的存在毕竟为政府采取某种干预行为来改进资源配置的效率提供了一个正当的理由。由于市场机制的作用有限，放任自流的社会无法避免垄断、不正当竞争、基础设施投资不足、环境污染、资源浪费等现象的发生与蔓延。为了弥补市场失灵的缺陷，几乎所有政府都会运用政策工具来干预经济，发挥"看得见的手"的调控作用。

（1）有害的外部性。

导致市场配置资源失效的原因是经济当事人的私人成本与社会成本不一致，从而私人的最优导致社会的非最优。例如，不受管制的市场可能产生过多的污染，而且还对基础设施、公众健康或教育投资不够，导致公共品有效供给不足。按照福利经济学的理论，纠正外部性的方案是政府通过征收庇古税或者提供补贴来对科学及公共健康项目进行资助，纠正经济当事人的私人成本并使其和社会成本相等，确保资源配置达到有效的帕累托最优状态，最终控制或减少有害的负外部性发生。

（2）完全竞争的破坏。

奥利佛·威廉姆森（Oliver Willamson，1985）在《资本主义经济制度》中提出的纵向一体化假说，将企业看作连续的生产过程之间的纵向一体化的实体，当契约不完全时，资产的专用性、不对称信息和机会主义行为相结合会造成效率的损失，而企业之所以会出现，是因为在这种情况下，纵向一体化能消除，至少是减少这种效率上的损失（威廉姆森，2017），适度的集聚可以提高资源配置的效率。但是，当垄断或寡头厂商合谋减少竞争或将其他厂商驱逐出市场时，政府可以采取反托拉斯的政策或进行管制。各国议会通过的反不正当竞争法或类似的法律和法案就是政府对垄断行为进行管制的赖以依靠的重要法律武器。

（3）不完全信息。

不受管制的市场为消费者提供的信息往往太少，使消费者不能基于完善的信息来进行决策。也就是说，市场上买卖双方对交易对象所掌握的信息并非对称，卖方有可能会利用掌握更多信息的优势来采取谋求自身私利最大化行为甚至是损害他人利益的机会主义行为，包括逆向选择和道德风险，例如市场经济难以根治的造假行为，这可能会造成资源浪费、交易成本加大和社会整体效率的损失。为防止信息不充分，政府会要求卖方加大信息披露的力度，甚至通过公共财政支出，资助收集和向市场提供必要的信息。

15.1.3　支持之手

企业与政府的政治关系会对企业资源和价值造成一定的影响，施莱弗和维西尼（Shleifer and Vishny，1994）提出，政治家有很强的动机来隐性地转移企业的价值，从而实现自身的政治目的，包括有"支持之手"和"掠夺之手"两种行为。"支持之手"是政府对企业的支持能为企业争取更多的资源，而"掠夺之手"则是，由于施政目标的驱动或腐败行为的出现，政府可能从企业掠夺各种资源。为了获得政府干预的利益（包括公共财政资金的支持），主动寻求政治上的联系也就成为很多企业的理性选择。当然，政治联系是一把"双刃剑"，有可能争取更多公共资源倾斜的利益，也可能因为要为政府目标服务而承担更多的责任和负担，当然，只要政治联系的边际收益大于边际成本，则这种政治关联的建设就很有必要。特别地，对于一些支柱产业的重点项目和高新技术研发项目，更需要获得政府的支持，从政府管理的视角上看财政资金也可以有选择地给予扶持。

15.1.4 预算软约束

需要警惕预算软约束带来的短缺问题。科尔内（Janos Kornai，1986）认为，国家视企业如同自己的子女，不能放任不管，国家与企业之间存在"父爱主义"，国家对企业的保护和企业对国家的依赖是造成预算软约束的重要原因。预算软约束是指向企业提供资金的机构（政府或银行）未能坚持原先的商业约定，使企业的资金运用超过了它的当期收益的范围。

15.2 公共财政资金支持海洋产业政策的功能定位

海洋产业以开发、利用和保护海洋资源和海洋空间为对象，除传统的海洋渔业、海洋交通运输业和海盐业以外，随着海洋高新技术的不断进步，人类对海洋的开发、利用和保护活动将不断深入和扩大，海水淡化和海水综合利用、海洋能利用、海洋药物开发、海洋空间新型利用、海洋信息服务等成为新兴产业。与陆地经济活动相比，海洋开发属于新兴领域，是一项具有广阔前景、不断扩大和发展的全球性宏伟事业，需要更多资金投入。问题在于，资本供给者追求的是同等风险下最大化利益或同等收益下最小化风险，这是资本市场永恒的竞争法则。海洋资源开发投入高、难度大、风险大、回收周期长的特性与市场化金融支持体系运作的要求不相匹配，资本市场上资本供给的意愿不足，可以说海洋产业特别是海洋新兴产业前景光明但道路曲折，需要财政资金的鼎力支持和引导作用的有效发挥。

15.2.1 发挥风向标作用

风向标是用于测定风的来向的仪器，在风小时能反映风向的变动，即有良好的启动性能；具有良好的动态特性，即能迅速准确地跟踪外界的风向变化。中国仍处于社会主义初级阶段，存在人民日益增长的美好生活需要和不平衡不充分的发展之间的矛盾，在经济上的明显表现就是社会生产力水平还比较低以及地区发展不平衡，需要政府的强有力领导。中国特色社会主义市场经济体制的优越性在于能够集中力量办大事，一旦领导层下定决心，可以调动各种资源完成一件事，包括财政资金支持在内的政府行为引导社会资源的配置，久而久之，形成了企业家和社会资本投向的路径依赖，政府的投入发挥着显性的风向标作用。

公共财政资金支持海洋产业发展的风向标作用表现为：一是发展方向。虽然快速发展时期有很多商机，但任何时候机会和挑战都是并存的，商机之中必定蕴藏着危机，需要有明确的指向和信号。公共财政资金对良种体系、海洋环保和战略性海洋新兴产业等海洋产业的投入或补贴，向社会传递了产业政策的导向。二是支持力度。公共财政资金投入越多，支持力度越大，越能说明这个产业地位的重要程度。例如，国家曾经对港口建设、渔船建造和渔业龙头企业等给予较大的财政资金支持力度，正是在当时特定的条件下这些领域海洋产业发展的特别需要。三是动态调整。根据国际国内经济形势的变化和海洋产业的发展动态，国家会不断调整对海洋产业的支持政策，引导社会资本随之跟进，以期形成共振效应。例如，随着作为"碳达峰"和"碳中和"国际承诺相关措施的深入实施，国家可能会调整对海洋产业的支持政策，加强海洋督察和环保督察，提高养殖污水处理补贴等。没同向就没同步，有共振才有共鸣，企业家如果能和国家宏观调控形成同频共振，就能无往而不胜，海洋产业的发展就有所期待。

15.2.2　提供公共物品

国家最重要的职能是促进经济发展和提供包括公共物品在内的公共福利。公共物品是可以供社会成员共同享用的物品，包括同时具有非竞争性和非排他性的严格意义上的纯公共物品与不完全具有非竞争性和非排他性的准公共物品（又包括俱乐部物品和共同资源物品两种）。由于人们对于公共物品的购买方式异于私人物品，在自利原则驱使下，消费者总是希望不断地扩大公共物品的范围，以便免费或者少付费来享受更多的社会福利。这种"搭便车"的消费心理，容易导致福利刚性的形成，这在福利国家和社会主义国家普遍存在。由于公共物品的特殊性，导致市场机制决定的公共物品供给量远远小于帕累托最优状态。准公共物品的消费中，存在一个"拥挤点"，即当消费者的数目增加到该拥挤点之前，每增加一个消费者的边际成本是零；而达到该点之后，每增加一个消费者的边际成本开始上升；当达到容量的最大限制时，增加额外消费者的边际成本趋于无穷大。既然市场机制在提供公共物品方面是失灵的，政府的介入就有了必要性。当然，政府介入公共物品的供给，并不等于政府生产所有的公共物品，更不等于政府完全取代公共物品的市场。

提供社会所需要的公共物品和公共服务是公共财政资金支持海洋产业发展的出发点。同样，海洋公共物品也包括海洋纯公共物品和准公共物品两大类。海洋纯公共物品主要包括：海洋管理的基本政策、法规、海洋规划（区划）和制度体系，海洋管理的具体政策、规划、海洋计量标准等，海防、海洋公共安全、海洋测报等以及海洋环境保护的基础设施、海洋基础科学研究、海洋科技创新平台、科技兴海工程项目等。海洋准公共物品包括：一是在性质上近乎纯公共服务的准公共物品，如海洋环境、海洋产业相关的公共设施、海洋科技成果推广、海域防护林、海洋防灾减灾、海岛公共卫生、海岛基本医疗、海岛社会保障等；二是中间性准公共物品，如海洋职业教育和技术培训、海洋信息服务、海洋文化娱乐、海洋生态修复、海洋电力设施、海上交通安全等；三是性质上近乎私人物品的准公共物品，如海上通信、有线电视、海水淡化等（崔旺来和李百齐，2009）。

公共物品若想达到最优配置，需要满足两个条件：其一，是需要依托政府而不是完全的市场竞争，这样可以避免非排他性和非竞争性所导致的外部性；其二，是需要通过民主决策程序，因为它可以使公共需求得到最大限度的满足。对于公共物品的供给，政府可以通过直接生产来实现，包括中央政府直接经营、地方政府直接经营和地方公共团体经营等三种情形；也可以通过某种方式委托私人企业的间接生产方式来实现，包括签订合同、授予经营权、经济资助、政府参股、法律保护私人进入、社会资源服务等方式。最近各地兴起的一种 BOT 的公共物品提供方式，政府通过契约授予私营企业以一定期限的特许专营权，许可其融资建设和经营特定的公用基础设施，并准许其通过向用户收取费用或出售产品以清偿贷款，回收投资并赚取利润，期限届满时该基础设施无偿移交给政府。海洋公共物品是为满足海洋公共需要而提供的具有一定的非排他性和非竞争性社会物品，它主要应该由国家和政府提供，以体现国家治理的存在。

党的十九大提出，中国将秉持共商共建共享的全球治理观，继续发挥负责任大国的作用，积极参与全球治理体系改革和建设，宣告中国对待全球治理的坚定决心和庄严承诺。中国要积极履行国际责任义务，努力提供更多海上公共物品，推动构建"海洋命运共同体"。海上公共物品是国际公共物品的重要组成部分。金德尔伯格（Kindleberger，1986）最早将公共物品的概念引入国际政治，提出"国际公共物品（international public goods）"的概念。他认为，国际公共物品意指维护和平与开放的国际贸易体系，包括公海航行自由、清晰界定产权、国际货币和固定汇率等公共物品需求，以及由此形成的超国家层面的国际宏观管理机制，包括国际上具有充分共识的原则、准则和决策程序等。海上公共物品包括与海洋开发密切相关的基础设施、服务项目以及各种政策法规等，种类繁多，主要分为以下几类：海洋航道测量、海上导航服务、海洋气象预报、海洋卫星通信、海上安全保障、海上医疗保障（杨震和蔡亮，2020）。这些海上公共物品需要相应的海洋产业提供和公共财政资金的支持。

在应对全球海洋治理困境的国际行动中，中国应着力扮演好供给者、协调者和完善者三种角色。重点加强海洋环境保护、海洋经济合作、海洋科技研发、海洋资源开发与渔业捕捞等低政治领域内的公共物品供给，这些领域与政治因素的牵连相对较少，且直接关系到各国的切身利益，具有广泛的合作空间。而随着主客观条件的变化和供给能力的增强，再逐步将供给的重点向海洋安全、海洋争端调解、打击海上犯罪、全球气候调控等纵深方向和高政治领域延展。在政治互信、经贸合作、科技创新、环境保护、安全维护、人文交流等多个层面，着力建设好"21世纪海上丝绸之路"这一最重要的海洋公共物品，在扩展国家间海洋经济合作水平的同时，更加关注海洋环境、海洋科技、海洋防灾减灾、海上搜救、海上执法等领域的务实合作，以充分彰显这一倡议在供给全球海洋公共物品方面的时代价值，惠及世界各国人民（崔野和王琪，2019）。

15.2.3　扶持产业发展

对于具有公共物品属性的服务，长期以来人们都认为应该由政府提供，由此形成了"路径依赖"，即政府在海洋公共物品领域既是生产者，也是提供者。政府提供公共服务主要采取的是由政府投资建设，由事业单位经营管理的方式。由于政府的有限性以及政府活动成本与收益的分离，可能使政府在海洋管理领域陷入低效率的"政府失灵"现象，如政府垄断导致海洋公共物品低效和制度类海洋公共物品失效，甚至诱发海洋公共物品"寻租"。新形势下，把政府在中国海洋公共物品供给中的单一承担者和唯一可靠的生产主体的观念消除，从以前的"管理控制"模式转变为"引导服务"模式。政府可以通过产业政策主动寻求专家、公众和企业界的支持，促进公私合作模式在海洋产业服务领域的顺利开展。针对市场经济运行中可能出现的市场失灵和错误导向，政府为修正市场机制作用和优化经济发展过程，往往会采取相应的产业政策，包括产业发展政策、产业结构政策和产业组织政策。产业政策是国家经济发展的基石，没有哪个国家是没有产业政策的。就产业发展和产业结构政策来说，它们是政府对经济发展的长期性的系统干预（芮明杰，2012）。产业政策的实施手段有包括经济杠杆在内的行政间接干预与包括准入、配额、价格、技术、环境保护和安全生产等在内的行政直接干预，其中经济杠杆的主要工具就是政府财政补贴、政府投资和税收，可以说财政手段是产业政策的重要实施手段。产业政策要发挥效能，必须准确地选择目标，采取的政策措施必须满足针对性、连续性和指导性要求。

海洋产业发展可以充分借助海洋强国、乡村振兴和科教强国等国家战略所对应的产业政策，在相关财政资金的扶持下实现高质量发展。首先是海洋强国战略。中国是一个陆海兼备的发展中大国，建设海洋强国是全面建设社会主义现代化强国的重要组成部分。党的十六大将"实施海洋开发"作为重要的战略规划，并在国民经济和社会发展规划纲要中分别开设海洋专门篇章进行规划部署。党的十八大首次提出建设海洋强国的战略目标，党的十九大报告进一步明确要求"坚持陆海统筹，加快建设海洋强国"。海洋强国战略目标的实施，为海洋产业提供了很多扶持政策，如海洋综合发展示范区、海洋经济发展示范城市、"21世纪海上丝绸之路"共建政策以及各地的沿海经济带和湾区建设等，政策驱动和资金扶持往往是双管齐下，海洋产业迎来了高质量发展的战略机遇。

其次是科教兴国战略。科学技术是第一生产力，中国于1995年开始实施科教兴国战略，确立科技和教育是兴国手段和基础方针。党的十八大明确提出，科技创新是提高社会生产力和综合国力的战略支撑，必须摆在国家发展全局的核心位置，强调要坚持走中国特色自主创新道路、实施创新驱动发展战略。中国经济已经由高速增长阶段转向高质量发展阶段；党的十九大报告中提出的"建立健全绿色低碳循环发展的经济体系"为新时代下高质量发展指明了方向。高质量发展的根本在于经济的活力、创新力和竞争力，这需要科技的支撑。公共财政资金的支持方向侧重于基础性和公益性，海洋产业领域的基础科学研究、基础设施建设和生态环境修复等是产业政策扶持的重点，要支持建设一些支柱产业的重点项目和高新技术研发项目。

再次是乡村振兴战略。2018 年 9 月，中共中央、国务院印发《乡村振兴战略规划（2018～2022 年）》，2021 年 2 月印发《中共中央 国务院关于全面推进乡村振兴加快农业农村现代化的意见》，2021 年 4 月颁布《中华人民共和国乡村振兴促进法》。2021 年，财政部、国家乡村振兴局、国家发展改革委、国家民委、农业农村部、国家林业和草原局联合印发《中央财政衔接推进乡村振兴补助资金管理办法》，对中央财政衔接推进乡村振兴补助资金作出全面规定。为支持巩固拓展脱贫攻坚成果同乡村振兴有效衔接，原中央财政专项扶贫资金调整优化为衔接资金。中央财政 2021 年预算安排衔接资金 1561 亿元，比上年增加 100 亿元。根据衔接资金管理办法，在资金用途上，重点支持培育和壮大欠发达地区特色优势产业并逐年提高资金占比，支持健全防止返贫致贫监测和帮扶机制、"十三五"易地扶贫搬迁后续扶持、脱贫劳动力就业增收，以及补齐必要的农村人居环境整治和小型公益性基础设施建设短板等。各省市纷纷出台相关政策，如财政金融政策融合支持乡村振兴试点政策，并有大量的财政配套资金投入。实施乡村振兴战略是建设现代化经济体系的重要基础，适宜于因地制宜并能带动乡村振兴的海洋渔业、滨海旅游等特色海洋产业可以得到有效的财政资金支持。特别是对于海洋渔业而言，可以加强渔村基层基础工作，培养造就一支懂渔业、爱渔村、爱渔民的"三渔"工作队伍，推动现代渔业的高质量发展。

15.2.4 支出乘数效应

在海洋产业发展中，公共财政支出会带来较为显著的支出乘数效应。公共财政支出乘数（government expenditure multiplier）是指公共财政在商品服务上每增加 1 单位开支所能引起的 GDP 的更多增长的程度。在海洋经济发展中，公共财政支出乘数产生的主要原因在于，当公共财政支出（主要来源于税收收入）增加 Q 用于支持海洋产业发展时，其将获得首轮产出增量 bQ，政府征收的税收为 tbQ（t 为税率），同时在此税收中将有比例为 β

的部分用于支持海洋经济发展并获得第二轮产出增量，以下依此类推。由此可得公共财政投入所产生的总产出增量为：

$$P = bQ + tbQ \cdot \beta \cdot b + tb^2\beta Q \cdot t \cdot \beta \cdot b + \cdots$$
$$= bQ(1 + t\beta b + t^2\beta^2 b\beta + \cdots)$$

可得出 $P = bQ/(1 - t\beta b)$，则公共财政支出乘数为 $z = b/(1 - t\beta b)$。

由此，可以得出以下三点。

（1）当 b，t 一定时，β 越大，公共财政投入产出乘数越大。β 可用公共财政投入与 GDP 的比值加以表示，该指标反映了一个国家或地区政府部门对于海洋产业投入的重视程度。显然，政府部门对于海洋产业投入的相对比例越大，其乘数也越大。

（2）当 t，β 一定时，b 越大，公共财政投入产出乘数越大。b 值可定义为边际投入产出系数，b 值越大，表明政府初始投入所能够获得的收入能力越强，或者说当公共财政投入的盈利能力越强时，乘数也越大。

（3）当 b，β 一定时，t 越大，公共财政投入产出乘数越大，表明当投入所获得的包括海洋新产品收入、附加值等在内的产出享受税收优惠政策不明显，或者税收优惠政策具有迟滞性时，全社会海洋投入的积极性不高。此时，政府的主动性投入具有重要的扶持与指导作用，并将引发较大的产出，因此乘数较大。

15.2.5　投入触发效应

公共财政对海洋产业的投入还会带来社会投入的触发效应。公共财政支出的投入触发效应是指公共财政投入将带动其他投资主体（尤其是企业）对于海洋经济发展的投入，并且在一定程度上具有正相关性，即公共财政对于海洋经济发展关注越多、投入与支持越多，其他投资主体所受到的激励越大，相应地也将有更多的投入（彭华涛，2007）。公共财政投入的海洋产业领域在某种程度上揭示出政府所选择的扶持领域，引导其他投资者对于政府政策导向的把握，公共财政投入的力度也为其他投资者树立投入的信心，从而愿意投入更多的资金。公共财政科技投入的增量必然会带动其他投资主体（主要指企业）投入的相应增量。

海洋产业的投入是巨大的，单靠政府或者企业通常难以完成，公共财政投入将有效激发社会各界投入与政府机构共同分担风险的积极性。公共财政资金支持海洋产业发展的方式由以往单纯的资本金注入向资本金注入、贷款贴息、政府购买服务、发行债券、BOT 等多种投入方式并举转变，带动大量信贷资金、社会资本、金融资本、地方资金投入海洋产业建设。甚至可以融合财政金融政策，以"政府引导、市场运作、多方参与、多元投入"为原则，出台实施方案，明确工作目标、壮大专班体系、健全推进机制、创新服务方式，建立"政银商""政银农""政银企"三方合作的新模式，持续打造良好的财政金融融合支持海洋产业发展环境，用"政府之手"激活"市场之手"，为海洋产业发展注入活水源泉。

15.3　海洋产业中公共财政资金支持的政策设计

政策设计是政府为了解决相关问题，采取科学的方法广泛收集各种信息，设定一套未来行动选择方案的动态过程，是政策问题的提出、分析、议程和政策制定的过程。政策设计包括整体（组合）政策设计和单项政策设计，其中整体政策设计包括政策目标、原则、重点海洋产业领域、政策选择与制度框架等的确立。当然，整体政策由单项政策组成并对单项政策进行统筹和指导，单项政策设计是对某项支持政策的目标、对象、范围、措施和监督等要素的构想，经过既定程序审批后予以实施的具体方案。本部分主要从政府层面探讨整体政策设计。

15.3.1　政策目标与原则

15.3.1.1　目标取向

促进海洋产业发展无疑是公共财政资金支持的总体政策目标，围绕总体目标需要注重顶层设计，政策目标不宜过于宽泛，必须增强政策的针对性与指向性，明确界定政策的基础目标、核心目标与综合目标，集中力量解决当前海洋产业发展中的突出矛盾和关键问题，要注意构建统筹协调、功能互补的政策框架，避免不同目标彼此冲突、互不兼容，尽可能降低政策操作成本，最大限度提高政策效能（程国强，2011）。现阶段公共财政资金支持政策的基础目标为：海水产品供应，海洋交通运输；核心目标为：产业竞争力、产业可持续发展；综合目标为：提供海洋能源、海洋食品安全、增加国民收入、海洋环境保护、海洋国土安全等，须在实现基础目标和核心目标的基础上，统筹兼顾（见表 15 – 1）。之所以界定如上所述的基础目标，是因为海水产品供应和海洋交通运输是中国海洋经济发展不可逾越的基础任务，而确定核心目标是产业竞争力、产业可持续发展，则是基于海洋产业的发展是实现海洋强国战略的载体和现实需要。

表 15 – 1　　　　　　　海洋产业中公共财政资金支持的目标定位

基础目标	核心目标	综合目标
海水产品供应 海洋交通运输	海洋产业竞争力 海洋产业可持续发展	提供海洋能源 海洋食品安全 增加国民收入 海洋环境保护 海洋国土安全

15. 3. 1. 2　基本原则

按照促进海洋产业发展的总体政策目标，构建中国公共财政资金支持海洋产业的政策框架，应遵循以下四个原则。

第一，坚持实事求是原则。制定和设计政策，首先必须从有关事物的实际出发，掌握该事物的准确信息，抓住该事物的基本规律，量力而行，循序渐进。现阶段中国海洋产业的实际情况是，中国是发展中海洋大国，海洋生产方式落后、投入不足、产业现代化水平低等问题将长期存在。建立和完善海洋产业补贴制度，必须从中国的基本国情出发，立足当前，着眼长远，量力而行，尽力而为、循序渐进，建立稳步增长的海洋产业补贴投入机制，促进补贴政策的制度化、规范化和科学化。

第二，坚持重要性原则。在现有有限的物质条件下，不可能对所有的产业都给予财政资金支持，必须有所为有所不为，在综合考虑扶持的必要性、紧迫性和效益性的情况下，政策的制订必须明确指向，突出重点，把握海洋产业发展中的重点难点问题，围绕保障海洋产品有效供应、增加国民收入和发展现代海洋产业的关键任务，注重提高政策措施的针对性和有效性，把有限的财政资金支持政策资源集中使用到重点品种、重点地区和关键环节。

第三，坚持利益协调原则。选择财政资金支持政策措施，要坚持市场导向，遵循规则。以市场化导向，注重充分发挥市场机制在资源配置中的决定性调节作用，同时要考虑这项政策实施时所涉及的利益群体间的关系，进行综合协调，使它们的矛盾摩擦达到最小程度。一般产品主要靠市场调节，重点产品应尽量减少市场干预和扭曲。要根据 WTO 规则和中国的承诺，确保财政资金支持政策总量、结构和政策措施符合 WTO 规则要求。

第四，坚持有效性原则。要注重协调整合各种财政资金支持政策，发挥政策合力与综合效能；统筹利用信贷、证券、保险、产业基金等机制，通过分工组合、功能互补，发挥政策的组合效应和规模效益；要注重协调国内补贴支持与进口保护措施，提高政策实施的有效性。

15.3.2 现阶段公共财政资金支持的重点海洋产业领域

根据现阶段的基本国情，设计公共财政资金支持制度，要以促进海洋产业发展为目标，以增强政策的针对性、指向性和有效性为导向，以补贴重点产业、重点地区和关键环节为核心，突出解决海洋产业发展中的重点矛盾和关键问题，全面提高政策的综合效能。因此，应重点支持以下领域。

15.3.2.1 重点支持产业

纳入政府补贴支持范围的重点海洋产业，主要有以下五类。

一是海洋战略性新兴产业，包括海洋工程装备制造业、海洋药物和生物制品业、海洋可再生能源利用业、海水利用业、海洋新材料制造业以及海洋高技术服务业等，这些产业以重大技术突破和重大发展需求为基础，对经济社会全局和长远发展具有带动引领作用，科技含量大，技术水平高，环境友好，处于海洋产业链高端，具有全局性、长远性和导向性作用，理应得到政府补贴的重点支持。

二是现代海洋渔业，包括种质资源保护、良种场建设、种业龙头企业等海水种业，健康养殖示范场、养殖池塘升级改造、工厂化养殖、深远海养殖等绿色生态养殖，远洋渔业，现代化水产品深加工技术研发，中央厨房龙头示范企业，博览会等海洋产品交易平台建设，海洋产业大数据检测监测体系等。在大食物观下，海洋渔业事关国家食品安全，一直是国家重点支持对象。对这些海水产品的补贴支持，是确保食品安全、实现保供给目标的关键措施。

三是海洋传统产业升级行业，包括现代海洋油气业、海洋矿业、海洋船舶工业、海洋化工业、海洋工程建筑业等，这些产业是海洋战略性支持产业，其在国民经济中的基础性地位不动摇。这些产业需要与时俱进地进行技术升级改造，这离不开政府的政策引导和支持。

四是涉及海洋环境治理的产业，包括海洋生物多样性保护、红树林保护、污水治理、节能减排等。在"两山理论"的指导下，随着"双碳"目标的深入实施，国家越来越重视环境特别是海洋环境的治理和保护，会提供大量的资金支持。

五是涉及海洋国土安全和海洋权益保护的相关产业。

15.3.2.2　重点补贴地区

补贴政策必须有明确的地域指向，重点支持资源条件好、生产规模大、区位优势明显的海洋产业主产区。一方面，增强政策的指向性和有效性，发挥政策的导向作用，调动主产区重视发展海洋产业的积极性，鼓励资源条件好的海洋功能区加快现代海洋产业建设，夯实国家食品安全的基础。另一方面，可以减少因范围大引起执行、监管难度加大等问题，降低政策执行成本，提高政策效能。

一是海洋中心城市，包括全球海洋中心城市和区域性海洋中心城市，支持其高质量发展海洋经济，建设世界一流港口，建立高水平海洋产业体系，创办高水平海洋科研院所和大学，建设海洋科技创新核心区，打造海洋开发银行、金融岛等现代金融创新服务功能区，构建陆海统筹的海洋开发格局，串珠成链，以点带面，带动大湾区甚至沿海经济带（区）的发展。

二是海洋产业集聚园区，以发展海洋产业特别是海洋工程装备制造业为主的现代产业园，通过政府的引导和支持，形成产业要素创新、发展格局逐步凸显、产业协同能力提升、空间载体布局合理并具有多要素产业技术支撑平台系统的产业园区。沿海各级政府均大力谋划建设海洋产业园区以培育新的经济增长点甚至经济发展的新引擎。

三是重要的海产品供应基地，包括育苗基地、主要海产品的生产基地和加工基地、技术研发基地、集聚和流通基地、出口基地等。良种基地、深水网箱、海洋牧场、特色海水产品的生产基地，正是过往政府补贴的重点支持领域。

四是重点扶持的沿海地区，沿海贫困地区实现脱贫目标后，正全面推动乡村振兴，以产业为纽带实现精准扶贫和乡村振兴的有效对接，是沿海贫困地区完成脱贫攻坚目标之后需要解决的问题。在政府政策的引导和支持下，通过因地制宜发展海洋产业以实现乡村振兴，巩固精准扶贫来之不易的成果，避免返贫，真正实现脱贫致富，正是政府补贴公益特性的体现。

五是环境治理和保护重点地区，红树林保护区、海洋生态相对脆弱地区、海洋生物多样性重点保护地区和海洋生态保护区，毫无疑问都是政府补贴的重点支持地区。

15.3.2.3　补贴关键环节

要针对海洋产业发展的关键环节，利用政府补贴调动企业和从业者的积极性，采取指向明确、挂钩补贴等措施减少中间环节的漏损，稳市场、促外贸、调结构，提高政策实施效率，重点支持的关键环节有：一是关键技术研发和改造，这方面的典型就是制造强国补贴和技术改造奖补项目；二是进出口贸易提升，包括促进外经贸转型升级、"走出去"以奖代补专项、促进投保出口信用保险专项资金、出口企业开拓国际市场专项资金、外贸转型升级示范基地公共服务平台建设等专项资金补贴；三是种质资源培育和推广，包括种质资源的调查、培育和推广，通过补贴引育良种，解决种子"卡脖子"问题；四是贷款贴息，包括"走出去"贷款贴息、龙头企业贷款贴息、技术改造贷款贴息等，通过贷款贴息撬动社会资本的投入来推动海洋产业的发展；五是环境治理，对环境治理设备和技术要进行直接补贴；六是支持海洋保险保费等补贴，推动海洋保险的发展并为海洋产业的发展提供优质服务。显然，与补贴终端相比，补贴研发环节更为有效，这是未来补贴政策调整的重要方向。

15.3.3　公共财政资金支持的政策选择与制度框架

整体上看，财政支持的政策选择和制度框架主要包括支持方式、政策措施、协调机制、长效机制等方面的思考。

15.3.3.1　合理选择方式

财政对产业发展的支持实质上就是一种外在激励，即为财政激励。根据前面的实际考察，政府财政激励可以分为普惠性激励和竞争性激励两类。前者是所有企业都可以享受的优惠政策，主要为各级政府的一般性扶持政策，例如出口退税、高科技企业的所得税优惠等。这种激励政策的导向性明确，但在增强企业财务弹性和改善还款能力上可以发挥的作用有限。后者则是在一定行政区域（可能是全国、省、市或者区县）和行业范围内竞争中胜出的才能享受到的政策，是当前财政政策实施的主流形式。当然，由于官员任命和政绩考核的客观存在，不同地区财政竞争性激励的强度差异较大，强度大小取决于官员的偏好、认知和地方政府的财力。进一步看，竞争性激励又有总量控制下的分级补贴（包括以奖代补）和以项目为依托的基础设施、质量、标准化、环境等财政支持两种措施。从资金来源看，分级补贴主要来源于省级政府下各级政府的分摊，通常级别较高的政府按照财政收入的一定比例设立财政专项资金，过去往往要求地方政府配套资金。当然，在现有分税财政体制下，县区等基层政府常因财政实力制约，导致配套资金不能到位，因此后来不少省份纷纷取消基层政府特别是相对落后地区政府的配套。在实践中，财政负担较小的以奖代补政策更为普遍，这种方式也更加符合财政支出绩效理念及其考核要求。为提高补贴政策的效率，尽量不采用事前补贴的政策，并注重通过法律形式来规范补贴，避免补贴资源被滥用。若采用立项资助方式进行财政补贴，则需要加强后续的监督检查和验收评价。

15.3.3.2 健全政策措施

海洋经济的发展已经受到了党和国家领导人的高度重视，各种规划、报告等纲领性文件从战略高度明确了海洋经济的重要地位，海洋强国的建设任重道远。各级政府相关部门应制定和优化相关财政激励性政策，发挥扶持资金对实体性要素投入的引导作用。当前海洋产业财政激励性政策设计存在不少问题，资金的投向分散，政策可执行性不强，导致政策效果较差。需要摒弃不合理的政策规则，寻找合理补贴之道，从而有效使用补贴资金，促进海洋产业的高质量发展。应由各级政府海洋管理、财政等部门组织领导小组，坚持错位发展、资源节约、市场主导和创新驱动原则，合理设计产业规划引导和资金扶持政策。每项支持政策都应进行系统的设计，以问题为导向，确定政策的目标或者说确定要达到的具体目的、基本原则或者估计需要，根据收集到的信息科学设计政策方案、评估政策方案、选定政策方案。政策设计要简便易行，灵活有效。准确定位五项要素，科学设计政府补贴。一项完善的补贴政策在设计之初必须先有一个明确的定位。

补贴政策的五项基本要素是补贴事项、补贴主体、补贴对象、补贴金额以及补贴方式，这五个问题是一个统一的整体。应以这五项要素为标准全面而准确地考虑，科学合理地制定政府补贴。应统筹安排财政预算内投资、专项建设资金、创业投资引导资金以及国际金融组织贷款和外国政府贷款等政府性资金，确保重点投向海洋装备制造、海洋油气、船舶制造、海洋渔业、海洋运输、海洋生物医药、海水综合利用、海洋化工、海洋旅游等海洋产业领域。同时，规范竞争性扶持资金的竞标程序，扩大政府投入的乘数效应，促进优势产业朝着科技引领、创新驱动方向集聚发展。各级财税部门要充分行使职能，制定财税配套政策，促进现代海洋产业发展。政府对海洋产业的一般服务支持措施，即通过政府公共财政对整个海洋产业部门的补贴支持，包括科研推广、基础设施建设和资源环境保护等支持计划。

15.3.3.3　建立协调机制

海洋产业种类较多，涉及的政府相关部门较多，相应地在政府补贴方面就存在协调性问题，主要表现为：一是政出多门，如农业农村部门的良种体系建设补贴和深水网箱养殖补贴、工信部门的重点技术改造补贴和制造强国补贴、商务部门的促进外贸进出口发展奖励和外贸转型升级示范基地建设补贴、科技管理部门的高新企业补贴等；二是缺乏协调机制，当前不同部门都有自己的补贴体系，各部门补贴标准不一、各自为政，不仅效率低下，而且由于缺乏顶层设计，使得海洋产业发展处于无序状态。应建立补贴的部门协调机制，进一步完善现行补贴政策措施。各部门需要建立完善的补贴信息管理系统，在此基础上由海洋管理部门建立统一的海洋产业补贴基础信息管理系统，汇集并统计分析各部门的补贴数据，为各部门的协调行动提供大数据支持。在现行的海洋管理体制特别是大部分沿海省市撤销海洋与渔业管理部门后，虽然无法坚持实行单一政策执行主体，但必须明确执行主体的权责利，防止多元主体带来的利益争夺与责任推诿，提高政策执行效率。

15.3.3.4　建立长效机制

海洋强国战略目标的实现不可能一蹴而就，需要海洋产业的长期发展提供充足的物质基础，海洋产业补贴的长效机制不可或缺。在 WTO 等国际规则框架下，对现行的补贴政策进行规整，更多采用绿箱政策，加大对科研、技术推广、食品安全储备、自然灾害救济、环境保护和结构调整计划的支持。在具体措施上，可考虑鼓励地方政府建立海洋产业引导基金，开展投贷联动支持海洋产业企业，建设海洋经济示范区，对处于产业集群中的海洋产业企业，积极试点统贷统还等融资服务模式。同时，要进一步建立和完善公共支持体系，鼓励沿海地方政府积极开展贷款风险补偿工作，推动建立海洋产业贷款风险补偿专项资金，发展海洋领域政府性融资担保，建立政府、农业政策性金融、融资担保公司合作机制，降低海洋产业生产成本和经营风险。在这方面，2018 年国家海洋局、中国农业发展银行联合印发《关于农业政策性金融促进海洋经济发展的实施意见》（见附件 1），做了有益的尝试和推动。

第 16 章

资本市场融资支持

经过 30 多年的发展，特别是通过改革消除阻碍资本市场发展的股权分置这个制度性缺陷后①，中国资本市场发展迅速，由主板、创业板、科创板、新三板、区域性股权交易市场、券商柜台市场等组成的多层次资本市场已经形成，并成长为世界第二大市场。据统计，2021 年底中国资本市场上市公司已达 4685 家，总市值 91.88 万亿元，规模稳居全球第二。② 当然，资本市场还存在需要改进的问题，需要深化资本市场改革，完善资本市场基础制度，更好地发挥资本市场功能，为各类资本发展释放出更大空间。③资本市场的快速发展为海洋产业企业提供了充分的融资选择空间，海洋产业企业要主动对接和积极利用资本市场提供的资源，构筑资本市场支持海洋产业发展的新模式和长效机制。

---

① 2005 年 4 月 29 日股权分置改革启动，到 2006 年末基本实现股市的全流通状态，这是中国资本市场极为重要的制度变革。这次改革的成功，在一定程度上解决了股东利益不一致和激励不足问题，为资本市场规范化发展奠定了坚实基础。

② 根据金融界公布的《2021 中国资本市场报告》统计，截至 2021 年 12 月 30 日，A 股上市股票共计 4685 只，其中上交所 2032 家（主板 1655 家、科创板 377 家），深交所 2571 家（主板 1481 家，创业板 1090 家），北交所 82 家。市值方面，A 股沪深两市总市值合计 91.61 万亿元，北交所上市公司总市值 2722.75 亿元。

③ 引自习近平总书记 2022 年 4 月 29 日在主持中共中央政治局就依法规范和引导我国资本健康发展进行的第三十八次集体学习的讲话。

16.1 资本市场的实质与功能

16.1.1 资本市场的实质

作为与货币市场相对应的理论概念，资本市场（capital market）又称长期资金市场，是金融市场的重要组成部分。一般而言，资本市场是指证券融资和经营一年以上中长期资金借贷的金融市场，其融通的资金主要作为扩大再生产的资本使用，期限长、风险大，具有长期较稳定的收入，类似于资本投入，因此被称为资本市场。在资本市场上，资金供应者主要是储蓄银行、保险公司、信托投资公司及各种基金和个人投资者，而资金需求方主要是企业、社会团体、政府机构等。其交易对象主要是中长期信用工具，如股票、债券等。作为资本市场重要组成部分的证券市场，具有通过发行股票和债券的形式吸收中长期资金的巨大能力，公开发行的股票和债券还可在二级市场自由买卖和流通，有着很强的灵活性，已经成为国民经济的窗口、晴雨表和重要产业。对资本市场构成的界定对于海洋产业融资的探讨具有重要意义。

实际上，关于资本市场的构成或边界是有着不同看法的。资本市场特别是股票市场的最初形态就是资金交易或者说是融资的场所，现今资本市场的内涵更加丰富，外延也更加宽泛，其实质上已经是一个多层次的市场经济体系和国民经济的重要组成部分。一个成熟的资本市场往往是多层次的立体市场，广义上的资本市场由四个部分组成：证券市场、产业集群内部资本市场、风险资本市场和长期信贷市场（见图 16-1），狭义上的资本市场往往特指证券市场，通常实务界讲的资本市场包括股票市场、债券市场、基金市场和中长期信贷市场。其中，中国的股票市场已经形成了以主板市场和二板市场为主的场内市场以及以三板市场和四板市场为主的场外市场。场内市场有主板、创业板、科创板，场外市场主要由银行交易市场、新三板、区域性股权交易市场（四板市场）、券商柜台市场等组成。中长期信贷市场的资金供应者主要是不动产银行、动产银行，其资金投向主要是工商企业固定资产更新、扩建和新建，资金借贷一般都需要以固定资产、土地、建筑物等作为担保品。未来，中国资本市场还会培育出更多长期资本，满足专精特新企业的长期融资需求，为提升制造业核心竞争力和经济硬实力保驾护航。

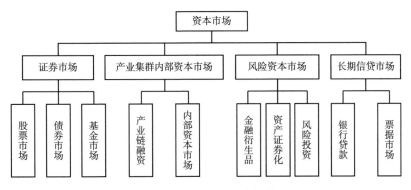

图 16 - 1　广义的资本市场体系

按照交易的性质（或交易对象所处阶段）划分，证券市场可以分为一级市场和二级市场。一级市场，也称发行市场或初级市场，是资本需求者将证券首次出售给公众时形成的市场。它是新证券和票据等金融工具的买卖市场。二级市场是指在证券发行后各种证券在不同的投资者之间买卖流通所形成的市场，又称流通市场或次级市场①。

显然，资本市场是实现资金融通、投资者进行投资、资金需求者吸收投资的重要场所。与货币市场相比，资本市场通常具有以下特点。

（1）长期性。资本市场服务于实体经济，是资本市场从出现到逐渐发展成熟的驱动力。在资本市场中，筹资者筹集资金用来购买大型设备、投入产品研发、进行技术创新等，这些活动需要长期投资资金。筹融资的用途决定了资本市场的资金使用期限至少应为一年，也可以长达几十年，甚至无到期日。例如：中长期债券的期限都在 1 年以上；股票没有到期日，属于永久性证券；封闭式基金存续期限一般都在 15 ~ 30 年。

（2）投机性。投资者投入资本通常是以获取更高收益为目的。大量投资者把现有资金或闲置资金投入资本市场，资本市场再分配到需要投融资的企业，促进企业价值的增加，最终实现投资者的价值增值。这种投机行

---

①　一级市场和二级市场中的这个"级"，就是一个企业股份的发行次序和发行时间，其分界线实质上就是企业的股份是否证券化。企业的股份证券化之前，对于企业股份的交易，就叫一级市场，而企业的股份证券化之后，变成股票，变成了所有权标准化凭证之后再在公开市场上进行流通，就是二级市场。

为有利可图，从而吸引更多的资金进入资本市场。

（3）不稳定性。投机活动是存在较大风险的。由于融资期限较长，发生重大变故的可能性也大，市场价格容易波动，投资者需承受较大风险。资本市场给投资者带来高收益的同时也伴随着巨大的风险。筹融资后的企业由于各种内、外部的风险，没有实现盈利甚至出现亏损会带来巨大的冲击。不仅投资者的资金安全无法得到保证，还会影响资本市场的稳定。因而资本市场具有风险管理能力显得尤为重要。

16.1.2 资本市场的功能

资本市场服务于实体经济，助力实体经济的发展。资本市场具有投融资、评定资本价格、优化资本配置的功能。

（1）投融资的功能。资金融通是资本市场的本源职能。资本市场的存在为投资者提供了投资的平台，也为筹资者提供了获取融资的机会。投资者需要使盈余资金价值增值，筹资者需要资金扩大企业的规模，这是一个互补且互利的事情。资本市场可以快速将分散各方的闲置资金聚集到一起形成大额款项，被自身发展需要资金的企业融资。这些资金具有较长的使用期限，满足企业发展需要获得长期资金支持的特点。一旦企业经营失败，这些风险将分散于整个资本市场，使得个人投资风险相对降低。

（2）评定资本价格的功能。通过评估资本市场中投资主体的投资回报率、市场预期等，对不同的资本进行价值评估。总的来说，预期能给投资者带来高收益的资本价格就高，反之，价格就低。再结合资本市场中资金的供求关系，资本的价格围绕资本的价值上下波动。上市企业每股的价格、证券的价格都是资本市场评定资本价格的体现。

（3）优化资本配置的功能。资本市场存在强大的评价、选择和监督机制，引导资金的流动，实现资源的合理配置。投资的主体是理性的经济人，逐利是"理性经济人"的本质。理性的投资者倾向于投资会给自己带来更高回报的项目，从而促使资金流入具有更高效益和巨大潜力的企业。对于企业来说，会为了吸收优质投资而努力提升盈利水平，从而实现实体经济高效发展。资金优先分配给发展前景广阔、经济效益优的企业，这体现了资本市场优化配置的功能。

16.2 资本市场支持海洋产业发展的主要路径

资本市场是海洋产业重要的投融资平台，海洋产业的发展离不开资本市场的支持；资本市场的发展又离不开企业特别是海洋产业企业的成长性，缺乏成长性企业的资本市场是活力不足和功能难以发挥的，对海洋经济发展的作用十分有限。由此可见，海洋产业发展与资本市场存在紧密的耦合关系，在资本市场为海洋产业提供资金和市场引导的同时，海洋产业推动着资本市场的发展。资本市场支持海洋产业发展路径较多，包括支持海洋产业企业上市融资、发展海洋产业基金、发展金融衍生产品、支持资产证券化、吸收风险投资、发展票据和中长期信贷市场、发展海洋产业链融资以及发展海洋产业企业内部资本市场等。

16.2.1 支持海洋产业企业上市融资

为实现拓展海洋产业企业融资渠道，能够使海洋产业企业获得更多的资金扶植，需要优化股票市场结构。在股票市场中，除了主板市场，还有一些海洋产业企业在中小板市场上市，如主要从事扇贝和海参苗等海产品养殖的壹桥苗业、獐子岛、好当家等。为了促进高科技型企业上市融资，在深圳证券交易所设立的独立于主板市场的科创板市场给技术创新型海洋产业企业提供了便利。当然，由于现今的海洋产业企业的特殊性，其上市融资仍然存在许多问题，要结合企业发展的状况切实进行调整。

相较于其他产业的上市企业，海洋产业企业在主板市场上市的数量较少。其原因主要有：第一，海洋产业企业的资金来源主要是原始资本，能够依靠风险投资获取发展资金，上市融资难度较大。海洋产业企业具有资金需求量大、回收周期长、风险较大的特点，这些特点决定了投资者在评估各项投资风险时，海洋产业企业投资项目相对来说不是一个更好的选择，因此海洋产业企业难以获得足够的原始资本来发展自身。资金回收周期长以及收益稳定性低导致海洋产业企业会计稳健性差，而中国股票市场对上市企业的要求高，能够达到主板市场上市要求的海洋产业企业数量不多。第二，海洋产业企业的科技创新还处于起步阶段，将技术创新转化为科技成果成效不显著。一些海洋产业企业的经营主要依靠劳动力要素的投入，技术进步促进海洋产业企业转型升级的成效相对较小。对于海洋经济而言，海洋科研的投入对于海洋产业企业海洋技术进步发挥着重要作用，而从海洋技术创新到最终成果转化，再到实现盈利，这个过程需要金融支持作为坚强后盾。为了促进高新技术产业的发展，中国目前在深圳证券交易所成立的科创板市场主要支持科技型创新企业挂牌交易。科创板市场相对主板市场的上市条件较为宽松，但对于上市企业的各项要求依然较为严格，大部分海洋产业企业无法满足上市条件。第三，不确定性的海洋灾害以及次生灾害对海洋产业的发展具有极为严峻的消极影响。海洋灾害的影响范围广，造成破坏的程度大，给海洋产业企业的发展造成巨大的阻碍，海洋灾害的发生可能给一些海洋产业企业带来重大损失，甚至会影响到海洋产业企业的持续经营。持续经营是考核申请上市的企业是否达到标准的重要因素，由于海洋产业企业的持续经营受到不可控因素的影响较大，海洋产业企业可能面临为准备上市而发生的成本付诸东流的压力。

16.2.2　发展海洋产业基金

产业基金主要是政府或大型企业发起设立，投资目的明确，为了帮助特定产业发展的基金。在国外，产业基金又称为私募投资基金，是资本市场中重要的融资手段。中国目前较大的产业基金主要由政府牵头设立，政府通过成立基金来吸引资本投入，发展政策支持的产业。产业投资基金在撬动资本投入产业建设中发挥了重要作用，已有研究表明，政府产业投资基金对于促进企业创新具有显著作用，尤其是对推动处于科技研发初期的企业、处于创新水平较低地区的企业具有更为显著的作用（李宇辰等，2021），政府产业投资基金带有鲜明的政策性导向（曹飞，2020）。海洋产业企业有相当大一部分企业处于发展初期，且地域限制因素明显，政府产业投资基金的投入导向正好契合现代海洋产业政策性强的特征，有助于引导海洋产业长期向好和不断成长，推进海洋经济高质量发展。

当前政府主导的海洋产业基金的设立虽然较好地支持了海洋产业企业的发展，但是政府产业基金在运行过程中依然存在以下问题：资金分配由政府主导，政府干预较多，存在资金分配不合理的问题，不能很好地发挥市场资源配置的作用（李宇辰，2021）；在一定程度上可以提升企业整体创新水平，但是容易导致低质量的创新；民营资本参与率较低，且运作过程中投资回报率低，无形中增加了地区政府负债压力（郑联盛等，2020）。因海洋产业存在高投入的特性，传统政府产业基金的运行方式不能完全满足海洋产业的需求。可以借鉴国外产业基金的运作模式，以市场为主导，充分发挥资本市场的作用，根据海洋产业以及海洋产业企业的特殊化需求，量身定制符合海洋产业特点的现代海洋产业基金，吸收资本市场众多的投资者特别是财团的积极参与，优化投融资结构，提升资源配置效率，助力海洋产业发展。

16.2.3 发展金融衍生产品

金融衍生品市场的兴起是源于金融市场大量风险管理服务的需求。纵观全球资本市场金融工具的发展，金融衍生品的占比逐渐增加。金融衍生品市场的发展减弱了直接金融体系发生危机时可能对实体经济的冲击，降低资本市场的风险，有利于服务实体经济的发展。在中国，对金融衍生品市场的认识还需进一步加深，金融衍生品市场还有很大发展空间（刘方方，2015）。从微观经济学角度出发，物质资料市场的功能是配置实物资源，金融市场的功能是配置金融资源，金融衍生品市场的功能则是配置风险资源（刘玄，2016）。不同的风险偏好者可以通过金融衍生品交易来降低或提高风险指数，实现风险转移。已有研究发现，当企业面临经营风险大、信息不对称程度高以及代理冲突严重时，使用金融衍生品显著降低了现金流波动风险（刘井建等，2021）。由此可见，金融衍生品在资本市场风险控制中具有重要作用。

在推动具有高风险特质的海洋产业企业发展上，金融衍生品应充分发挥其作用，金融衍生品市场推广的重要性更显而易见，有助于推动海洋经济的发展和尽早实现海洋强国战略目标（孙才志等，2021）。以海洋产业企业的运营特征和发展阶段作为切入点，研究海洋金融衍生品在海洋产业中的应用，拓宽海洋产业融资渠道。中国的金融衍生品市场还存在法律规范不健全、市场机制不完善、市场信息不对称、过度投机等问题，金融衍生品业务有待发展和完善（赵万先，2015）。海洋产业的金融衍生品市场更是急需完善推广，以海洋产业企业资产为标的物的金融衍生品数量较少。海洋金融衍生品的运行模式以及运行过程中的风险预测和防范机制亟须探讨。

16.2.4 支持资产证券化

资产证券化是以特定资产组合或特定现金流为支持，发行可交易证券的一种融资形式，也就是对一些特定的资产、现金流组合打包，通过设计进行信用增级，从而可以将其转化为证券在金融市场发行与销售，为发行人筹集资金（洪艳蓉，2004）。作为一种创新融资方式，资产证券化日渐成为企业重要的直接融资渠道。对于发行人来说，可以通过资产证券化将手中无法快速变现且有回收风险的应收账款、应收票据、未来收益等资产尽快转变为可用资金，可以缓解企业现金流不足等问题。

海洋产业企业的海域使用权等资产难以评估、产权交易不顺畅、抵押难等问题一直是困扰海洋产业企业的难点（吴国兵，2020）。海洋产业企业使用的大型机器设备使用范围较窄，在置换、抵押或出售时，很多企业不愿接盘，海洋产业企业固定资产变现也是一大难题。这些问题的存在使海洋产业企业的融资渠道受到较大的限制。资产证券化可以有效解决海洋产业企业拥有自然资源、特许经营权、大型设备等现有资产置换流动资金的困难。中国海洋产业中资产证券化发展迅速，为海洋产业企业融资提供了新思路。据中远海运发展股份有限公司（中远海发，证券代码601866）的公告披露，其旗下的中远海运租赁有限公司在2017年首次发行以融资租赁租金为基础资产的ABS产品，融资规模曾高达12亿元。青岛极地海洋世界有限公司以门票收入作为基础资产进行资产证券化。海洋产业资本市场资产证券化的运用无疑给海洋产业融资注入生机，可以有效盘活海洋产业企业的存量资本。

当然，也要辩证地看待海洋产业企业在资本市场运用资产证券化所带来的收益和风险问题，需要将其运行的机理与海洋产业资产特点结合起来进行深入分析及改进，在改善海洋产业企业融资环境的同时抑制后续风险产生的危害。

16.2.5 吸收风险投资

风险投资的起源最早可以追溯到19世纪末的美国，当时具备雄厚财力的资本家对具有良好发展前景但缺乏启动资金的企业提供资金支持，在企业发展成熟后退出投资，实现资本增值。随着创新创业活动不断扩大的资金需求，创新创业活动所带来的高收益成为风险投资发展的动力。经过多年发展，现如今风险投资已成为由职业的风险投资机构对具有创新成长潜力和发展迅速的企业的一种权益投资（刘曼红，1998）。风险投资的介入对企业技术创新具有显著的促进作用（王雷和庄妍蓉，2021），且相比非科技型小微企业，风险投资对推动科技型小微企业技术创新的作用更为显著（丰若旸和温军，2020）。

海洋产业企业特别是海洋战略性新兴产业企业多为科技型企业，在企业创建初期，科技创新投入力度大，研发经费消耗快，企业盈利能力较弱，企业的流动资金往往难以维持企业的日常经营以及研发投入，此时是风险投资进入的最佳时期。风险投资机构或个人利用专业知识，全面评估海洋产业企业状况、发展前景和投资风险，对海洋产业企业进行筛选，以确定投资目标。海洋产业特别是战略性新兴产业是具有较大风险性和不确定性的高新产业，风险投资基金的进入恰恰能够解决产业前期发展资金短缺问题，而且还能帮助其分担风险。资本具有"逐利性"，风险投资方提供资金并获取投资企业相应股份的同时，还会通过参与企业决策、派驻监管人员等手段加强对企业管理层资金使用的监管，提升企业投资效率，从而实现企业价值增值，取得高回报。依靠风险投资拓宽海洋产业企业融资渠道已有先例，山东半岛政府主导的创业风险投资基金，曾以基金的方式聚集了200余家股权投资基金，认缴金额超过400亿元，为海洋产业企业提供优良、特色金融服务，对拓宽海洋企业投融资渠道起到了引领和示范作用（杨子强，2011）。

风险投资所带来的高收益必然伴随着高风险，因此风险投资运作的机制应随着资本市场的发展而逐步完善，健全服务体系，提高风险投资成功比率。此外，风险投资虽在一定程度上推进了企业科技创新水平，但企业的科技成果转化是企业盈利的关键，或许企业的科技成果转化效率应纳入风险投资前的考量指标。

16.2.6　发展票据和中长期信贷市场

为解决企业特别是中小企业融资难、融资贵的问题，国家一直在积极探索金融支持实体经济的有效途径。信贷融资、票据融资属于间接金融，在中国金融结构中占据绝对优势地位。中国信贷市场规模的扩张和信贷市场深化发展对海洋经济增长有着明显的促进作用（杨洋，2009），然而，因海洋经济的地域属性，不同地区的海洋产业企业进行信贷融资的情况各不相同。在经济相对发达的沿海地区，经营效益好的企业比较多，相较经营风险高、周期长的海洋产业企业，银行贷款必然会向风险相对较低、营业收入高的企业倾斜，因而对海洋经济的支持力度有所下降（申世军，2011）。但值得关注的是，全国信贷资金对海洋经济增长贡献率缓慢下降，但使用效率大幅提高（马树才等，2019），这表明信贷市场在逐渐完善，在海洋产业投入的资金使用效率上升。逐步完善海洋产业中长期信贷市场，有助于弥补海洋产业企业的长期资金缺口，保证国家海洋强国战略目标的实施和开展，维持经济长期平稳运行。

票据市场作为金融市场的重要组成部分，在传导货币政策、提供流动性方面发挥着独特作用。新冠疫情后，外部环境更趋复杂严峻，在国内经济向好基本面没有改变的背景下，票据市场总体运行稳定，票据承兑及融资业务稳步增长，创新产品应用范围不断扩大，市场制度及系统功能不断完善；票据市场利率稳定在较低的水平，进一步惠及了实体经济尤其是中小企业（肖小和和木之渔，2022）。但也有学者持相反的观点，认为2021年底以来，票据利率多次出现偏离市场利率的情况，加之票据市场受到政策调整的冲击，票据市场运行不平稳（黄维坤等，2022），不利于中小企业通过票据融资。票据市场，尤其是票据贴现市场，易受到信贷市场规模和利率的影响。在信贷规模一定时，贷款给银行带来的收益相较于票据贴现更高时，银行会优先选择发放贷款，此时，企业通过票据进行融资就会受到约束。因此，在风险可控的前提下，可以考虑探索发行并购票据等新产品为海洋产业兼并创造更加完善的渠道和条件，丰富企业的融资工具选择空间，拓展海洋经济的融资渠道。

16.2.7　发展海洋产业链融资

产业链各个组成环节是具有不同知识（技术）特征和功能价值的生产模块，它们是单独的生产子系统。随着开放式共享经济的出现，产业链的优势不断显现。在传统融资模式下，信息获取难、管理成本高、风险较大的问题突出，在中小企业发展过程中，融资难更是成为影响中小企业发展的突出问题，而产业链融资有助于解决这一问题。海洋产业链融资是指金融机构对海洋产业链上的上下游企业情况进行综合分析，对产业链上的多个企业进行融资，达到扶持海洋产业企业的目的。产业链融资不仅有利于银行贷款风险的管控，而且可以给中小企业的融资提供便利（王稳妮和李子成，2015）。在产业链融资模式中，银行面对的是整条产业链，使得融资具有质押灵活、手续简便的特点，弥补了传统融资模式下中小企业的融资短板。中国对合作紧密的海洋产业企业，积极开展产业链融资，将海洋产业企业第一还款来源作为信贷审批的重要依据，合理确定了抵质押率，化解了海洋产业的信贷风险（曾敏等，2020）。为了海洋经济的发展，相关金融机构也致力于为海洋产业链融资打造一个便捷的平台。例如中国民生银行福州分行，利用自身的资金和渠道优势，打造"中国海洋产业链第一俱乐部"产业链融资平台，让有实力的海洋产业集团参与其中，为海洋产业链客户提供专业化的金融服务（苏素华，2014）。

在海洋产业链融资的发展过程中，形成一条完整的海洋产业链至关重要。一些地区的海洋产业链的构建存在着一些问题，产业链处于断链、短链等不完整阶段，存在产业链不对称、产业关联性差、政府推动力不足等问题。产业链的完整性影响产业链的资源利用效率，阻碍产业链价值提升，产业链融资必然也会受到影响。按照《海洋及相关产业分类》（GB/T 20794 – 2006）的分类，主要的海洋产业有 12 种，不但不同类别的海洋产业链特点不同，而且产业链的各个环节情况也有所区别，因此，金融机构对不同海洋产业链融资前考察项目侧重必然会有差异。为了实现有效的海洋产业链融资，不仅要对海洋产业各环节的增值情况、各个企业的盈利情况、风险等级进行评估，还要对产业链整体进行综合评估。而海洋产业综合评估体系的构建，有利于金融机构将资金合理分配，将资金使用效率最大化。

16.2.8　发展海洋产业企业内部资本市场

内部资本市场是企业集团化所衍生的融资平台，通过集团内部成员之间的融资性关联交易来加以实施和运行（谢军和黄志忠，2014），将集团内部资本进行归集和调配，以实现企业集团内部资源重新配置，迎合集团的战略部署规划。根据优序融资理论，当企业内部融资成本高于外部融资成本时，企业在选择融资方式时会倾向于使用内部融资，因此内部资本市场成为海洋产业企业融资的重要媒介。大多数海洋产业企业属于民营企业，对于民营企业而言，内部资本市场一定程度上可以替代区域金融市场，内部资本市场的融资功能在金融发展程度较低的区域更能显现（王储等，2019），在一定程度上弥补了外部资本市场的缺陷。

内部资本市场具有克服信息不对称、缓解融资约束、"挑选优胜者"、辐射带动效应、优化资源配置等多重优势（Stein，1997）。海洋产业企业通过兼并、收购或联盟等形式组建内部资本市场，优化产业集团现有资源配置，降低信息获取成本和融资成本，实现集团利益最大化。在企业发展内部资本市场的过程中，企业应尽可能寻求对企业战略目标实现最有利的优质海洋企业，例如上下游的海洋企业、业务相似且易于整合的海洋企业，以整合各方资源，减少因外部交易而产生的交易费用，扩大海洋产业企业集团的业务规模，实现集团多元化发展。

通过内部资本市场将海洋产业的资金重新分配，部分海洋产业企业获取内部资本市场融资。在此过程中，海洋产业的内部资本流向、分配比例以及资本使用效率是在内部资本市场得到发展后需要进一步关注的问题。根据邵军等（2007）的观点，内部资本市场资源配置可以遵循"效率"原则，即将资源优先分配给拥有投资前景好的项目的企业；或者遵循"战略"原则，即将资源平均分配给集团内企业，以促进集团整体的发展。内部资本配置方案的选择，在一定程度上影响着内部资本市场配置效率。各产业集团在组织结构、内部控制、企业战略布局、外部融资环境等方面都有所区别，因此在内部资本配置方案的选择上各有不同，但可以为海洋产业企业内部资本市场配置方式提供经验借鉴。

16.3 改善资本市场支持海洋产业发展的措施

如何让资本市场更好地服务于海洋产业，激发海洋经济活力，是支持海洋产业发展和保持区域经济稳中求进的重要问题。[①] 政府应加强引导资本市场对海洋产业的支持，创新资本市场金融产品，构建海洋产业资产评估

---

① 2021年底中央经济工作会议指出，中国经济发展面临需求收缩、供给冲击、预期转弱三重压力，要加大对实体经济融资支持力度，促进中小微企业融资增量、扩面、降价。在现行经济情况下，保持资本市场平稳健康发展成为重要议题。

体系，建立海洋产业内部资本市场，完善海洋产业信息披露制度，加强海洋产业企业风险监管等措施，推动资本市场支持海洋产业发展。

16.3.1　引导资本市场支持海洋产业

海洋产业企业基本分布在沿海地区，海洋经济在地域分布方面可以认为是区域经济。海洋产业的发展离不开地方政府的支持，地方政府应吸收具备海洋产业知识的专业人员，为激励海洋产业发展制定专门的扶持计划，包括利用资本市场支持海洋产业的发展，甚至考虑设立海洋产业资本市场发展政府办公室。当然，政府争取资本市场对海洋产业企业的扶持也应该因地制宜，择优支持，否则会导致来源于资本市场的资金投入的使用效率出现问题。沿海地区海洋产业企业间产权交易、商业合作、产业链布局等工作由政府牵线搭桥，会更有公信力，这样才能吸引更多资本进入海洋产业，地区间海洋产业企业之间的合作会更有保障。

16.3.2　创新资本市场金融产品

海洋产业企业与其他产业企业的根本区别在于海洋产业企业的海洋要素。海洋资源与环境的高风险特性造成了很多海洋产业企业在融资时所面临的困难是其他产业企业所难以比拟的。传统的金融产品更多的是匹配一般产业企业的融资需求，针对海洋产业的金融产品相对较少，难以满足海洋产业企业的成长需求，应根据海洋产业的特殊需求量身定制金融产品，这对于资本市场助力海洋产业发展至关重要。可以考虑在 PPP 项目中专门设立海洋产业类别，以公私合作的形式，帮助处于资金缺乏困境的海洋产业企业吸纳资本市场的资金，分散海洋产业项目风险，并在此基础上实行利益共享，形成政企合作的新型投资方式。设立海洋产业基础设施投资信托基金，海洋产业的基础设施建设前期投入资金需求量大，而且基于海洋产业的局限性，利用海洋产业基础设施进行抵押贷款或其他方式进行融资难度较大，通过资本市场上的投资者募集资金进行基础设施建设，后期只需向投资者分配基础设施运营收益，减轻企业负债压力。另外，可以细分海洋产业链融资产品，根据不同海洋产业链的特点，围绕核心企业灵活设计金融产品，带动上下游企业有效融资，保证资金有效注入产业链，助力海洋产业发展。

16.3.3　完善海洋产业资产评估体系

海洋产业企业资产中的非实物资产产权，例如海洋知识技术产权、海洋排污权、海域使用权等资产的价值评估方法的规范性不高，在抵押、资产证券化等涉及资产价值评估的金融活动时，这些资产的价值可能会被低估，甚至不能将非实物资产作为抵押品。在这种情况下，海洋产业企业在资本市场融资过程中就会处于劣势地位，无法筹集到预期的资金。因此，构建科学合理的海洋资产评估体系，是海洋产业在资本市场上有效融取资金的重要保障。

16.3.4　建立海洋产业内部资本市场

建立海洋产业内部财务公司，专为海洋产业企业提供融资服务，从海洋产业战略和投资效率方面综合考量内部资本分配方案，集中统一调配资源，实现海洋产业内部资本市场有效配置。有关内部资本市场资源配置效率的研究中，学者对于如何衡量内部资本市场资源配置效率并未达成共识，主流的观点有：资源是否流入投资回报率高的企业；是否把资源投入集团中的每一个企业，且这些企业的边际收益效应相等。现有研究中内部资本市场配置效率测度模型则主要有投资现金流敏感性法、Q 敏感性法、现金流敏感性法、调整利润敏感系数法等。海洋产业财务公司可以根据海洋产业的特性以及数据的可获得性，采用或改进现有内部资本市场配置效率测度模型，对海洋产业的内部资本市场配置效率进行动态评估调整，将海洋产业内部资本市场配置效率维持在较高水平。

16.3.5　完善海洋产业信息披露制度

在资本市场中，企业信息披露内容是外部投资者获取企业信息的重要途径，也是投资者衡量企业投资潜力的主要方面。因为能够真实、完善地进行信息披露的企业，更能受到社会公众的广泛监督，有效防范风险发生，在一定程度上保障了投资者的权益。完善资本市场中海洋产业的信息披露制度，有助于更广泛地让社会了解海洋产业企业，吸引更多的投资机构和个人投资于海洋产业，纾解海洋产业融资困境，畅通海洋产业融资渠道，助力海洋产业发展。

16.3.6　加强海洋产业企业风险监管

海洋产业企业融资中面临的另一挑战则是海洋产业经营的高风险性。海洋产业的风险不仅来源于企业本身存在的经营周期长、前期资金投入多、缺乏可抵押的资产等因素，外部难以避免的海洋环境灾害以及世界形势变化等有可能也会给海洋产业企业带来损失。如果企业经营良好，投资者就会获得收益，反之则会给投资者造成损失。投资者出于谨慎性原则和控制风险的考虑，往往对海洋产业企业尤其是需要大量资金投入的处于成长期的高新技术海洋产业企业有所顾虑。要想让资本市场持续支持海洋产业的发展，必须加强海洋产业企业风险管控，让投资者愿意投资海洋产业，并形成良好的投融资循环体系。

第 17 章

融资保障

　　海洋产业开发利用的对象主要是海洋资源，产业的脆弱性较强，风险相对高于其他行业，主要原因在于海洋产业对水体环境具有高度的依赖性，受海洋资源供给的稀缺性、水域有效利用的困难性和资源环境的外部性等不确定因素的影响较大，易遭受人类目前难以抗拒的台风、海啸等自然灾害的影响甚至是毁灭性打击，海权争端等地缘政治带来的人为事件的冲击也时有发生。金融机构等资金供给方多为风险规避者，至少追求风险承担与收益获得是相匹配的。对海洋产业企业而言，海洋产业的高风险性必然传导至融资活动上，海洋产业必然存在融资难、融资贵问题，因此为加强海洋产业企业风险管控、降低融资风险并最终便于取得发展所需资金，实施有效的融资保障措施也就迫在眉睫。当前，除通过对外招标转移风险、多元化经营分散风险和政策性利益补偿风险外，政策层面的融资保障措施包括发展信用担保业、发展海洋保险业、创新海洋金融服务平台以及整治非法金融以化解风险等措施。

17.1　发展服务海洋产业的信用担保业

　　信用担保属于较为典型的第三方担保，是金融交易过程中风险缓冲的内生性需求，由依法设立的专业从事信用担保工作的金融中介组织（即信用担保机构）以保证的方式为债务人提供担保，一旦债务人不能依约履行债务，就由信用担保机构承担双方合同事先共同约定的偿还责任。其基本功能是保障债权实现，降低金融交易中的交易费用特别是内生交易费用，优化配置稀缺的金融资源，衍生出具有放大作用的杠杆功能。对于海洋产业企业而言，信用担保可以降低银行等资金供给方的经营风险和成本，有效地缓解企业融资难、融资贵问题。当前，应规范发展专门服务于海洋产业的信用担保业，完善信用担保配套机制，拓展担保机构资金来源，通过扶持信用担保业来推动海洋产业高质量发展。

17.1.1　健全信用担保框架体系

中国信用担保业虽然起步较晚，但发展较为迅速，在缓解企业特别是中小企业融资约束、优化资源配置和促进经济社会发展方面发挥了重要的作用。1993 年中国首家信用担保公司成立，1999 年国家经贸委发布《关于建立中小企业信用担保体系试点的指导意见》推行中小企业信用担保试点，经过起步探索阶段（1993～1997 年）、基础构建阶段（1998～2002 年）、持续发展阶段（2003～2008 年）、规范整顿阶段（2009 年至今）四个阶段的发展，全国各地担保机构已迅速发展为数千家，受保企业数量和筹集的担保资金逐年扩大，受保企业新增销售收入、利税和就业情况可观，行业细分业务品类也呈井喷式涌现，推行和运用直保、反担保、再担保等担保业务品种。

在实践中，中国的信用担保业特别是中小企业信用担保业已经构建起"一体两翼四层"体系。所谓"一体两翼四层"信用担保体系，是经过近 30 年不断探索建立起来的、适合中国国情的信用担保组织架构。其中，"一体"指模式主体，强调"多元化资金、市场化运作、企业化管理、绩优者扶持"；"两翼"指商业化担保和民间互助担保作为必要补充；"四层"指中央、省（自治区、直辖市）、地市和县（市）四个层级担保机构，各层级的担保机构功能定位是有所差异的，从事的信用担保业务的主要品种也不相同，其中，地市、县（市）两级基层担保机构负责辖区内受保企业的直接担保业务，省级及以上担保机构则主要负责提供再担保业务。

就海洋产业而言，信用担保存在三个较为突出的问题：一是机构设置问题，缺乏专门服务海洋产业企业融资的信用担保机构，信用担保机构也没有设置专门的部门；二是业务品种问题，除常规担保业务外，部分沿海地区的信用担保机构偶尔会推出专门的担保业务品种，如"信用 + 后期追加新建渔船抵押"、"造船厂担保 + 客户贷款"、渔产品收购企业担保、"霞山水产贷"等，但业务品种不多，提供专门担保业务的地区和机构较少，说明海洋信贷担保模式创新不足，不能为不同阶段的海洋产业提供有效担保；三是政策导向问题，各级政府在利用公共财政资金支持海洋产业发展时有时会提出政策性信用担保要求，但融资担保政策引导的系统性和可操作性不强。因而，海洋产业企业信用担保体系不完善，银行等金融机构与海洋产业间的信息不对称问题仍旧存在，海洋产业从金融机构获得资金的机会不足，不能有效缓解海洋产业的融资困境，融资难的现象依旧客观存在。

针对海洋产业的投入大、风险高和战略性强等特殊性质，应建立政府扶持、多方参与、市场运作的海洋产业信贷担保机制，首先，海洋产业的信用担保应该是在政府扶持下的市场化担保，应建立以政策性担保机构为主体的信用担保体系，基本框架是以县（区）、市、省和国家四级机构组成，担保以县（区）、市级担保机构为基础，再担保以省级担保机构为基础，担保机构和再担保机构配套协作，功能完善、运作规范，充分发挥担保效能，有效分散、控制和化解海洋产业风险。其次，每一层级应该设置专门服务海洋产业企业融资的信用担保机构，即以财政投入为引导设立涉海信用担保机构，或者引导信用担保机构设置专门的部门。最后，借鉴国内外成功经验，创新信用担保模式，提供更多适合不同发展阶段企业选择使用的担保品种，建立银行等金融机构和海洋产业企业间的良好信用关系，提高海洋产业企业的信用观念和信用等级，使海洋产业更容易获得银行贷款，从而为海洋产业的高质量发展提供重要保障。

17.1.2　完善信用担保配套机制

从现代系统观念出发，海洋产业信用担保体系是一个既与外界不断进行资金、人员、信息或者说是各种能量的交换又自成一体的包含着许多子系统的大系统，需要风险防范机制、风险补偿机制、监督管理机制、辅助配套机制等配套机制的支持，才能有效地运作和流转。

一是风险防范机制。海洋产业信用担保业务本身风险性高，风险防范和分散是担保机构必须遵循的基本原则，担保机构需要在帮助银行减少贷款风险的同时，将自身风险控制在可以承受的范围内。为此，担保机构要有战略眼光和服务海洋强国战略的情怀，树立创新的经营理念，造就一支具有防范和规避经营风险的管理意识和技能的高素质职业队伍。同时，要按行业政策和规范运作，尽量避免政策和法律风险，并设法通过反担保的应用使得担保风险向受保企业分散和转嫁，通过银保之间建立风险分担机制使得担保风险向协作银行分散和转嫁，通过再担保使得担保风险向上级担保公司转嫁，最后通过参股担保或联保将使得担保风险在担保业内分散。通过建章立制对担保业务进行严格的风险控制，完善落实信用评级制度、审保偿分离制度、担保限额审批制度、分级代偿制度、担保业务报告制度和追偿制度等制度，规避和分散风险。

二是风险补偿机制。海洋产业信用担保的发展也离不开风险补偿机制的支持，信用担保业中有句通行的说法是"担保业赔可能是绝对的，而不赔则有可能是相对的"。也就是说，只要从事担保业务，无论事先如何防范和控制风险，担保机构都不可能只赚不赔，"迟点赔、少赔点、有能力赔"是担保机构的努力法则，为此，担保风险补偿机制的建立就显得非常重要。为了应对高风险海洋产业担保不可能不赔的实际情况，必须建立有效的风险补偿机制，做到有备无患。建立担保机构的风险准备金、代偿准备金等损失补偿机制，可以采取按信用担保额实施补偿和按担保的风险损失实施补偿两种方式，同时尽量争取政府的风险补偿金。海洋产业企业信用担保公司担保业务的政策性决定了政府给担保公司风险补偿的可能性，政府主管部门要积极推动建立担保基金和再担保基金制度，增强担保机构的抗风险能力，保稳定、促发展，通过扶持信用担保业来支持海洋经济的发展。政府也应安排必要的资金建立风险补偿机制。

三是监督管理机制。由政府监管、市场监督和行业自律三位一体组成海洋产业信用担保机构监督管理体系，建立规范的行业准入制度，将海洋产业担保机构纳入监管范围，维护担保行业的正常秩序。一是加强政府监管，沿海地区各级信用担保监管机构成立专门的海洋产业监督服务部门，以地方为主构建海洋产业信用担保纵向监管体系，重点监督行业准入条件、从业人员资格、内控规范要求，加强对担保机构的日常监督指导，提高其资质水平，引导规范运作。借鉴日本的经验，将银担合作规模及利率水平纳入监管考核范畴，根据银行实际承担的风险比例确定担保贷款风险权重，细化落实担保贷款尽职免责和呆账核销办法，引导银行扩大银担合作规模、降低担保贷款利率（刘宝军和李嘉缘，2020）。二是加强市场监督，培育独立、权威的海洋产业信贷客户资信评级机构，制定行业统一的评价标准和方法，评定信贷客户和担保机构的信用等级。三是加强行业自律，建立各级海洋产业信用担保机构行业协会，吸收辖区内政策性担保公司、商业性担保公司以及互助担保机构、商业担保机构为会员，通过行业公约来加强自律管理。

四是辅助配套机制。海洋产业信用担保业的发展离不开政府和社会提供的服务，应通过立法、资产评估与登记、信息共享等配套机制，为信用担保机构提供法律咨询、经营诊断、技术指导、人员培训等服务。特别是在银行与担保机构之间关系的协调中，信用担保监督管理机构可以发挥重要作用，包括加强双方的信息交换，评估担保项目中的风险分散度，建立经营风险共担体制，加强信贷资金投放和监督。另外，建立统一共享的企业信用信息平台，有助于加强对信用体系外部环境的建设。

17.1.3　拓展信用担保资金来源

海洋产业的高投入特性决定其信用担保企业要有较强的资金实力，配套支持资金要有多元性来源渠道。通过收取担保费、定向募集或政府财政支持等方式增加担保机构资金来源。信用担保体系的建立和健全需要建立担保机构的资金补充机制，要加大政府政策性担保的投入，考虑建立为海洋产业发展提供担保服务的行业性、区域性和全国性海洋开发风险基金，通过提供长期低息优惠贷款来建立化解海洋产业企业融资风险的风险投资基金，鼓励商业保险公司开展风险投资保险业务。不仅政府要投入资金，还要吸收社会资本的进入，可以向民间筹资，筹资对象包括个人和法人单位，筹资方式可以采用股票筹资、债券筹资、借款等方式，并给予税收上的优惠，以吸引商业担保的参与。鼓励担保企业开展互助担保，也可以利用再担保、转担保、杠杆担保来弥补资金的不足。

17.2　建立以政策为导向的海洋保险体系

中国海洋灾害点多、面广、频高，每年灾害损失都比较严重，长期严重威胁着沿海地区海洋产业的发展和人们的生命财产安全。海洋灾害带来的经营风险无疑会加大海洋产业企业资金供给方的资金风险，降低其资金提供的意愿，最终强化海洋产业的融资难、融资贵问题。海洋自然灾害的频繁性和不可控性意味着包含海洋保险在内的防灾救灾体系建设是海洋产业发展的基础性保障，海洋保险业本身也是海洋产业的重要组成部分。从保险的基本原理上看，海洋保险是集合具有同类危险①的单位或个人，合理计算分担，实现对少数成员因遭受海洋灾害所导致的经济损失的补偿行为。海洋保险可以为海洋经济保驾护航，提升海洋服务水平和防灾减灾能力。对于海洋产业企业而言，海洋保险同样可以降低资金供给方的经营风险和成本，有效地缓解企业融资难、融资贵问题。当前，应规范发展海洋保险，以政策为主导健全海洋保险多元运作体系，以法律法规为准绳改善海洋保险治理机制，以财政投入为引导拓展海洋保险资金来源，通过扶持海洋保险业来推动解决海洋产业融资问题。

17.2.1 健全海洋保险多层次运作体系

与海洋产业直接相关的保险产品统称为海洋保险，包括海洋巨灾险、海洋渔业险、船舶险、货物运输险、海洋工程险、海洋生态损害责任险、意外伤害险、海上责任险、渔工责任险等，种类较多，标的涉及面广。经过几十年的探索，中国海洋保险业已取得很大进步，全国海洋渔业保险有所发展，广东等地已经拥有保障海洋巨灾风险的商业保险体系。上海市设有中远海运财产保险自保有限公司（它是目前全国唯一的航运类自保公司）、11 家航运保险营运中心和航运保险业协会，2019 年上海航运保险费收入仅次于伦敦和新加坡，航运保险体系最为发达和完整（毛翰宣和秦诗立，2021）。在保险发展过程中，"政策保险 + 商业保险"模式最为典型，政策引导发挥着重要的作用，一些地方政府相关管理部门主动为保险机构与海洋产业企业牵线搭桥，推动海洋保险的发展。

当然，海洋保险还处于发展阶段，还存在有效供给不足问题，主要表现在于：一是专门从事海洋保险的机构和人才缺乏，海洋产业的高风险性

---

① 不一定只是海洋灾害，可能是更大范围的灾害。受理灾害的类别多少和范围大小是保险公司的业务范围，综合性保险公司受理灾害的类别多、范围大。当然，专业性强的保险可以更好地发挥专家团队的周到服务，有利于培育核心竞争力。

和高赔偿性决定了海洋保险进入的高门槛特性，对最低注册资本金、持续性偿付能力和管理人员专业素质等要求较高，2014 年才成立首家以海洋和互联网为特色的全国性、综合性的财产保险公司——华海财产保险股份有限公司。二是险种和经营模式单一，虽然海洋保险种类众多，但每一种保险可能面对的只是某个特定的海洋产业，其实每个细分的海洋产业可选择的海洋保险险种并不多，甚至在某些特定的领域并没有保险公司愿意提供保险服务。例如，在渔业养殖保险中，因查勘定损难、投保逆选择和道德风险等问题，养殖户和保险公司之间在保险费率、保险责任范围等方面就存在着供需矛盾（张玉洁和李明昕，2016）。就经营模式而言，海洋保险运作模式主要包括以船舶险、船舶建造险和海洋货物运输保险为主的商业保险模式以及以渔业保险为主的互助性保险模式，模式单一，可选择余地不大。三是政策支持不够，改革开放以来，在基础生产和公共服务领域国家的支持和保障政策比较多，甚至统筹纳入政策性保险之中，但对海洋产业领域的支持政策有限，基础性、公益性的海洋产业（如海洋渔业）保险尚未纳入政策性保险范畴，政策支持少，财政补贴低，加上中国长期缺乏能够促进海洋保险发展的巨灾风险应对、分散和补偿机制，导致保险公司和再保险公司缺乏开办海洋保险的意愿和动机，保险覆盖面低，根本无法满足中国海洋产业高质量发展的需要。

海洋保险要发展，首先是要组建专门从事海洋保险的机构、专营网点和团队。积极吸引国内外金融机构，探索设立专门服务于海洋经济的保险机构、部门、专营网点和团队开拓海洋保险市场，加强与国内知名海洋大学及金融高校、培训机构合作，采取委托培养或者定向培养的形式，获取海洋保险发展所需的专业性人才，同时对现有储备的传统金融人才进行海洋保险定向培训，使其增强对海洋金融的理解和认识，培养和引进复合型国际海洋金融人才，增强海洋保险从业者的国际竞争力。同时，针对险种和经营模式单一的问题，应以政策为主导推行海洋保险多元运作模式，参照国内外保险经营情况，可选择成立专门性海洋保险公司的经营模式、政府与保险公司的互保模式、保险公司共保模式和保险公司代办模式等（金成波等，2016），不同的海洋险种对应不同的运营模式，有针对性地选择合适的模式以提升海洋保险的运营效率。当然不管哪种模式都不排除政府参与其中提供支持，发挥政策主导作用。出台专门政策鼓励和支持保险公司开展海洋保险业务特别是新型海洋保险业务。另外，未来海洋保险将向信息化、全球化和生态化发展，要充分运用网络及移动网络营销、技术驱动的产品升级、生态系统导向的创新等保险科技创新成果，发挥互联网保险的积极作用，利用大数据技术收集和分析大量的用户及交易数据，帮助公司控制风险和提升经营效率，提供更有针对性、更加定制化的海洋保险产品。

17.2.2　改善海洋保险治理机制

海洋保险的发展离不开法律法规的保障，需要以法律法规为准绳改善海洋保险治理机制。从法理上看，保险法律法规不健全问题包括立法、执法、监督等方面，海洋保险法律法规问题也是如此。在立法上，中国尚没有海洋保险专门的法律规定，有关规定以各种政策特别是地方性政策为主。这些政策权威性较低，参差不齐，长效性不足，有时甚至互相矛盾，对海洋保险工作开展的指导性不足。虽然通则性的《中华人民共和国保险法》（2014 年）可以对海洋保险进行总体的规范指引，但它并不能有效解决海洋保险领域中所独有的问题，所以专门的海洋保险立法仍显得非常重要。在执法及监督上，普遍存在着法制不系统和不完整的问题，各层级执法规范不完全一致，同层级执法规范有些不协调，规章制度不规范，各保监局之间的文件制定以及执法标准不平衡，保险业发展与保险执法监管的需求不相符，这些现象在海洋保险领域表现得更为显著，造成相关保险机构与司法机构对接不足，海洋保险领域的纠纷增多。

世界上的海洋强国往往有较为完善的法律来规范和保障本国海洋保险业的可持续发展。英国 1906 年出台的《海洋保险法》（*Marine Insurance Act*）为后续英国海洋保险的繁荣发展奠定了基础。日本在海洋保障领域的立法则更为细致，例如在海洋渔业上，日本先后颁发了《渔船保险法》（1937年）、《渔船损害补偿法》（1952 年）和《渔业灾害补偿法》（1963 年）。韩国 1962 年出台《水协法》和《水产业协同组合共济规则》，为渔船保险制度的实施和推行以及规范渔船保险业务提供了政策保障。德国 2007 年在《商法典》中将海洋保险作为特别的保险规则予以适用，荷兰海洋保险的立法也与此类似地在海商法中专章予以规定。可以借鉴这些国家的做法来完善我国的海洋保障立法，现阶段是争取通过技术手段将海洋保险纳入现有法律之中，作为专门性立法暂时缺位的补充，以规范海洋保险业的发展，待条件成熟之时再对海洋保险进行专门性立法。当然，在各级专项规划以及其他政策性规定中也应增加海洋保障等海洋金融的发展内容，要积极组织保险机构、发改委、财政部门等相关职能部门，共同研究制定中长期海洋保险发展专项规划或方案，为海洋保险发展明确目标方向，保障海洋保险的高质量发展。

海洋保险治理机制的改善主要体现在执法及其监督机制上，主要包括三个方面：一是构建持续完善保险执法监管法律体系的长效机制，通过查缺补漏填补相关海洋保险执法监管领域法律的漏洞和空白，提高有关法规制度的针对性与适应性，不断改善海洋保险相关法律制度。二是构建保险机构与司法部门有效对接的协调机制，确保海洋保险业的诉求得到充分的反映，投保人及受益人等相关方的合法权益得到有效的保障，同时又能有效地引导司法机关客观公正地裁判，这需要各方的共同努力，营造能为海洋保险保驾护航的良好司法环境。三是构建海洋保险多元纠纷解决机制，仲裁、调解等非诉讼的保险纠纷解决方式在海洋保险领域也已得到广泛使用，但是随着海洋经济活动的日益纷繁复杂，海洋保险标的范围越来越广，海洋保险纠纷案件也会越来越多，非诉讼的保险纠纷解决方式无法解决的海洋保险争议案件将会大量涌入法院大门，需要司法裁量来化解海洋保险纠纷。当然，这些司法裁量兼具有对现有争议案件定分止争和为未来相关类似的案件处理提供指引的双重作用。

17.2.3 拓展海洋保险资金来源

海洋保险是发展海洋经济的重要保障，需要有大量的资金支持，应该以财政投入为引导，多种渠道筹集海洋保险所需资金。海洋产业的风险较高，社会保险资本往往不愿进入海洋灾害保险，应通过财政投入和政策支持，建立海洋政策性保险体系，充分发挥政策性保险的引导作用。然而，当前中国尚未形成海洋政策性保险体系发展的明确思路，公共资金与政策支持也较少，包括海水养殖保险、渔船综合险、海上责任险等海洋保险险种还没有实质性的进展，政策性保险的缺位在一定程度上阻碍了社会资本进入海洋产业领域，制约海洋产业的发展。因而，可考虑建立中央和地方财政支持海洋再保险体系，同时应该加大财政支持（尤其是保费补贴）的范围和力度，扩大保费补贴的险种，并在合理范围内提高保费补贴比例，建立海洋政策性保险体系。当然，保费补贴主要是为了海洋保险作为准公共产品，由需求方所购买的海洋保险正外部性对社会的受益，并对海洋保险的供给方（海洋保险机构）对社会的正外部性进行补贴。从长远来看，政策性投入是海洋保险发展的方向标和撬动器，商业性保险才是海洋保险的主力军，应该给予较大的政策优惠，鼓励商业保险公司开展海洋保险业务，引导社会资本投入海洋保险，保障海洋产业的健康发展。

17.3　创新海洋金融服务平台

17.3.1　培育海洋金融中心

当今世界海洋强国的海洋金融往往都很发达，都会有海洋金融中心，能提供信贷、债券、基金、保险、信托等多种金融工具相融合的产业链金融服务，其发展经验值得我们借鉴。例如，挪威海洋金融服务产业具有完整的产业链，形成了以银行机构为主，证券、信托、保险与再保险等为辅的海洋金融格局。挪威银行是能有效提供船舶融资、海洋能源融资等业务的最大金融服务集团，在海工设备出口中可提供传统银行信贷、出口信贷及担保、债券、股权融资、私募基金和有限合作基金等海洋金融服务。中国要实现海洋强国战略，培育海洋金融中心是必由之路，社会各界要逐步认识到其重要性，考虑打造以上海、深圳等为代表的世界性海洋金融中心，以大连、天津、青岛、广州等为代表的全国性海洋金融中心，以沿海其他主要城市为代表的区域性海洋金融中心，从而形成多层次的海洋金融中心。这需要各级政府统筹协调，加大政策支持力度，引进金融高端人才，完善海洋金融基础设施，创新海洋金融产品，创新金融准入机制、金融中心运行机制和金融业务监管体制等体制机制，提升海洋金融业供给能力，不断提高海洋金融发展的质量。

17.3.2　提升海洋产业企业跨境融资平台

在中国与世界经济日趋融合发展的背景下，企业跨境发展成为趋势，而跨境融资也必然成为保障企业"走出去"的重要措施。随着融资方式不断推陈出新以及政策上的大力支持，企业跨境融资逐渐向便利化方向发展，跨境融资规模不断扩大，在这方面海洋产业企业应该是走在前列的。当然，海洋产业企业跨境融资还存在不少问题，主要是：办理流程耗时长，容易引起融资失败；跨境抵押难以实现，贷款难度较大；跨境融资风险大，银行出资意愿不强；金融机构境外发展不足，跨境融资实施困难。相应地，应不断改善跨境融资管理体系，建立健全金融机构的跨境业务协调工作机制和内控制度以及政府的监督管理机制，做到审批一步到位，强化资本管理、逆周期管理，加强常态化监督。同时，鼓励金融机构"走出去"，加强与外资金融机构的对接和合作，在海外建立能满足企业"走出去"的货币结算、兑换、交易、定价需求的分支机构，不断创新业务以提升其海外机构对企业的支持能力，辅助境外借款人有效规避各种风险以提高跨境融资的意愿，推进人民币跨境使用功能，改进金融机构境外业务和企业预警体系，实现金融支持的国际化和人民币的自由兑换，促进企业特别是海洋产业企业跨境融资。

17.3.3　发展地方公益性海洋彩票平台

彩票具有明显的社会性和公益性，发行彩票可以筹集社会公众资金，专门用于发展福利、体育等社会公众事业。根据海洋经济发展的需要，可以考虑发行地方性海洋彩票，将其彩票收益专项用于海洋知识普及宣传、大中小学生和群众的海洋教育、高校及企业的海洋科研专项上，为海洋产业发展和海洋强国建设提供智力支持。

当然，金融机构应积极贯彻落实中央精神，加大对海洋产业等实体经济的支持力度，稳妥处置类似包商银行、华信集团、安邦集团等重点高风险机构，防范化解重大金融风险。另外，需要大力整治金融乱象，清退无牌互联网资管机构、无牌支付机构、股权众筹平台、违规网络互助平台，关闭境内虚拟货币交易和代币发行融资平台，关停封堵境内外互联网外汇交易平台，严厉打击非法集资等金融违法犯罪活动，为海洋产业企业融资提供良好的金融环境。

第 18 章

结论与展望

在广泛查阅相关资料，以及整理、归纳现有海洋产业发展与相关金融理论研究成果的基础上，总体分析中国海洋产业的发展情况和融资实践，通过建立理论框架、统计分析模型和多元回归计量模型系统分析现代海洋产业资本配置效率及其影响因素以及信贷配给的经济后果，结合典型方式、典型企业研究现代海洋产业融资现状与问题，为解决海洋产业融资过程中存在的问题提供实证基础。借鉴国外海洋产业融资经验，探索构建现代海洋产业融资机制，提出公共财政资金和资本市场支持海洋产业发展的具体措施以及融资保障，从政府、金融主体、涉海企业等方面提出一系列政策建议，力求在政府投入引导下，形成海洋产业金融有效支持的良好格局，助力海洋产业的高质量发展。

18.1 研究结论

18.1.1 海洋产业发展较快，总体贡献度仍然较低

产业是国民经济的基础，海洋产业则是海洋经济高质量发展和海洋强国战略实现的载体。海洋产业是指人类利用海洋资源和空间所进行的各类生产和服务活动，其内涵比较丰富。海洋产业是国民经济的重要组成部分，对其分类可以借用一般产业的分类方法，也会因研究方向和目的的不同，

产生不同的分类标准和原则。各种产业的构成即为产业结构，产业结构会从低级形态演进到高级形态。现代海洋产业不应仅局限于新兴和未来海洋产业还应包括之前的传统海洋产业，它具有高投入性、高科技性、高风险性、高收益性和高综合性等显著特征。

中国海洋产业发展较快，据《2021年中国海洋经济统计公报》统计，2021年中国海洋经济总量首次突破9万亿元，达90385亿元，比上年增长8.3%，对国民经济增长的贡献率为8.0%，占沿海地区生产总值的比重为15.0%。主要海洋产业增加值为34050亿元，比上年增长10.0%，海洋产业三次产业产值比为5.0∶33.4∶61.6，海洋产业结构趋于合理。当然，海洋产业发展依然面临一些问题，海洋生产总值占我国GDP比重仍较低，远低于发达国家的15%~20%，海洋产业总体技术含量较低，粗放式发展方式依然大量存在，高资本投入、高科技投入产业的增加值占比仍然较小，海洋产业的高质量发展受到诸多阻碍，海洋生态环境问题也不容忽视等，没有形成显著集聚效应的产业集群，整体上存在发展不充分不平衡问题。显然，中国海洋产业发展仍然面临资本投入少，海洋科技对海洋经济的贡献率低等问题，海洋经济在国际上仍处于低水平地位，海洋产业高质量发展还需要资本的鼎力支持。

18.1.2 金融支持产业发展，合理选择方式和结构

产业发展是指产业从孕育、发育、成长到成熟的整个过程，需要产业发展理论的指导。产业发展理论有利于指导决策部门根据产业发展不同阶段的发展规律采取相应的产业政策，也有利于指导企业采取相应的发展战略。现代海洋产业由于投入所需资金量大，产出周期长，行业内外的信息不对称、不可抗拒力和不可预见性导致在融资方面遇到诸多困难。海洋产业发展的各个阶段，都在一定程度上存在着资本缺乏的情况，对资本的渴求也成为海洋产业企业发展的一个常态化困境，资本缺乏导致海洋产业的投资不足，制约了海洋产业的高质量发展。因此，产业发展所需资本的缺乏导致融资支持的必然性，金融对现代海洋产业发展意义重大。金融体系可以为海洋产业的资本需求提供强大的支持和后盾作用，促使海洋产业质的提高。金融支持促进海洋产业发展的作用机制是，金融总量规模是促进海洋产业发展的基本保障，金融产品创新是促进海

洋产业发展的主要手段，金融支持效率是促进海洋产业发展的重要动力。

海洋产业可供选择的融资方式多样，有银行借款融资、发行债券融资、民间借贷融资、金融租赁融资、信用担保融资、商业信用融资等债权融资，股权出让融资、增资扩股融资、产权交易融资、杠杆收购融资、引进风险投资、投资银行投资等股权融资，有国内上市融资、境外上市融资、买壳上市融资等上市融资，有留存盈余融资、资产管理融资、票据贴现融资、资产典当融资等内部融资，有科技型中小企业技术创新基金、中小企业发展专项资金、中小企业国际市场开拓资金、农业科技成果转化资金等政策融资，有项目包装融资、BOT 项目融资、IFC 国际投资等项目融资，农业产业化项目协作融资、零部件供应与组装企业协作融资等专业化协作融资，有进出口贸易融资、补偿贸易融资等贸易融资。不同融资方式的组合非常重要，需要合理确定融资结构。

18.1.3 产业融资渠道拓宽，资本配置总效率不高

我国在海洋产业融资方面已有多方面的实践探索，融资渠道不断拓宽，融资规模不断扩大，有力促进了海洋产业的发展。政府投入较大，但与发展需求有差距；银行信贷贡献大，但存在一定程度的信贷配给；海洋产业投资基金建立，融资渠道拓宽；创投基金快速发展，融资前景广阔；股权融资效果显著，融资需求旺盛；债券融资规模偏小，票证融资发展缓慢；通过并购形成内部资本市场，拓展产业链融资平台。尽管融资渠道不断增加，但海洋产业融资仍是以间接融资为主，直接融资比例相对较低，资金有效供给不足，海洋产业融资情况仍需进一步改善。

资本也是稀缺资源，供不应求是海洋产业发展面临的常态问题，需要将有限的资本配置到关键的产业领域并提高配置效率。本书利用 92 家海洋产业上市公司 2015 ~ 2019 年数据，运用 Wurgler 弹性系数法测算海洋产业资本配置效率，并结合海洋产业自身特点实证检验技术效率与融资约束对海洋产业资本配置效率的影响。结果表明，海洋产业资本配置基本有效，资本配置效率总体不高，各行业的海洋产业资本配置效率具有一定的差异性和波动性；技术效率能提升海洋产业资本配置效率，而融资约束会降低海洋产业资本配置效率，应不断提升海洋产业资本配置效率。

18.1.4 信贷配给影响负面，政府补贴则作用积极

海洋产业企业发展资金需求量较大，对资金常常出现超额需求，易遭受信贷配给，而信贷配给会阻滞海洋产业发展，因此有必要分析海洋产业信贷配给的程度及其经济后果。以银行信贷这种主要的融资方式为研究对象，以信贷配给相关理论为基础，选取 2012～2020 年 72 家海洋产业上市公司为样本，从信贷期限、信贷规模和信贷成本三个方面，分析海洋产业信贷配给的程度，并运用面板数据模型对信贷配给与公司绩效的关系进行实证检验，为银行信贷政策的运用适当以满足海洋产业融资需求并推动海洋产业高质量发展提供决策依据。结果发现，海洋产业存在一定程度的信贷配给，海洋产业上市公司信贷配给与公司绩效有着密切联系，其中，公司绩效与信贷期限、信贷规模呈显著正相关，与信贷成本呈显著负相关，信贷配给对公司绩效产生显著的负面影响。

政府为促进经济发展，发挥其在资源配置中的作用，往往通过直接或间接的形式向经济主体提供无偿的资本补贴。以水产品加工业为例，海洋产业补贴形式主要有直接的财政转移、税收优惠、贷款贴息和管理费用减免四大类。虽然在市场经济条件下，政府对海洋产业的补贴并不是企业发展的关键推动力，但在不违背 WTO《SCM 协议》规定的前提下，通过一系列税费减免、政策优惠促进了海洋产业的积极发展，使其在生产能力、产品种类多样性及对外贸易能力等方面稳步提升，国际竞争力显著加强。政府补贴存在的问题主要是补贴总量不足、补贴对象单一、补贴种类易引发反补贴诉讼和补贴主体执行不力，改进建议是重视海洋产业补贴、制定专项补贴政策、加强质量监控体系建设以及提高产品国际竞争力。

18.1.5 政府补贴发挥引领，多渠道促进企业发展

以××水产为例，梳理公司股票发行及股权交易融资、债务融资和政府补贴等融资活动实践及其对公司发展的重要影响。2010 年 7 月 8 日，该公司在深圳证券交易所正式挂牌上市，并且此次 IPO 实际募集资金净额为108307.85 万元，为公司的进一步发展奠定阶段性基础。在证券市场上实际筹集到 19.63 亿元资金，其中 IPO、增发和债券分别为 10.83 亿元、6.02 亿

元和 2.78 亿元。公司上市后 2010～2021 年每年末借款累计额为 111.86 亿元，间接融资的资金量远大于直接融资的资金量。公司上市后每年末商业信用累计额为 41.45 亿元，其中应付票据 1.07 亿元，应付账款 37.62 亿元，预收货款 2.76 亿元。2003～2021 年公司获政府补贴 20868.66 万元，年均 1098.35 万元。[①]

该公司广开银行信贷资金、非银行金融机构资金、其他企业资金、国家财政资金、企业内部资金等融资渠道，深耕资本市场，充分利用 IPO、增发、借款、债券、贸易融资、商业信用、政府补贴等融资方式，多管齐下，多措并举，及时筹集公司所需要的资金，多渠道融资使企业在加工能力、产品种类以及对外贸易等方面有很大提高，国际竞争力明显增强。当然，尽管在资本市场上取得了一定融资成绩，但公司经营绩效很不稳定，这反映出资本配置存在问题，需要有效配置资本，提高资金效率。公司融资活动带来的经验和启示是：拓展筹资渠道，深耕资本市场；间接融资为主，直接融资为辅；寻求财政补贴，助力企业发展；妥善使用资本，提高配置效率。

18.1.6 融资结构基本合理，负向影响公司绩效

选取 2007～2020 年 86 家海洋产业上市公司作为样本，统计显示，我国海洋产业上市公司资本结构具有以下基本特征：总体特征是，2007～2020 年我国海洋产业上市公司资产负债率平均为 46.31%，稍高于全部上市公司的平均资产负债率（44.40%），但总体上保持较为合理的水平；年度特征是，2007～2020 年我国海洋产业上市公司资产负债率接近于 V 型曲线，2007～2011 年因受到 2008 年国际金融危机的影响而逐年下降，2011 年探底回升，2012～2020 年又逐年上升；行业特征是，2007～2020 年度海洋第一、第二、第三产业平均资产负债率分别为 44.50%、46.56% 和 46.51%，第一产业的平均资产负债率较小，而第二、第三产业的资产负债率接近；地区特征是，大部分地区的平均资产负债率在 41.96%～59.80%，处于较为合理的水平，不同地区的海洋产业上市公司资本结构各不相同，沿海省份海洋产业上市公司资本结构较为合理，部分内陆省份海洋产业上市公司资产负债率偏高。

---

① 数据与第 11 章保持一致，是根据该公司公布的年报资料统计而成。

以融资结构理论为基础，建立多元回归分析模型，实证研究海洋产业上市公司资本结构对公司绩效的影响。结果发现，海洋产业上市公司资本结构与公司绩效之间显著负相关，此结论在进行一系列稳健性检验后依然成立。结果表明，海洋产业上市公司的债务融资显著降低了公司绩效。政策建议是，降低资产负债率水平，增强偿债能力，完善高管薪酬评估体系，减轻资产担保价值依赖度。

18.1.7　借鉴国外先进经验，构建产业融资新机制

国外产业融资体系有三种基本类型，即以日德为代表的银行主导型融资体系、以英美为代表的市场主导型融资体系，以及以新型工业化国家和地区为代表的政府主导型融资体系。每个海洋经济发达国家或地区必定会有成功的海洋产业融资做法，如日本的"计划造船"、德国的 KG 融资体系、美国海洋信托基金、新加坡海事信托基金、欧美资产证券化和英国的港口融资等，在促进所在国家或地区的海洋产业发展方面都发挥了重要作用。国外海洋产业融资的先进经验可资借鉴，在加强政产研合作、引导融资工具创新、发展海洋产业基金和引入社会资本等方面有所作为。

为支持现代海洋产业的高质量发展，可充分利用现代融资工具，拓宽产业融资渠道，构建起以政府投入为引导，以金融信贷、行业互助、票证融资、上市融资为主体，以抱团增信和内部融资为基础，以创业投资、风险投资为补充的融资体系，创建相互支持、互为补充、合作共赢的海洋产业生态金融。以政府引导、金融主体、企业基础、社会补充优化和拓展海洋产业融资渠道，形成政企合作、行业互助、抱团增信、内部融资、票证融资、上市融资或社会募集等多种融资模式，以进一步完善我国现代海洋产业的融资机制。

18.1.8　加强多元资金支持，保障产业高质量发展

加强公共财政资金支持。公共财政资金支持动因的理论证实，包括公共财政资金支持在内的融资政策支持是打破金融抑制并建立现代海洋产业多元融资体系的重要途径。公共财政资金支持海洋产业政策的功能定位在于，政府财政投入对海洋产业投资具有风向标导向作用，提供公共物品，

扶持海洋产业发展，并对产出量具有乘数效应和对投入产生触发效应。公共财政资金支持的总体政策目标是促进海洋产业发展，基础目标是包括海水产品在内的海洋产品供应和海洋交通运输，核心目标是产业竞争力和产业可持续发展，综合目标是提供海洋能源、海洋食品安全、增加国民收入、海洋环境保护、海洋国土安全等，坚持实事求是、重要性、利益协调和有效性原则。现阶段公共财政资金支持的重点海洋产业领域，包括重点支持海洋渔业、海洋装备制造等产业，重点支持资源条件好、生产规模大、区位优势明显的海洋产业主产区，确定补贴关键环节，改善公共财政资金支持的政策选择与制度框架。

利用多层次资本市场支持海洋产业融资。一个成熟的资本市场往往是由产业集群内部资本市场、证券市场以及风险资本市场组成的多层次立体市场，通常具有长期性、投机性、不稳定性等特点，具有投融资、评定资本价格、优化资本配置的功能。资本市场支持海洋产业发展的主要形式有，支持海洋产业企业上市融资，发展海洋产业基金，发展金融衍生产品，支持资产证券化，吸收风险投资，发展票据和中长期信贷市场，发展海洋产业链融资，发展海洋产业企业内部资本市场。改善资本市场支持海洋产业发展的措施，构建海洋产业资产评估体系，加强海洋产业风险监管，创新适合海洋产业的金融产品，设立海洋产业发展政府办公室。

提供海洋产业融资保障。加强海洋产业企业风险管控、降低融资风险并最终便利于取得发展所需资金，实施有效的融资保障措施。首先是发展服务海洋产业的信用担保业，健全信用担保框架体系，完善信用担保配套机制，拓展担保机构资金来源。其次是建立以政策为导向的海洋保险体系，需要健全海洋保险多层次运作体系，改善海洋保险治理机制，拓展海洋保险资金来源。最后是创新海洋金融服务平台，通过培育海洋金融中心，提升海洋产业企业跨境融资平台，发展地方公益性海洋彩票平台。最终，通过扶持信用担保业、海洋保险业和创新海洋金融服务平台来推动海洋产业高质量发展。

18.2　未来展望

回顾过去，中国海洋产业发展取得了长足的进步，资本在其中发挥了重要作用。这说明，资本作为重要生产要素，是市场配置资源的工具，是发展经济的方式和手段，社会主义国家也可以利用各类资本推动经济社会发展。当然，与海洋强国战略的实现要求相比，海洋产业的发展还任重道远，仍需要各类资本的大力支持。目前，海洋产业的融资仍存在融资渠道较窄、融资额度较少、融资效率较低等诸多问题，必须要改变以间接融资为主的融资模式，拓宽产业融资渠道，最终建立起以政府投入为引导，以行业互助、抱团增信和内部融资为基础，以金融信贷、上市融资和票证融资为主体，以创业投资和风险投资为补充的多元融资模式，及时、高效、足额筹集海洋产业发展所需要的资金。展望未来，海洋产业越来越多地受到社会各界的重视，发展前景是乐观的，海洋产业融资的前景同样是光明的。国家重视海洋产业的发展，制定出一系列的政策促进海洋产业发展，会不断增加对海洋产业的投入，支持海洋产业企业上市融资，扶持海洋产业投资基金，建立海洋开发风险担保体系，海洋保险和金融创新工具不断推陈出新，这些举措都是实现海洋产业高质量发展的重要保障。

附件1

金融支持海洋产业发展的有关政策

政策之一：中国人民银行 国家海洋局 发展改革委 工业和信息化部 财政部 银监会 证监会 保监会关于改进和加强海洋经济发展金融服务的指导意见

中国人民银行 国家海洋局 发展改革委
工业和信息化部 财政部 银监会 证监会 保监会
关于改进和加强海洋经济发展金融服务的指导意见

银发〔2018〕7号

为贯彻落实党的十九大"加快建设海洋强国"和"十三五"规划"拓展蓝色经济空间"、"推进'一带一路'建设"的重大战略部署，立足服务实体经济，统筹优化金融资源，在风险可控和商业可持续的前提下，改进和加强海洋经济发展金融服务，推动海洋经济向质量效益型转变，现提出如下意见：

一、银行信贷服务方面

（一）在符合监管政策的前提下，鼓励有条件的银行业金融机构设立海洋经济金融服务事业部，依法合规组建海洋渔业、船舶与海洋工程装备、航运、港口、物流、海洋科技等金融服务中心或特色专营机构，在业务权限、人员配置、财务资源等方面给予适度倾斜。有序推动民营银行常态化发展，提升对海洋经济重点地区小微企业的金融服务能力。

（二）鼓励银行业金融机构按照风险可控、商业可持续原则，开展海域、无居民海岛使用权抵押贷款业务。积极稳妥推动在建船舶、远洋船舶抵押贷款，推广渔船抵押贷款。发展出口退税托管账户、水产品仓单及码头、船坞、船台等涉海资产抵质押贷款业务。

（三）鼓励采取银团贷款、组合贷款、联合授信等模式，支持海洋基础设施建设和重大项目。对协作紧密的海洋产业核心企业和配套中小企业，积极开展产业链融资。积极稳妥推广渔民"自助可循环"授信模式。

（四）鼓励银行业金融机构围绕全国海洋经济发展规划，优化信贷投向和结构。加大对规模化、标准化深远海养殖及远洋渔业企业、水产品精深加工和冷链物流企业的信贷支持力度。坚持有扶有控，重点支持列入"白名单"并有核心竞争力的船舶和海洋工程装备制造企业。加快推动海洋生物医药、海水淡化及综合利用、海洋新能源资源开发利用、海洋电子信息服务等新兴产业培育发展，促进海洋科技成果转化。积极开发适合滨海旅游、海洋交通运输业、港口物流园区等特点的金融产品和服务模式。

（五）银行业金融机构应将涉海企业第一还款来源作为信贷审批的主要依据。加强押品管理，合理确定抵质押率，确保押品登记的有效性，强化贷后管理和检查，切实防控化解海洋领域信贷风险。

（六）银行业金融机构要加强涉海企业环境和社会风险审查，建立完善管理制度和流程，坚持执行"环保一票否决制"，加强涉海企业在环保等方面实质合规的审查。对涉及重大环境社会风险的授信，依法依规披露相关信息。

二、股权、债券融资方面

（七）积极支持符合条件的优质、成熟涉海企业在主板市场上市。探索建立海洋部门与证券监管部门的项目信息合作机制，加强中小涉海企业的培育、筛选和储备。

（八）支持成熟期优质涉海企业发行企业债、公司债、非金融企业债务融资工具。鼓励中小涉海企业发行中小企业集合票据、集合债券，支持符合条件的涉海企业发行"双创"专项债务融资工具和创新创业公司债券。对运作成熟、现金流稳定的海洋项目，探索发行资产支持证券。加大绿色债券的推广运用。

三、保险服务和保障方面

（九）鼓励有条件的地方对海洋渔业保险给予补贴。规范发展渔船、渔工等渔业互助保险，积极探索将海水养殖等纳入互保范畴。探索建立海洋巨灾保险和再保险机制。加快发展航运保险、滨海旅游特色保险、海洋环境责任险、涉海企业贷款保证保险等。推广短期贸易险、海外投资保险，扩大出口信用保险在海洋领域的覆盖范围。

（十）鼓励保险公司设立专业保险资产管理机构，加大对海洋产业的投资。鼓励保险资金投资设立海洋产业投资基金。鼓励中国保险投资基金加大对海洋领域重大项目和工程的投入。

四、多元化融资渠道方面

（十一）支持符合条件的金融机构和海洋工程装备企业、大型船舶企业依法依规按程序发起设立金融租赁公司。

（十二）支持涉海企业在全口径跨境融资宏观审慎管理框架下进行跨境融资。推动航运金融发展，创新涉海套期保值金融工具。

（十三）加快在海洋经济示范区基础设施建设、渔港建设、海水淡化和综合利用等领域规范推广政府和社会资本合作（PPP）模式。鼓励金融机构在依法合规、风险可控的前提下，运用投贷联动模式支持涉海科技型中小企业。

（十四）积极引入创业投资基金、私募股权基金。发展壮大中国海洋发展基金会，积极发挥基金会在支持海洋经济发展方面的作用。

五、投融资服务体系方面

（十五）加强政府、企业、金融机构信息共享，搭建海洋产业投融资公共服务平台。建立优质项目数据库，鼓励金融机构积极采选入库并获得海洋行政主管部门推荐的优质项目。

（十六）建立健全以互联网为基础、全国集中统一的海洋产权抵质押登记制度。建立统一的涉海产权评估标准。规范海洋产权挂牌交易行为。

六、政策保障方面

（十七）加大信贷政策落实力度，指导金融机构改进完善海洋经济发展金融服务。运用再贷款、再贴现等货币政策工具，引导金融机构加大对海洋领域的信贷支持力度。进一步引导银行业金融机构提升风险定价能力，增强海洋经济企业贷款利率弹性。

（十八）加大对海洋经济示范区建设的支持力度，从中选择海洋经济发展成熟、金融服务基础较好的区域，探索以金融支持蓝色经济发展为主题的金融改革创新，集中优势资源先行先试。鼓励政府支持的融资担保机构按规定开展海洋产业相关业务。

（十九）加强金融、产业等政策协调配合。鼓励海洋经济重点地区的银行业金融机构加强金融支持海洋经济发展的统计监测和效果评估。

请有关省、自治区、直辖市人民银行分支机构、海洋、发展改革、财政、工业和信息化主管部门、银监局、证监局、保监局等部门，将本意见联合转发至辖区相关机构，并结合当地实际，加强对海洋经济金融服务工作的组织领导，制定和完善本地区金融服务海洋经济发展的具体措施，协调做好本意见的贯彻实施工作。

中国人民银行　国家海洋局

发展改革委　工业和信息化部　财政部

银监会　证监会　保监会

2018 年 1 月 15 日

政策之二：国家海洋局、中国农业发展银行联合印发《关于农业政策性金融促进海洋经济发展的实施意见》

国家海洋局　中国农业发展银行关于农业政策性金融促进海洋经济发展的实施意见

国海规字〔2018〕45 号

沿海各省、自治区、直辖市及计划单列市海洋厅（局），中国农业发展银行沿海各分行：

为深入贯彻党的十九大关于新时代中国特色社会主义建设的新思想、新判断、新方略，加快建设海洋强国，落实中国人民银行、国家海洋局等八部委印发的《关于改进和加强海洋经济发展金融服务的指导意见》的要求，发挥政策性银行在助推海洋经济发展中的重要作用，国家海洋局、中国农业发展银行（以下简称"农发行"）就推进农业政策性金融促进海洋经济发展工作提出如下意见，请遵照执行。

一、充分认识农业政策性金融促进海洋经济发展的重要意义

海洋经济作为国民经济的重要组成部分和新的增长点，是加用。"十三五"时期是我国海洋经济结构深度调整、发展方式加快转变的关键时期，充分发挥农业政策性金融在海洋金融领域加快建设海洋强国的物质基础，在拓展发展空间、建设生态文明、加快新旧动能转换、保持经济持续稳定增长中发挥着重要的示范引领作用，对发展海洋产业、开发与保护海洋资源具有重要意义。各级海洋行政主管部门、农发行沿海各分行要统一思想、提高认识，将农业政策性金融作为促进海洋经济发展的重要支撑，将海洋经济作为农业政策性金融拓宽服务领域、履行社会责任的重要依托，切实加强战略合作，共同促进海洋经济可持续发展，助力海洋强国建设。

二、指导思想与工作目标

（一）指导思想

以党的十九大和习近平总书记关于"加快建设海洋强国"、"发展海洋经济"的系列讲话精神为指引，围绕"五位一体"总体布局、"四个全面"战略布局，按照"政策导向、优势互补、分业施策、务实创新"的原则，坚持"创新、协调、绿色、开放、共享"的新发展理念，充分发挥国家海洋局组织协调优势和农发行融资融智优势，围绕重点领域和重大工程，着力提供突破海洋经济发展瓶颈的一揽子农业政策性金融解决方案，打造海洋经济发展新空间和新动能。

（二）工作目标

构建农业政策性金融促进海洋经济发展的金融服务体系，积极探索海洋领域投融资体制机制和模式创新，加大金融支持力度，提升金融服务水平，培育一批战略性客户，支持一批重点项目，建设一批示范园区，开展一批创新试点，推动海洋经济发展向质量效益型转变，助力供给侧结构性改革。"十三五"期间，力争向海洋经济领域提供约 1000 亿元人民币的意向性融资支持。

三、重点支持领域

农业政策性金融以服务国家战略为导向，落实《国民经济和社会发展第十三个五年规划纲要》及《全国海洋经济发展"十三五"规划》，围绕"21 世纪海上丝绸之路"建设、海洋产业转型升级、海洋经济示范区建设，聚焦重点领域和龙头客户，支持现代海洋渔业、海洋战略性新兴产业、海洋服务业及公共服务体系、海洋经济绿色发展和涉海基础设施建设。

（一）海洋渔业现代化发展

支持深水抗风浪网箱养殖、海洋离岸养殖和集约化养殖等生态健康养殖模式，人工鱼礁和海洋牧场建设，远洋渔业资源探捕开发与利用，海洋渔船标准化更新改造，境外远洋渔业大型生产加工基地和服务保障平台建设，海洋渔业育种提升工程，渔港等渔业综合服务基地建设，海洋水产品精深加工及仓储、运输等冷链物流与配送设施建设，多元化休闲渔业建设，海洋渔业小镇与渔港经济区融合发展等。

（二）海洋战略性新兴产业培育壮大

支持海洋生物资源开发利用，海洋功能性食品研发，现代海洋药物、饲料用酶等海洋特色酶制剂、绿色农用制品（含高效生物肥料）等的研制与生产，海洋可再生能源工程化应用和海岛可再生能源开发，海水利用在沿海缺水城市、海岛、产业园区的规模化应用，涉农海洋工程装备制造业的自主研发和总装建造及规模化、集约化发展，环保型海洋工程材料研制和生产等。

（三）海洋服务业及公共服务体系拓展提升

支持海洋交通运输发展、海产品流通体系建设，海洋生态旅游发展、海洋休闲旅游小镇建设，海洋旅游信息等海洋信息服务建设，海洋文化遗产保护和海洋文化品牌建设，海洋高新技术研发、试验和成果转化，海洋渔船安全监控等海洋安全生产服务、海上搜救、海洋观测监测等海洋公共服务体系建设。

（四）海洋经济绿色发展

支持海洋渔业资源增殖、养护和修复，海洋环境整治、岸线整治修复、"蓝色海湾"、"生态岛礁"、"南红北柳"等海洋生态修复工程，海岛、海岸线保护性开发，海洋领域节能减排与低碳发展等。

（五）涉海基础设施建设

支持沿海村镇（含海岛）道路、供电、供水、通信、排水、垃圾污水处理等公共基础设施建设，防灾减灾基础设施建设，海水综合利用管网建设，海洋产业园区基础设施建设等。

四、积极创新金融服务方式

（一）完善利率定价机制，优化贷款期限设定

农发行在风险可控、商业可持续原则的基础上，根据不同涉海企业的实际情况，建立符合监管要求的差别化定价机制。针对涉海项目周期和风险特征，根据项目的资金需求和现金流分布状况，科学合理确定贷款期限。对于列入《国民经济和社会发展第十三个五年规划纲要》、全国和地方海洋经济发展"十三五"规划的海洋领域重大工程、重大项目、重点支持领域，在财务可持续及有效防范风险的前提下给予利率优惠，并视情况适当延长贷款期限。

（二）积极开展海洋贷款模式创新，提升风险防控能力

根据海洋类贷款特点，发展以海域使用权、无居民海岛使用权、海产品仓单等为抵质押担保的海洋特色贷款产品，建设完善海洋产权流

转、评估、交易体系。充分利用财政贴息奖补政策，探索政策性金融资金与财政资金合力支持海洋经济发展新路径。积极运用政府和社会资本合作（PPP）等模式，为海洋经济发展提供综合性金融服务。鼓励地方政府建立海洋产业引导基金，开展投贷联动支持涉海企业。建设海洋经济示范区，对处于产业集群中的涉海企业，积极试点统贷统还等融资服务模式。联合其他银行、保险公司等金融机构以银团贷款、转贷款等方式，努力拓宽涉海企业和涉海项目融资渠道。推动农发行与渔业互助保险协会等机构开展合作，为渔民贷款提供便利。鼓励沿海地方政府积极开展贷款风险补偿工作，推动建立海洋产业贷款风险补偿专项资金，发展海洋领域政府性融资担保，建立政府、农业政策性金融、融资担保公司合作机制。

（三）加强海洋投融资公共服务，建设综合服务平台

加强政府、企业、金融机构信息共享，国家海洋局联合农发行以及其他有关单位共同搭建海洋产业投融资公共服务平台，提供政策发布、行业交流、咨询对接、成果转化的综合服务，建立项目数据库，农发行积极采选入库并获得海洋行政主管部门推荐的优质项目。鼓励地方海洋行政主管部门和农发行共同组织涉海项目与政策、金融产品与服务双向推介会，加强宣传和引导，提升农业政策性金融服务功能与效率。

五、项目组织与实施

（一）加强项目储备

国家海洋局统筹考虑现代海洋渔业、海洋战略性新兴产业、海洋服务业及公共服务体系、海洋经济绿色发展和涉海基础设施建设的目标，根据重点支持领域，组织地方海洋厅（局）做好项目储备。各地海洋厅（局）指导各市县（区）编制年度海洋经济项目计划（含公益性、基础性、竞争性等各类涉海项目），明确项目建设目标、重点任务、实施步骤，并于每年3月20日前将项目计划报国家海洋局。各地农发行要主动与当地海洋厅（局）沟通，参与本地海洋经济发展规划制定，根据发展方向和合作领域，做好项目对接。

（二）开展项目筛选

地方海洋行政主管部门与当地农发行要加强合作，依托海洋产业投融资公共服务平台，对农发行有意向的储备项目积极从海洋产业发展、海洋资源管理、海洋生态文明建设、海洋防灾减灾等方面提供前期引导。省级海洋行政主管部门统筹考虑项目可行性、融资需求、前期工作进展等因素，与省级农发行共同研究筛选，提出农业政策性贷款项目，并于季度结束后10日内推荐到国家海洋局。国家海洋局与农发行联合组织相关部委、科研院所的有关专家，对各地上报项目进行评审，遴选成熟、优质项目，建立"农业政策性金融支持海洋经济重点项目库"。

（三）项目贷款落地

对于纳入"农业政策性金融支持海洋经济重点项目库"的项目，农发行总行将项目推荐给有关分行。沿海各分行要指定专门处室和人员，主动与项目实施方对接，做好融资融智等各项金融服务，按照内部程序加快项目评审，在有效防控风险的前提下，切实加大信贷支持力度，并在季度结束后10日内向海洋部门和项目方反馈贷款推进情况。农发行总行会同国家海洋局联合相关分行及各地海洋行政主管部门通过调研、政策指导等方式，共同推进项目贷款落地。

六、强化工作保障机制

（一）组织协调机制

国家海洋局和农发行要将农业政策性金融支持海洋经济发展工作列入重要议事日程，双方成立战略合作领导小组及办公室；省级及计划单列市海洋行政主管部门和农发行沿海各分行应尽快完善战略合作机制，建立组织协调机制，工作责任到人。

（二）沟通交流机制

双方具体实施部门建立重大融资项目联合评估机制和定期联络会商机制，加强沟通协调、信息交流、数据共享和业务培训。国家海洋局通过简报、工作动态等方式交流海洋领域农业政策性金融服务进展情况，促进地方特色做法和经验的交流。农发行定期向沿海各分行下达工作阶段性计划与目标，保证沿海各分行在项目推动中及时获得海洋领域的支持政策，推动项目贷款尽快落地。

（三）财政与融资配套机制

双方积极争取国家和地方财政支持，推动完善涉海财政贴息、奖励、风险补偿等政策，创造良好的融资环境。制定并定期完善《海洋产业发展投融资目录》，引导信贷支持方向。

（四）工作监督和考核机制

国家海洋局、农发行建立局行及地方层面的工作监督与考核机制，着重对列入"农业政策性金融支持海洋经济重点项目库"的项目落实情况进行监督考核，实行名单制管理，明晰责任，强化执行，确保各项工作落到实处，取得实效。

各海洋厅（局）、各分行在执行过程中要按照本意见要求尽快建立健全工作机制，明确责任人与联系人，加强沟通协调。相关工作机制建立情况请于 2 月 28 日前报送至国家海洋局和农发行。

国家海洋局 中国农业发展银行

2018 年 2 月 1 日

中国涉海产业类主要上市公司

中国涉海产业类主要上市公司目录表

（截至 2019 年 12 月 31 日）

证券代码	证券简称	上市年份	海洋产业性质	三次产业性质
000039. SZ	中集集团	2010	海洋工程建筑业	第二产业
000088. SZ	盐田港	1997	海洋交通运输业	第三产业
000507. SZ	珠海港	2009	海洋交通运输业	第三产业
000520. SZ	长航凤凰	1993	海洋交通运输业	第三产业
000582. SZ	北部湾港	2010	海洋交通运输业	第三产业
000708. SZ	中信特钢	1997	海洋工程建筑业	第二产业
000798. SZ	中水渔业	2010	海洋渔业	第一产业
000822. SZ	山东海化	2010	海洋化工业	第二产业
000852. SZ	石化机械	2012	海洋工程建筑业	第二产业
000880. SZ	潍柴重机	2009	海洋设备制造业	第二产业
000881. SZ	中广核技	2009	海洋设备制造业	第二产业
000905. SZ	厦门港务	2009	海洋交通运输业	第三产业
002040. SZ	南京港	2007	海洋交通运输业	第三产业
002069. SZ	獐子岛	2005	海洋渔业	第一产业
002086. SZ	东方海洋	2006	海洋渔业	第一产业
002151. SZ	北斗星通	1998	海洋科研教育管理服务业	第二产业
002173. SZ	创新医疗	2007	海洋药物	第二产业
002278. SZ	神开股份	1999	海洋油气业	第二产业

证券代码	证券简称	上市年份	海洋产业性质	三次产业性质
002314.SZ	南山控股	1998	海洋船舶工业	第三产业
002318.SZ	久立特材	1998	海洋船舶工业	第二产业
002353.SZ	杰瑞股份	1995	海洋油气业	第二产业
002423.SZ	中粮资本	1993	海洋设备制造业	第二产业
002465.SZ	海格通信	1994	海洋科研教育管理服务业	第二产业
002483.SZ	润邦股份	1998	海洋工程建筑业	第二产业
002487.SZ	大金重工	1998	海洋工程建筑业	第二产业
002490.SZ	山东墨龙	2009	海洋工程建筑业	第二产业
002501.SZ	利源精制	2010	海洋工程建筑业	第二产业
002564.SZ	天沃科技	2010	海洋设备制造业	第二产业
002586.SZ	围海股份	2011	海洋工程建筑业	第二产业
002645.SZ	华宏科技	2006	海洋工程建筑业	第二产业
002685.SZ	华东重机	2011	海洋工程建筑业	第二产业
002696.SZ	百洋股份	2011	海洋渔业	第一产业
002829.SZ	星网宇达	2012	海洋技术服务业	第二产业
002953.SZ	日丰股份	2016	海洋工程建筑业	第二产业
200992.SZ	中鲁B	2019	海洋渔业	第一产业
300008.SZ	天海防务	2009	海洋船舶工业	第二产业
300023.SZ	宝德股份	2010	海洋油气业	第二产业
300024.SZ	机器人	2011	海洋相关产业（海洋设备制造业）	第二产业
300065.SZ	海兰信	2011	海洋科研教育管理服务业	第二产业
300094.SZ	国联水产	2011	海水渔业	第一产业
300129.SZ	泰胜风能	2014	海洋工程建筑业	第二产业
300177.SZ	中海达	2011	海洋科研教育管理服务业	第二产业
300228.SZ	富瑞特装	1997	海水利用业	第二产业
300268.SZ	佳沃股份	1998	海洋渔业	第二产业
300397.SZ	天和防务	1998	海洋设备制造业	第二产业
300627.SZ	华测导航	1997	海洋技术服务业	第二产业
600017.SH	日照港	2003	海洋交通运输业	第三产业
600018.SH	上港集团	2004	海洋交通运输业	第三产业

证券代码	证券简称	上市年份	海洋产业性质	三次产业性质
600072. SH	中船科技	2004	海洋船舶工业	第二产业
600097. SH	开创国际	2003	海洋渔业	第一产业
600150. SH	中国船舶	1994	海洋船舶工业	第二产业
600169. SH	太原重工	1996	海洋设备制造业	第三产业
600190. SH	锦州港	2003	海洋交通运输业	第三产业
600279. SH	重庆港九	2010	海洋交通运输业	第三产业
600317. SH	营口港	1996	海洋交通运输业	第三产业
600320. SH	振华重工	2002	海洋设备制造业	第二产业
600438. ST	通威股份	2004	海洋渔业	第一产业
600467. SH	好当家	2010	海洋渔业	第一产业
600482. SH	中国动力	2004	海洋设备制造业	第二产业
600487. SH	亨通光电	2002	海洋科研教育管理服务业	第二产业
600522. SH	中天科技	2000	海洋工程建筑业	第二产业
600528. SH	中铁工业	2000	海洋工程建筑业	第三产业
600538. SH	国发股份	2007	海洋生物医药业	第二产业
600575. SH	淮河能源	2002	海洋工程建筑业	第二产业
600583. SH	海油工程	2010	海洋油气业	第二产业
600593. SH	大连圣亚	2005	滨海旅游业	第三产业
600685. SH	中船防务	2002	海洋船舶工业	第二产业
600692. SH	亚通股份	2000	海洋交通运输业	第二产业
600706. SH	曲江文旅	1993	滨海旅游业	第三产业
600717. SH	天津港	1995	海洋交通运输业	第三产业
600798. SH	宁波海运	2019	海洋交通运输业	第三产业
600841. SH	上柴股份	2011	海洋设备制造业	第二产业
600871. SH	石化油服	2012	海洋油气业	第三产业
600875. SH	东方电气	2014	海洋化工业	第二产业
600968. SH	海油发展	2019	海洋油气业	第三产业
600990. SH	四创电子	2007	海洋设备制造业	第二产业
601000. SH	唐山港	2009	海洋交通运输业	第三产业
601008. SH	连云港	2008	海洋交通运输业	第三产业

续表

证券代码	证券简称	上市年份	海洋产业性质	三次产业性质
601018. SH	宁波港	2014	海洋交通运输业	第三产业
601226. SH	华电重工	2014	海洋工程建筑业	第二产业
601678. SH	滨化股份	2018	海洋化工业	第二产业
601798. SH	蓝科高新	2006	海洋设备制造业	第二产业
601800. SH	中国交建	1993	海洋工程建筑业	第二产业
601808. SH	中海油服	2010	海洋油气业	第三产业
601866. SH	中远海发	2004	海洋交通运输业	第三产业
601872. SH	招商轮船	1997	海洋交通运输业	第三产业
601880. SH	大连港	1999	海洋交通运输业	第三产业
601890. SH	亚星锚链	2007	海洋船舶工业	第二产业
601919. SH	中远海控	2007	海洋交通运输业	第三产业
601989. SH	中国重工	2012	海洋船舶工业	第二产业
603128. SH	华贸物流	2012	海洋交通运输业	第三产业
603167. SH	渤海轮渡	2012	海洋交通运输业	第三产业
603606. SH	东方电缆	1993	海洋工程建筑业	第二产业
603619. SH	中曼石油	2017	海洋油气业	第二产业
603693. SH	江苏新能	1997	海洋电力业	第二产业

参考文献

［1］［美］奥利佛·威廉姆森著，段毅才，王伟译．资本主义经济制度［M］．北京：商务印书馆，2017.

［2］白钦先，高霞．日本产业结构变迁与金融支持政策分析［J］．现代日本经济，2015（2）：1－11.

［3］［美］保罗·罗宾·克鲁格曼．地理和贸易［M］．北京：北京大学出版社，2000：21－29.

［4］［美］保罗·萨缪尔森，威廉·诺德豪斯著．萧琛等译．经济学［M］．北京：华夏出版社，1999：223－231.

［5］贝政新．高科技产业化：融资问题研究［M］．上海：复旦大学出版社，2008：27－45.

［6］曹飞．政府产业基金运作风险、成因及防范［J］．地方财政研究，2020（12）：98－103.

［7］曹俊勇．海洋经济开发中金融支持的路径选择与政策建议——以广东江门为例［J］．吉林工商学院学报，2015，31（1）：76－80.

［8］陈可文．树立大海洋观念，发展大海洋产业——广东省海洋产业发展与广东海洋经济发展的相关分析［J］．南方经济，2001（12）：33－36.

［9］陈新．产业链彼此利益联结的纽带——国外奶业一体化考察实例介绍［J］．中国乳业，2010（10）：18－20.

［10］程国强．中国农业补贴：制度设计与政策选择［M］．北京：中国发展出版社，2011.

［11］程锦锥．改革开放三十年我国产业结构理论研究进展［J］．湖南社会科学，2009（1）：101－107.

［12］程昔武，程静静，纪纲．信贷资源配置、财务风险与企业营运能力［J］．北京工商大学学报（社会科学版），2021，36（3）：66－78.

［13］崔旺来，李百齐．政府在海洋公共产品供给中的角色定位［J］．经济社会体制比较，2009（6）：108－113．

［14］崔野，王琪．全球公共产品视角下的全球海洋治理困境：表现、成因与应对［J］．太平洋学报，2019，27（1）：60－71．

［15］邓建平，曾勇．金融生态环境、银行关联与债务融资——基于我国民营企业的实证研究［J］．会计研究，2011（12）：33－40．

［16］邓沛能．湖北省产业结构发展与金融支持研究［J］．商业经济，2018（7）：53－55．

［17］丁一兵，傅缨捷．融资约束、技术创新与跨越"中等收入陷阱"——基于产业结构发展视角的分析［J］．产业经济研究，2014（3）：101－110．

［18］杜朝华．发展租赁业务 搞活国民经济［J］．国际贸易，1982（9）：15－16．

［19］杜军，鄢波．利用金融创新促进广东海洋高新技术产业发展的研究构想［J］．河北渔业，2011（4）：4－7．

［20］樊潇彦，袁志刚．我国宏观投资效率的定义与衡量：一个文献综述［J］．南开经济研究，2006（1）：44－59．

［21］方军雄．市场化进程与资本配置效率的改善［J］．经济研究，2006（5）：50－61．

［22］丰若旸，温军．风险投资与我国小微企业的技术创新［J］．研究与发展管理，2020，32（6）：126－139．

［23］［美］弗朗索瓦·佩鲁著，张宁等译．新发展观［M］．北京：华夏出版社，1987：78－96．

［24］郭克莎．外商直接投资对我国产业结构的影响研究［J］．管理世界，2000（2）：34－45．

［25］国家海洋局．中华人民共和国海洋行业标准：海洋能源术语［M］．北京：中国标准出版社，2003：35．

［26］海本禄，杨君笑，尹西明，李纪珍．创新产出与财务绩效——信贷融资的双刃剑效应［J］．中国科技论坛，2020（8）：119－128．

［27］韩立岩，蔡红艳．我国资本配置效率及其与金融市场关系评价研究［J］．管理世界，2002（1）：65－70．

［28］韩立岩，王哲兵．我国实体经济资本配置效率与行业差异［J］．

经济研究，2005（1）：77－84.

［29］何帆. 21 世纪海上丝绸之路建设的金融支持［J］. 广东社会科学，2015，（5）：27－33.

［30］洪艳蓉. 资产证券化法律问题研究［M］. 北京：北京大学出版社，2004：5－6.

［31］黄维坤，李艳军，王博. 票据的信贷属性及其定价：兼议票据去信贷化［J］. 金融市场研究，2022（6）：105－113.

［32］黄一义. 论本世纪我国产业优先顺序的选择［J］. 管理世界，1988（3）：10－29.

［33］［美］霍落斯·钱纳里著，朱东海，黄钟译. 结构变化与发展政策［M］. 北京：经济科学出版社，1991.

［34］江小涓. 理论、实践、借鉴与中国经济学的发展——以产业结构理论研究为例［J］. 中国社会科学，1999（6）：4－18.

［35］姜旭朝，张晓燕. 中国涉海产业类上市公司资本结构与公司绩效实证分析［J］. 产业经济评论，2006（2）：88－98.

［36］金成波，张源，覃慧. 海洋强国背景下的海洋保险——理念更新、政策推进与法治完善［J］. 中国保险，2016（9）：44－49.

［37］金鑫. 德国 KG 融资体系浅析［J］. 中国远洋航务，2008（3）：10－12.

［38］［美］拉尔德·J. 曼贡著，张继先译. 美国海洋政策［M］. 北京：海洋出版社，1982.

［39］雷新途. 后现代资本结构理论的形成与发展：契约理论视角［J］. 经济与管理研究，2007（6）：5－10.

［40］李建军，马思超. 中小企业过桥贷款投融资的财务效应——来自我国中小企业板上市公司的证据［J］. 金融研究，2017（3）：116－129.

［41］李江帆. 服务消费品的使用价值与价值［J］. 中国社会科学，1984（3）：53－68.

［42］李靖宇，任淡燕. 论中国海洋经济开发中的金融支持［J］. 广东社会科学，2011（5）：48－54.

［43］李莉，司徒毕然，周广颖. 海洋循环经济如何借助金融支持［J］. 环境经济，2009（4）：43－48.

［44］李南，刘文忠. 国际港口民营化经验及启示［J］. 港口经济，

2005 (6)：43 – 44.

[45] 李萍. 海洋战略性新兴产业金融支持的路径选择与政策建议 [J]. 中国发展, 2018, 18 (1)：35 – 39.

[46] 李青原, 章尹赛楠. 金融开放与资源配置效率——来自外资银行进入中国的证据 [J]. 中国工业经济, 2021 (5)：95 – 113.

[47] 李青原, 赵奇伟, 李江冰, 江春. 外商直接投资、金融发展与地区资本配置效率——来自省级工业行业数据的证据 [J]. 金融研究, 2010 (3)：80 – 97.

[48] 李潇颖. 金融发展、技术进步与产业结构发展关系的实证研究 [J]. 特区经济, 2018 (1)：140 – 144.

[49] 李宇辰, 孙沁茹, 郝项超. 政府产业基金、地方金融发展与企业创新 [J]. 中国科技论坛, 2021 (10)：62 – 70.

[50] 李宇辰. 我国政府产业基金的引导及投资效果研究 [J]. 科学学研究, 2021, 39 (3)：442 – 450.

[51] 李悦. 产业经济学 [M]. 北京：中国人民大学出版社, 2004：112 – 118.

[52] 刘宝军, 李嘉缘. 日本信用担保体系发展对我国的启示 [J]. China State Finance, 2020, 13：56 – 58.

[53] 刘东民, 何帆, 张春宇等. 海洋金融发展与中国的海洋经济战略 [J]. 国际经济评论, 2015 (5)：43 – 56.

[54] 刘方方. 浅析上市公司使用金融衍生产品的现状及对策建议 [J]. 财务与会计, 2015 (11)：51 – 52.

[55] 刘鹤. 前十年产业结构的变化和矛盾 [J]. 计划经济研究, 1990 (11)：73 – 80.

[56] 刘井建, 徐一琪, 李惠竹. 金融衍生品投资与企业现金流波动风险研究 [J]. 管理学报, 2021, 18 (1)：127 – 136.

[57] 刘曼红. 风险投资：创新与金融 [M]. 北京：中国人民大学出版社, 1998.

[58] 刘世锦. 我国进入新的重化工业阶段及其对宏观经济的影响 [J]. 经济学动态, 2004 (11)：10 – 13.

[59] 刘伟. 工业化进程中的产业结构研究 [M]. 北京：中国人民大学出版社, 1995.

［60］刘旭. 我国船舶融资法律问题研究［D］. 北京：北京工商大学，2009.

［61］刘玄. 金融衍生品功能的理论分析［J］. 中国金融，2016（4）：65－66.

［62］刘振，宋献中. 国外高新技术企业融资机制比较与借鉴［J］. 经济纵横，2007（11）：58－60.

［63］卢福财. 企业融资效率分析［M］. 北京：经济管理出版社，2001：53－62.

［64］陆军荣. 现代航运服务体系构建的国际经验及启示［J］. 经济纵横，2014（10）：26－29.

［65］罗猛，李刚. 日本"计划造船"政策对中国的借鉴意义［J］. 大连海事大学学报，2010（1）：1－4.

［66］马洪芹. 我国海洋产业结构发展中的金融支持问题研究［D］. 青岛：中国海洋大学，2007.

［67］马建堂. 周期波动与结构变动［J］. 经济研究，1988（6）：65－73.

［68］马秋君. 中国高科技企业融资问题研究［M］. 北京：北京科学技术出版社，2013：213－232.

［69］马树才，徐腊梅，宋琪. 信贷资金对海洋经济发展的贡献及效率分析——基于沿海11省面板数据模型和DEA模型的实证研究［J］. 辽宁大学学报（哲学社会科学版），2019，47（3）：29－41.

［70］［美］迈克尔·波特著，陈小悦译. 竞争战略［M］. 北京：华夏出版社，2005.

［71］［美］迈克尔·波特著，李明轩，邱如美译. 国家竞争优势［M］. 北京：华夏出版社，2002.

［72］毛翰宣，秦诗立. 基于粤鲁沪比较视角下的浙江海洋金融发展研究［J］. 浙江经济，2021（2）：52－54.

［73］倪艳，胡燕. 股权激励强度对企业绩效的影响——以A股上市公司为例［J］. 江汉论坛，2021（4）：17－27.

［74］牛哲莉. 渔业补贴及WTO的对策研究［J］. 现代渔业信息，2009（8）：3－6.

［75］潘洁，燕小青. 海洋产业发展及其金融有效支撑——以浙江省为例［J］. 科技与管理，2012（14）：64－71.

［76］潘文卿，张伟．中国资本配置效率与金融发展相关性研究［J］．管理世界，2003（8）：16-23．

［77］彭华涛．武汉市财政科技投入乘数及触发效应分析［J］．科技进步与对策，2007（11）：191-193．

［78］邱志钢．香港银行业的融资方式［J］．广东金融，1985（1）：28-29．

［79］曲小刚，罗剑朝．村镇银行发展的制约因素及对策［J］．华南农业大学学报（社会科学版），2013，12（3）：112-120．

［80］芮明杰．产业经济学［M］．上海：上海财经大学出版社，2012：45-82．

［81］邵军，刘志远．"系族企业"内部资本市场有效率吗？——基于鸿仪系的案例研究［J］．管理世界，2007（6）：114-121．

［82］邵敏，包群．地方政府补贴企业行为分析：扶持强者还是保护弱者［J］．世界经济，2011（3）：56-72．

［83］申世军．债券市场支持海洋经济发展的几点思考［J］．金融发展评论，2011（03）：110-116．

［84］沈洪涛，马正彪．地区经济发展压力、企业环境表现与债务融资［J］．金融研究，2014（2）：153-166．

［85］沈立，倪鹏飞．信贷期限结构、企业研发创新与地区产业发展［J］．上海经济研究，2019（9）：27-46．

［86］宋瑞敏，杨化青．广西海洋产业发展现状及对策［J］．广西社会科学，2010（12）：29-32．

［87］宋淑琴．信息透明度、贷款期限与信贷契约治理效应［J］．投资研究，2013，32（10）：54-66．

［88］苏素华．创新支持海洋经济的进一步探索——以中国民生银行福州分行为例［J］．福建金融，2014（3）：8-10．

［89］孙才志，李博，郭建科等．改革开放以来中国海洋经济地理研究进展与展望［J］．经济地理，2021，41（10）：117-126．

［90］孙健，林漫．利用金融创新促进海洋高新技术的产业化［J］．财经研究，2001（12）：56-62．

［91］唐正康．我国海洋产业发展的融资问题研究［J］．海洋经济，2011，1（4）：7-12．

［92］田秀娟. 中国农村中小企业融资问题研究［M］. 北京：人民出版社，2013：13 – 16.

［93］万里霜. 上市公司股权激励、代理成本与企业绩效关系的实证研究［J］. 预测，2021，40（2）：76 – 82.

［94］汪旭晖，徐健. 不同成长机会下的上市公司股权结构、资本结构与公司绩效——以 A 股流通服务业上市公司为例［J］. 商业经济与管理，2009（7）：20 – 28.

［95］王成瑶. 国外战略新兴产业投资基金主要运作模式分析及对我国发展的相关建议［J］. 金融经济，2015（12）：170 – 172.

［96］王储，支晓强，王峰娟. 内部资本市场理论前沿与研究展望［J］. 科学决策，2019（6）：68 – 92.

［97］王传荣. 产业经济学［M］. 北京：经济科学出版社，2009：63 – 75.

［98］王德文，王美艳，陈兰. 中国工业的结构调整、效率与劳动配置［J］. 经济研究，2004（4）：41 – 49.

［99］王东亚. 海洋产业结构优化的金融支持研究［D］. 广州：广东省社会科学院，2018.

［100］王海英. 中国海洋产业结构及演变规律研究［D］. 大连：辽宁师范大学，1998.

［101］王雷，庄妍蓉. 风险投资介入、全球价值链嵌入与企业技术创新［J］. 经营与管理，2021（12）：6 – 11.

［102］王荸萱. 蓝色经济发展融资策略研究［J］. 中国海洋大学学报（社会科学版），2012（5）：22 – 28.

［103］王鹏飞. 金融支持海洋经济发展的若干问题与建议［J］. 区域金融研究，2012（5）：46 – 48.

［104］王平，钱学锋. 从贸易条件改善看技术进步的产业政策导向［J］. 中国工业经济，2007（3）：47 – 53.

［105］王婷婷. 浙江海洋经济发展中的金融支持研究［D］. 杭州：浙江大学，2017.

［106］王稳妮，李子成. 产业链金融的发展与创新［J］. 宏观经济管理，2015（3）：64 – 66.

［107］王玉荣. 中国上市融资结构与公司绩效［M］. 北京：中国经济出版社，2005：123 – 145.

[108] 王玉霞，王浩然，张容芳. 上市公司薪酬差距对公司绩效的影响——基于股权集中度的中介效应 [J]. 经济问题，2021（3）：108－115.

[109] 王泽宇，孙然，韩增林. 我国沿海地区海洋产业结构优化水平综合评价 [J]. 海洋开发与管理，2014（2）：105－106.

[110] 魏守华，王缉慈，赵雅沁. 产业集群：新型区域发展理论 [J]. 经济经纬，2002（2）：18－21.

[111] 吴国兵. 金融支持海洋经济发展面临的问题与对策建议 [J]. 时代金融，2020（36）：115－116.

[112] 吴仁洪. 经济发展与产业结构转变 [J]. 经济研究，1987（10）：31－38.

[113] 肖小和，木之渔. 票据市场2022展望：创新服务实体 [J]. 现代商业银行，2022（1）：73－75.

[114] 肖勇. 东海渔区渔业补贴对该区渔业国际贸易的影响 [J]. 中国渔业经济，2005（5）：33－36.

[115] 谢军，黄志忠. 区域金融发展、内部资本市场与企业融资约束 [J]. 会计研究，2014（7）：75－81.

[116] 徐敬俊，罗青霞. 海洋产业布局理论综述 [J]. 中国渔业经济，2010（1）：161－168.

[117] 徐振辉. 国际租赁的发展和近况 [J]. 外国经济与管理，1982（11）：29－32.

[118] 徐质斌. 解决海洋经济发展中资金短缺问题的思路 [J]. 海洋开发与管理，1997（4）：20－24.

[119] ［英］亚当·斯密著，文竹译. 国富论 [M]. 北京：中国华侨出版社，2019.

[120] ［匈］亚诺什·科尔内著，张晓光等译. 短缺经济学 [M]. 北京：经济科学出版社，1986.

[121] 闫举纲，杨颖. 陕西省上市公司董事会特征对公司绩效影响的实证研究——基于线性和非线性模型视角下的全国比较分析 [J]. 西安财经学院学报，2017，30（5）：18－25.

[122] 杨坚. 山东海洋产业转型发展研究 [D]. 兰州：兰州大学，2013.

[123] 杨黎静. 建设海洋经济强省的财政思路与对策——以广东为例

[J]. 地方财政研究, 2013 (11): 63 - 67.

[124] 杨涛. 金融支持海洋经济发展的政策与实践分析 [J]. 金融与经济, 2012 (9): 21 - 26.

[125] 杨兴全. 上市公司融资效率问题研究 [M]. 北京: 中国财政经济出版社, 2005: 223 - 233.

[126] 杨洋. 我国信贷市场发展与经济增长的实证分析 [J]. 知识经济, 2009 (11): 46 - 47.

[127] 杨震, 蔡亮. "海洋命运共同体" 视域下的海洋合作和海上公共产品 [J]. 亚太安全与海洋研究, 2020 (4): 69 - 81.

[128] 杨子强. 建设山东半岛蓝色经济区的金融支持战略研究——海洋经济发展与陆地金融体系的融合 [C]. 东方行政论坛 (第一辑), 2011: 114 - 121.

[129] 叶宁华, 包群. 信贷配给、所有制差异与企业存活期限 [J]. 金融研究, 2013 (12): 140 - 153.

[130] 于海楠. 我国海洋产业布局评价及优化研究 [D]. 青岛: 中国海洋大学, 2009: 10.

[131] 于谨凯, 曹艳乔. 海洋产业影响系数及波及效果分析 [J]. 中国海洋大学学报 (社科版), 2007 (4): 7 - 12.

[132] 于谨凯, 张婕. 我国海洋高科技产业风险投资基金发展研究 [J]. 石家庄经济学院学报, 2008 (1): 45 - 49.

[133] [美] 约瑟夫·熊彼特著, 贾拥民译. 经济发展理论 [M]. 北京: 中国人民大学出版社, 2019: 100 - 180.

[134] 张帆. 区域海洋产业融资机制设计初探 [D]. 青岛: 中国海洋大学, 2009.

[135] 张会恒. 论产业生命周期理论 [J]. 财贸研究, 2004 (6): 7 - 11.

[136] 张健. 金融支持海洋经济面临的问题及其路径选择 [J]. 福建论坛 (人文社会科学版), 2016 (5): 46 - 49.

[137] 张玉洁, 李明昕. 新常态下我国海洋保险业发展现状、问题及对策研究 [J]. 海洋经济, 2016 (3): 10 - 14.

[138] 赵双军. 论调整农村产业结构与农村金融工作 [J]. 广西农村金融研究, 1985 (5): 26 - 29.

[139] 赵万先. 浅析我国商业银行金融衍生产品风险管理 [J]. 金融与经济, 2015 (4)：66 - 67.

[140] 赵文杰. 新加坡海运信托对我国航运基金发展的借鉴 [J]. 投资与合作, 2012 (1)：6 - 7.

[141] 赵晓宏, 马兆庆. 我国渔业补贴政策的局限性及其对策分析 [J]. 山东经济战略研究, 2006 (3)：40 - 42.

[142] 赵玉林, 石璋铭. 战略性新兴产业资本配置效率及影响因素的实证研究 [J]. 宏观经济研究, 2014 (2)：72 - 80.

[143] 郑联盛, 夏诗园, 葛佳俐. 我国产业投资基金的特征、问题与对策 [J]. 经济纵横, 2020 (1)：84 - 95.

[144] 郑联盛. 国外战略新兴产业投资基金的经验分析与启示 [J]. 求知, 2015 (8)：60 - 62.

[145] 郑子凯. 海洋金融如何先行先试 [J]. 浙江金融, 2012 (4)：4 - 5.

[146] 中国人民银行舟山市中心支行课题组. 舟山市在建船舶抵押贷款可行性政策研究 [J]. 舟山社会科学, 2013 (4)：11 - 13.

[147] 周昌仕, 邬长坤. 涉海产业类企业融资效率及影响因素测评研究——基于 DEA-Random Effects Models 的经验数据 [J]. 中国海洋大学学报 (社会科学版), 2015 (2)：13 - 20.

[148] 周昌仕, 宁凌. 现代海洋产业多元融资模式探索 [J]. 中国渔业经济, 2012 (4)：32 - 37.

[149] 周昌仕, 杨钊. 湛江市海洋产业发展的资金支持研究 [J]. 广东海洋大学学报, 2014, 34 (2)：8 - 13.

[150] 周昌仕. 财务管理 [M]. 大连：东北财经大学出版社, 2017.

[151] 周昌仕. 我国现代海洋产业转型发展的融资支持研究 [J]. 中国海洋大学学报 (社会科学版), 2013 (4)：1 - 6.

[152] 周浩文. 开展金融租赁 促进企业设备更新 [J]. 上海金融研究, 1984 (7)：26.

[153] 周洪军, 何广顺, 王晓惠等. 我国海洋产业结构分析及产业优化对策 [J]. 海洋通报, 2005 (2)：46 - 51.

[154] 周茜, 李明辉, 吴雪梅, 谢灿光. 战略性新兴产业资本配置效率研究 [J]. 财会通讯, 2020 (10)：72 - 75.

[155] 周叔莲,王伟光.论工业化和信息化的关系 [J].中国社会科学院研究生院学报,2010(10):14-17.

[156] 周怡圃,李宜良,杨娜等.海洋信托基金国别比较及对我国的启示 [J].海洋经济,2014(5):40-45.

[157] 周于靖,罗韵轩.金融生态环境、绿色声誉与信贷融资——基于A股重污染行业上市公司的实证研究 [J].南方金融,2017,492(8):21-32.

[158] 周振华.产业政策的经济理论系统分析 [M].北京:中国人民大学出版社,1991.

[159] 朱坚真,吴壮.海洋产业经济学导论 [M].北京:经济科学出版社,2009:53-62.

[160] 朱坚真.海洋经济学 [M].北京:高等教育出版社,2016.

[161] 朱健齐,胡少东.广东省发展海洋金融的机遇与挑战 [J].汕头大学学报(人文社会科学版),2016,32(1):65-71.

[162] 朱钟棣,鲍晓华.反倾销措施对产业的关联影响——反倾销税价格效应的投入产出分析 [J].经济研究,2004(1):83-92.

[163] 曾敏,肖静怡,卢丽平.金融支持海洋产业经济发展的研究 [J].全国流通经济,2020(21):123-124.

[164] 曾五一,赵楠.中国区域资本配置效率及区域资本形成影响因素的实证分析 [J].数量经济技术经济研究,2007(4):35-42.

[165] Abernathy W, Utterback J. Patterns of industrial innovation [J]. Technology Review, 1978, 80: 3-22.

[166] Aghion P, Bolton P. An incomplete contracts approach to financial contracting [J]. Review of Economic Studies, 1992(59): 473-494.

[167] Alchian A A. Corporate management and property rights [M] // H. Manne, ed.. Economic Policy and Regulation of Corporate Securities. American Enterprise Institute, 1969: 337-360.

[168] Almeida Heitor, Daniel Wolfenzon. The effect of external finance on the equilibrium allocation of capital [J]. Journal of Financial Economics, 2005, 75(1): 133-164.

[169] Asteris M. Funding aids to navigation in the EU: Competition and harmonisation [J]. Journal of Transport Economics and Policy, 2009, 43(2):

257 - 277.

[170] Atsuku Ueda. Measuring distortion in capital allocation—The case of heavy and chemical industries in Korea [J]. Journal of Policy Modeling, 1999, 21 (4): 427 - 452.

[171] Bagehot W. Lombard street: A description of the money market [M]. London: John Murray, 1873.

[172] Baltensperger E. Credit rationing: Issues and questions [J]. Journal of Money, Credit and Banking, 1978, 10 (2): 170 - 183.

[173] Beck T, Levinee R, Loayza N. Finance and the sources of growth [J]. Journal ofFinancial Economics, 2000, 58 (1): 261 - 300.

[174] Bena Jan, Peter Ondko. Financial development and the allocation of external finance [J]. Journal of Empirical Finance, 2011, 19 (1): 1 - 25.

[175] Bencivenga V R, Smith B D. Financial intermediation and endogenous growth [J]. Review of Economic Studies, 1991, 58 (2): 195 - 209.

[176] Bhide A. Reversing corporate diversifification [J]. Journal of Applied Corporate Finance, 1990 (3): 70 - 81.

[177] Buckley R M. Marine habitat enhancement and urban recreational fishing in Washington [J]. Marine Fisheries Review, 1982, 44 (6 - 7): 28 - 37.

[178] Charles P Kindleberger. International public goods without international government [J]. The American EconomicReview, 1986, 76 (1): 1 - 13.

[179] Chiu Rong Her, Yu Chang Lin. The inter-industrial linkage of maritime sector in Taiwan: An input-output analysis [J]. Applied Economics Letters, 2012, 19 (4).

[180] Christaller, Walter. El dado zentralen Orte en Süddeutschland [M]. Gustav Fischer: Jena, 1933.

[181] Coffey C, Baldock D. Reforming European Union subsidies [Z]. Briefing Paper by the Institute for European Environmental Policy (IEEP), 2000.

[182] Eduardo Cavallo, Arturo Galindo, Alejandro Izquierdo, John Jairo León. The role of relative price volatility in the efficiency of investment allocation [J]. Journal of International Money and Finance, 2013, 33: 1 - 18.

[183] Fisman R, I. Love. Trade credit, financial intermediary development

and industry growth [J]. Journal of Finance, 2003, 58: 353 – 374.

[184] Gertner R, Scharfstein D, Stein J. Internal versus external capital markets [J]. Quarterly Journal of Economics, 1994, 1109 (4): 211 – 301.

[185] Gertner Robert H, David S Scharfstein, Jeremy C. Stein. Internal versus external capital markets [J]. Quarterly Journal of Economics, 1994, CIX: 1211 – 1230.

[186] Goldsmith Raymond W. Financial structure and development [M]. New Haven, CT: Yale University Press, 1969.

[187] Gort Michael, Steven Klepper. Time paths in the diffusion of product innovation [J]. The Economic Journal, 1982, 92: 630 – 653.

[188] Grossman S, Hart O. Goes Global: Incomplete contracts, property rights, and the international organization of production [J]. Journal of Law, Economics, and Organization, 1986, 30 (1): 118 – 175.

[189] Gurley John G, Shaw, Edward S. Money in a theory of finance [M]. Washington DC: The Brokings Institution, 1960.

[190] Hart O, Moore J. Property rights and the nature of the firm [J]. Journal of Political Economy, 1990 (98): 1119 – 1158.

[191] Hellmann T, Murdock K. and J Stiglitz. Financial Restraint: Toward a new pradigm in the role of government in East Asian economic development [M]. Edited by Masahiko Aoki, Hyung-ki Kim and Masahiro Okuno-Fujiwara. Oxford: Clarendon Press, 1997.

[192] Hicks J. A theory of economic history [M]. Oxford: Clarendon Press, 1969.

[193] Hirschman A O. The strategy of economic development [M]. Yale University Press, New Haven, 1958.

[194] Hoover, E M. The measurement of industrial localization [J]. Review of Economics and Statistics, 1936, (18): 162 – 171.

[195] Jensen Michael C, William Meckling. Theory of the firms: Managerial behavior, agency costs, and ownership structure [J]. Journal of Financial Economics, 1976 (3): 305 – 360.

[196] Kenneth White. Economic study of Canada's marine and ocean industries [M]. Ottawa: Industry Canada and National Research Council Canada, 2001.

［197］Klepper Steven, Graddy E. Industry evolution and determinants of market structure ［D］. Mimeo, Carnegie Mellon University, 1988.

［198］Klepper Steven, Graddy E. The evolution of new industries and the determinants of market structure ［J］. Journal of Economics, 1990, 21: 27 – 44.

［199］Krugman P. Increasing returns and economic geography ［J］. Journal of Political Geography, 1991, 99: 183 – 199.

［200］Krugman, P. Development, geography, and economic theory ［M］. Cambridge, Massachus-etts: the MIT Press. 1995: 7 – 28.

［201］Kwak Seung-Jun, Seung-Hoon Yoo, Jeong-In Chang. The role of the maritime industry in the Korean national economy: An input-output analysis ［J］. Marine Policy, 2005 (29): 371 – 383.

［202］Larkin S L et al. Buyback programs for capacity reduction in the U. S. Atlantic shark fishery ［J］. Journal of Agricultural and Applied Economics, 2004, 36 (2): 317 – 332.

［203］Latimer Asch. How the RMA/Fair, Isaac credit-scoring model was built ［J］. Journal of Commercial Lending, 1995, 77 (10): 10 – 16.

［204］Lewis W A. Economic development with unlimited supplies of labor ［J］. Manchester School, 1954, 22 (2): 139 – 191.

［205］Lösch August. The economics of location ［M］. New Haven: Yale University Press, 1940.

［206］Mankiw, N G. The allocation of credit and collapse ［J］. Quarterly Journal of Economics, 1986, 101 (3): 455 – 470.

［207］Mckinnon R I. Money and capital in economic development ［M］. Washington DC: the Brookings Institution, 1973: 150 – 169.

［208］Merton Robert C, Bodie Zvi. Design of financial system: Towards synthesis of function and structure ［J］. Journal of Investment Management, 2005, 3 (1): 1 – 23.

［209］Miller Merton H. Debt and taxes ［J］. Journal of Finance, 1977 (32): 261 – 275.

［210］Modigliani Franco, Merton H Miller. The cost of capital, corporate finance and the theory of investment ［J］. American Economic Review, 1958 (48): 261 – 297.

［211］ Modigliani Franco, Merton H Miller. Corporate income taxes and the cost of capital: A conection ［J］. American Economic Review, 1963 (53): 433 - 443.

［212］ Morck Randall, M Deniz Yavuz, Bernard Yeung. Banking system control, capital allocation, and economy performance ［J］. Journal of Financial Economics, 2010, 100 (2): 264 - 283.

［213］ Morrissey Karyn, Cathal O Donoghue, S Hynes. Quantifying the value of multi-sectoral marine commercial activity in Ireland ［J］. Marine Policy, 2011, (35).

［214］ Myers Stewart C, Nicholas S Majluf. Corporate financing and investment decisions when firms have infommation that investors do not have ［J］. Journal of Financial Economics, 1984 (13): 187 - 221.

［215］ Neusser K, and M Kugler. Manufacturing growth and financial development: Evidence from OECD countries ［J］. Review of Economics and Statistics, 1998: 636 - 646.

［216］ Porter M E. Cluster and the new economics of competition ［J］. Harvard Business Review, 1998 (11): 77 - 90.

［217］ Radelet Sachs. The east Asian financial crisis: Diagnosis, remedies, prospects ［J］. Brokings Papers on Ecnomic Activity, 1998 (1): 1 - 90.

［218］ Rajan R and L Zingales. Financial dependence and growth ［J］. American Economic Review, 1998: 559 - 586.

［219］ Rajshree Agarwl, Michael Gort. The evolution of markets and entry, exit and survival of firms ［J］. Review of Economics and Statistics, 1996, 78 (3): 489 - 498.

［220］ Robert B. The loan market, collateral and rates of interest ［J］. Journal of Money, Credit and Banking, 1976, 8 (4): 439 - 456.

［221］ Ronald J Gilson, Bernard S Black. Law and finance of corporate acquisitions ［M］. Amercian: Foundation Press, 1998: 856 - 880.

［222］ Rorholm Niels. Economic impact of marine-oriented activities: A study of the southern New England marine region ［R］. University of Rhode Island, Department of Food and Resource Economics, 1967.

［223］ Ross L, Rasa Z. Stockmarkets, banks and ecnomic growth ［J］.

American Economic Review, 1998 (88): 537 - 558.

[224] Rostow W W. The stages of economic growth: A non-communist manifesto [M]. Cambridge University Press, Cambridge, 1960.

[225] Scharfstein David S, Jeremy C Stein. The dark of internal capital markets: Divisional rent-seeking and inefficient investment [J]. Journal of Finance, 2000, 55 (6): 1537 - 1564.

[226] Schumpeter Joseph A. The theory of ecnomic dvelopment [M]. Cambridge, MA: Harvaed Univeisity Press, 1912.

[227] Shaw E S. Financial deepening in economic developmemt [M]. New York: Oxford University Press, 1973: 80 - 102.

[228] Shin, Hyun-Han, and René M Stulz. Are internal capital markets efficient ? [J]. Quarterly Journal of Economics, 1998, 113: 531 - 552.

[229] Shleifer, A, Vishny, R W. Politicians and firms [J]. The Quarterly Journal of Economics, 1994, 109 (4): 995 - 1025.

[230] Spergel B, Moye M. Financing marine conservation: A menu of options [R]. Center for Conservation Finance, WWF, Washington, D.C., USA, 2004.

[231] Stein, J C. Internal capital markets and the competition for corporate resources [J]. Journal of Finance, 1997, 52: 111 - 134.

[232] Stiglitz J E. and A Weiss. Credit rationing in markets with imperfect information [J]. American Economic Review, 1981, 71 (3): 393 - 410.

[233] Syriopoulos T C. Financing greek shipping: Modern instruments, methods and markets [J]. Research in Transportation Economics, 2007 (21): 171 - 219.

[234] Thunen Von, Johann Heinrich. Isolated state [M]. New York: Pergamon Press, 1826.

[235] Triantis, G. Organizations as internal capital markets: The legal boundaries of firms, collateral and trusts in commercial and enterprises [J]. Harward Law Review, 2003, 117: 1102.

[236] Utterback J, Abernathy W. Adynamic model of product and process innovation [J]. Omega, 1975, 3: 639 - 656.

[237] Vermon R. International investment and international trade in the

product life cycle [J]. Quarterly Journal of Economics, 1966, 80 (1): 190 - 207.

[238] Weber, Alfred. Theory of thelocation of industries [M]. Chicago: University of Chicago Press, 1909.

[239] Williamson, O E. Markets and hierarchies: Analysis and antitrust implications [M]. Collier Macmillan Publishers, INC. , New York, 1975.

[240] Wurgler Jeffrey. Financial markets and the allocation of capital [J]. Journal of Financial Economics, 2000, 58 (1): 187 - 214.

后 记

悠悠数载，在浩瀚文著中遨游，似有所悟；孜孜以求，于几度迷茫中沉浮，犹有惆怅。原本以为在教育部人文社会科学基金项目"中国现代海洋产业融资问题研究（12YJA790211）"的结题报告基础上，适当补充修改即可，没有想到经历如此之长时间，补查文献，更新数据，增加内容，虽然仍有意犹未尽的遗憾，但终于得以付梓出版，算是在些许感慨中聊以慰藉。

此项工作虽然不易，但终归有所裨益，参与研究的老师和研究生们始终兴趣高涨，顺利地完成调查和分析任务，既发表了文章，研究生们还完成了学位论文。他们乐于接受任务分派，协助完成了各部分的文字或数据处理工作，他们分别是：姚芳芳（第3章和第4章）、余姝（第6章）、卢博（第7章和第8章）、梁君诚（第9章）、曾楚（第10章和第15章）、李超龙（第11章）、吴宛珍（第12章）、林枫（第13章）、赵苑宏（第16章）。郇长坤和李超龙协助统稿，杨钊、贾丽莎、史娜颖和李肖敏等做了大量前期工作，赵飞飞、孟芳、翁春叶、钟浩、蒋小平等协助做了部分资料收集和处理工作。与他们共同探讨学术问题，思考人生价值，他们的芳华和朝气时时感染着我。感谢他们在调查和本书完成过程中付出的大量辛勤劳动。

未来的强国之路必然会越来越寄予海洋，中国海洋产业的高质量发展任重道远，与时俱进，对于新时代海洋金融问题的系统性研究仍有必要。本书对海洋产业融资问题的研究也只是作了些尝试，比较肤浅，展望未来，希望今后对于这一问题的研究能在以下三点进行深入。

（1）国民经济的发展，其本质在于各部门各产业之间的协调与融合。因此，必须建立完善、高效、有针对性的产业发展支持机制，包括政策法规、金融体系、信息交流机制等，为区域产业的发展提供良好的政策支持和协助，这其中最为关键的就是金融体系。脱离实体产业的需求而向虚发展的金融体系是危险的，在金融发展问题的研究上，应更加关注金融体系与其他产业发展的耦合，突出强调金融对于产业发展的支持和促进作用，这仍是未来海洋金融领域研究的方向。

（2）实证分析的质量在很大程度上依靠数据和资料的完整性、可靠性与时效性。一般情况下，行业统计年鉴、公报等权威部门发布的资料真实性最高，然而，在查阅海洋产业相关的多种年鉴、公报等权威性资料时，难以提取充足详细的有应用价值的关于海洋产业融资的数据和材料。在以后的研究中，希望相关领域的学者就海洋产业融资的数据获取、统计口径、数理分析等问题进行研究和突破，提供更多海洋产业融资的经验证据。

（3）海洋产业问题的研究需要一定的海洋专业知识和其他相关专业知识基础，需要不同领域的专家共同努力，在多方位知识架构和多渠道智力资源通力合作的基础上共同推进对海洋金融问题的探索。

教育部人文社会科学基金、广东省社科规划项目、广东海洋大学第七轮校级工商管理重点学科、广东海洋大学面向 21 世纪海上丝绸之路的海洋经济与管理优教团队项目资助了本项研究和著作出版，在此表示衷心的感谢。感谢广东海洋大学宁凌教授、鲁义善教授、颜云榕教授、杜军教授、陈伟教授、白福臣教授、高维新教授、陈涛副教授、侯晓梅博士等给予的指导和对本书出版的支持。感谢深圳市中美创兴资本管理有限公司总裁胡浪涛先生的支持，感谢沿海地区各级政府、企业给予的大力协助和配合。感谢经济科学出版社的编辑老师，他们进行了大量细致、卓有成效的工作。

"风雨砥砺，岁月如歌，风物长宜放眼量"。回首过去，"不积跬步，无以至千里"，立足于促进产业发展，我们做了调研、思考和尝试；展望未来，"路漫漫其修远兮，吾将上下而求索"，我们期望更深入的探讨，同时也期望我们的研究能够起到抛砖引玉的作用。

由于作者水平所限，加之海洋金融问题复杂，可能存在疏漏和错误之处，有待我们在后续研究中不断加以改进，并恳请广大专家、同仁与读者给予批评斧正。

周昌仕

2023 年 7 月